新编计算机类本科规划教材

U0117420

多媒体实用技术
（第2版）

张小川　邵桂芳　编著

电子工业出版社·

Publishing House of Electronics Industry

北京·BEIJING

内 容 简 介

本书系统全面地介绍多媒体技术的基本知识、多媒体硬件设备、多媒体数字化技术和数据压缩技术，其内容包括：基本概念和基础知识，多媒体计算机系统，多媒体音频技术，多媒体视频技术，多媒体数据压缩技术，图形与图像处理技术，超文本与超媒体技术，多媒体应用系统设计，多媒体应用系统创作工具，多媒体应用程序设计，以及综合性实验。

针对多媒体技术新、多、散的特点，本书强调培养读者多媒体技术的实际应用和设计能力，按模块组织内容，利用实际案例串联各个知识点，并突出实用性和适用性。

本书免费提供电子课件和案例源代码，请登录华信教育资源网（http://www.hxedu.com.cn）下载。

本书适合作为高等学校相关专业多媒体应用技术课程教材，也可供学习多媒体应用技术的广大工程技术人员和管理人员参考。

未经许可，不得以任何方式复制或抄袭本书之部分或全部内容。

版权所有，侵权必究。

图书在版编目（CIP）数据

多媒体实用技术 / 张小川，邵桂芳编著. —2 版. —北京：电子工业出版社，2010.6
新编计算机类本科规划教材
ISBN 978-7-121-11054-2

Ⅰ. ①多… Ⅱ. ①张… ②邵… Ⅲ. ①多媒体技术－高等学校－教材 Ⅳ. ①TP37

中国版本图书馆 CIP 数据核字（2010）第 105417 号

策划编辑：冉 哲
责任编辑：冉 哲
印　　刷：北京京师印务有限公司
装　　订：
出版发行：电子工业出版社
　　　　　北京市海淀区万寿路 173 信箱　邮编　100036
开　　本：787×1092　1/16　印张：18　字数：459 千字
印　　次：2010 年 6 月第 1 次印刷
印　　数：4 000 册　定价：30.00 元

凡所购买电子工业出版社图书有缺损问题，请向购买书店调换。若书店售缺，请与本社发行部联系，联系及邮购电话：（010）88254888。

质量投诉请发邮件至 zlts@phei.com.cn，盗版侵权举报请发邮件至 dbqq@phei.com.cn。

服务热线：（010）88258888。

前　言

多媒体技术是当今计算机产业发展的热门应用研究领域。随着计算机的普及和网络技术的快速发展，多媒体技术已经深入应用于各个行业，并改变了人们学习、工作和生活的方式。多媒体技术也是改造传统产业（如出版、印刷、广告、娱乐、商业、旅游及生产现场作业等产业）的先进技术，因此计算机多媒体技术已成为大学生的必备知识。

本教材立足于应用性，强调多媒体技术的实际应用和开发能力，尽量不涉及多媒体技术中的高深理论；突出实用性和适用性，在众多多媒体技术、多媒体应用软件中，选择实用性强、能满足教学需要的技术和软件，注重应用型人才培养的实际需要，突出适用性；在内容组织上，针对多媒体技术新、多、散的实际特点，利用模块式和案例式教学，力求给出一个统一、完整的知识框架，并以此满足不同层次的教学需要；教学上鼓励采用任务驱动式教学方法，激发学生学习的主观能动性，以方便教师根据学生实际组织教学，也便于学生自学。

为了实现上述目标，本教材的内容安排如下。

（1）将本课程的教学内容划分成 11 章，除去第 1、2 章以外，将其余各章之间的关联性降低到最小，为教师的教学和学生的自学提供比较灵活的选择余地。

（2）在第 1 章中，从总体上对课程涉及的各种媒体元素进行介绍，而不是分散到各章节去分别阐述，这样可以提高教学效率，也更易于学生接受。

（3）教材的应用性通过贯穿全书的 16 个实验得到体现：

① 在第 2 章中，从硬件及其应用的角度，介绍了多媒体计算机中常见的多媒体部件；

② 在第 3 章中，介绍了多媒体音频的实用制作技术；

③ 在第 4 章中，介绍了具体的视频技术的应用知识，以及颜色的基本知识及其在计算机中的数字化表示及表现方法；

④ 在第 6 章中，介绍了常用的 Photoshop 图形与图像处理技术和动画制作技术；

⑤ 在第 7 章中，介绍了 Flash 动态网页制作技术和网页发布技术；

⑥ 在第 8 章中，介绍了多媒体系统的软件项目组织与管理技术；

⑦ 在第 9 章中，介绍了 Authorware 和 Director 多媒体应用系统创作工具的应用技术；

⑧ 在第 10 章中，介绍了常见多媒体元素的开发技巧；

⑨ 在第 11 章中，设置了全书的综合性实验，以此串联各章节知识，培养读者的多媒体技术的综合应用与开发能力。

由于多媒体技术发展迅速，新技术层出不穷，同时，本教材面向的是应用型本科教学，因此，修订后，在内容安排上也适当增加了一些新知识和新技术，以此拓展读者的专业视野。

① 在 1.2 节和 1.3 节中，介绍了多媒体技术目前的应用现状、国内外的发展情况，以及主要研究领域。

② 在 2.5 节中，介绍了分布式多媒体系统和目前流行的交互式电视系统。

③ 在 4.3 节中，介绍了最新的新型视频文件。

④ 在 5.4 节中，介绍了最新的多媒体数据压缩标准。

⑤ 在 6.3 节中，介绍了流行的虚拟现实技术。

⑥ 在第 7 章中，介绍了最新的流媒体和超媒体技术。

⑦ 在第 8 章中，介绍了多媒体应用系统工程化设计思想和人机交互界面设计新技术。

⑧ 在第 9 章中，介绍了流行的 Director 多媒体应用创作平台。

为便于教学，根据不同章节特点，在每章的开头附有导读，在每章后面附有小结和包含思考题、选择题、填空题、实验题等题型的习题，每章还安排有常规实验和综合性设计实验。作者提供配套的电子课件和案例源代码等教学辅助材料，可以通过华信教育资源网（www.hxedu.com.cn）下载。

全书分为 11 章。本书建议学时为 36～48，建议理论学时与实验学时之比不低于 2∶1，其中标记*的章节是可选内容。教师也可以根据实际情况，灵活取舍教学内容。

本教材第一版由重庆理工大学张小川教授编写第 1、2、5、7、10、11 章，厦门大学邵桂芳副教授编写第 3、4、6、9 章，重庆邮电大学张力生副教授参编第 2、10、11 章，重庆通信学院杨波讲师参编第 2 章。重庆科技学院别祖杰副教授对本书进行了认真审阅，并提出了宝贵意见，在此编者代表编写组全体同志，对别祖杰老师、编者的家人和同事，表示诚挚的感谢！本书参阅了大量的著作、刊物和网站的参考文献，在此也对这些作者表示衷心的感谢！

本次修订是在电子工业出版社大力支持下，由重庆理工大学张小川教授主持进行的，其中第 3、4、6、7 章由厦门大学邵桂芳副教授修订，其余章节由张小川教授修订。全书的修订工作主要立足于两点：一是更新原教材中多媒体工具软件，适当调整必修和选修内容；二是精简了原教材，适当删除一些实用性不强或已进入大学生计算机基础课程的知识点。

书中如有错误或不当之处，欢迎读者不吝批评指正。作者 E-mail 为：张小川 zxc@cqut.edu.cn，邵桂芳 gfshao@xmu.edu.cn。

作　者

目　　录

第 1 章　基本概念和基础知识

本章知识点

- 掌握数据、信息、媒体和多媒体的概念
- 明确多媒体中"多"的具体含义
- 掌握多媒体技术的概念
- 理解多媒体的特性
- 了解多媒体技术的主要应用领域、发展状况和主要研究内容

　　多媒体技术是从 20 世纪 80 年代中后期开始逐渐发展起来的，现在已是计算机领域中一个被广泛关注的热点领域。它与通信、网络及传媒等相结合，对人类的学习、生活、工作产生了深远影响。因此，近年来，国内高等学校已将多媒体技术作为大学生需要掌握的一门重要的计算机技术课程。迄今为止，学术界对"多媒体"还没有严格定义，而且市场上也存在许多打着"多媒体"招牌的产品，鱼目混珠，混淆了人们的视听。那么究竟什么是多媒体？多媒体技术包含什么内容？多媒体计算机是一种新的计算机吗？多媒体计算机的体系结构又如何？本书将回答这一系列问题。

　　本章首先介绍基本概念，它让读者对多媒体技术有一个全面的认识，并为学习后续章节打下基础。建议本章用 2～3 学时，重点讲述 1.1 节的内容，而对 1.2 节和 1.3 节的内容可以灵活掌握，既可略讲，也可让学生课后自学。同时，建议学生课后查阅多媒体技术领域的文献，并完成千字左右的关于多媒体技术的小论文或文献综述报告，作为本章的主要课后作业。

1.1　多媒体的基本概念

1.1.1　概述

　　社会需求是促进新技术产生和发展的原动力，多媒体技术也是这样产生和发展的。早在 20 世纪 80 年代以前的较长时间里，信息媒体的交流方式仅局限于文字和文本，而计算机也仅仅实现了文字和文本的计算机化。尽管此时的计算机给人类的生活和工作提供了极大的方便，也极大地减轻了人们的劳动强度，提高了工作效率，但是，它仅能处理文字，并以文本方式交互，这远远不能满足人们的需要。人们需要计算机能够在多个领域、多个学科中处理信息，不仅能够延伸人的大脑，还能延伸人的其他感官。

　　事实上，在人的感知系统（视觉、听觉、触觉、嗅觉和味觉）中，视觉所获得的信息占 60%以上，听觉获得的信息占 20%左右，另外还有触觉、嗅觉和味觉占其余部分，如图 1.1 所示。计算机仅仅处理文字和文本文件，虽然只靠文字、文本传输和获取信息也能表达信息内容，但其直观性差，不能听其声、见其人，传递的信息量也非常有限。比如，一个数字 1，如果仅仅是用文本表示，它就只是一个简单的数字 1，不会有更多的含义，但是，如果是用

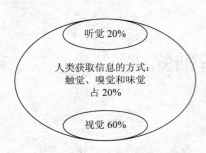

图 1.1　感知系统获取信息的能力图

声音表示它，除了传递上述信息外，它还可以传递声音的语气、语调、音量和音频等，也就是说，可以传递声音信息。再如，如果利用图形表示这个数字 1，那么除了传递数字 1 的基本信息外，它还可以传递书写人的书法、风格、颜色、笔画走势、力度和颜色等信息。当然，文本 1 与声音 1、图形 1 的数据存储量不在同一数量级，这也是多媒体技术所面临且必须解决的问题。

人类借助于触觉、嗅觉、味觉等多种感觉形式进行信息交流，可以说已得心应手。然而，计算机及与之相类似的设备却远远达不到人类这个水平，在信息交互方面与人的感官比较就相差更远了。因此，我们就产生了这样的疑问：既然计算机号称电脑，是人的大脑的延伸，那么它能否再延伸人的触觉、嗅觉、味觉，甚至表情呢？能否让计算机像人（如"机器人"）一样工作呢？人类就是带着这样的需求和幻想开始了新的探索，从而催生了多媒体技术的产生和发展。

多媒体技术就是把机器处理的信息多维化，通过信息的捕获、处理与展现，使之在交互过程中具有更加广阔和自由的空间，满足人类感官空间全方位的多媒体信息需求。

20 世纪 80 年代，多媒体计算机的出现，彻底改变了人们使用计算机的方式。多媒体计算机可以交互式地综合处理声、文、图及动画等信息。多媒体计算机拓宽了人们获取和交互信息的渠道，改变了人们的交流方式、学习方式、生活方式和工作方式，给人类的学习、工作和生活带来了一场革命。因此，利用多媒体技术是计算机技术发展的必然趋势。

1. 数据与信息、媒体与多媒体

数据就是客观世界的原始数字记录。信息是数据加工后形成的，并且是具有一定意义的数据。例如，数字 38 可能仅仅是某件事的数字记录，可以是 38 元钱，也可以是 38 米海拔高度。如果不具体说明，这个 38 就没有任何实际意义，也就不是信息，仅仅是数据而已。如果把它解释为表示某地某天的气温，那它就传递了那个地方的气温高、天气热等信息，需要预防中暑，这时数字 38 就成了信息。因此，信息是主观的，数据是客观的，单纯的数据本身并无实际意义，只有经过解释后才有意义，才能成为信息。如果将数据比喻为原料，那么信息就是产品。

在计算机领域中，媒体（Medium），也称为媒介或媒质，通常有两种含义：第一，指用以存储信息的实体，如磁带、磁盘、光盘和半导体存储器等；第二，指传递信息的载体，如数字、文字、声音、图像和图形等。在多媒体技术中，采用媒体的后一种含义。从信息表达的角度来看，数据、信息、媒体三者之间还具有以下关系。

① 只有有格式的数据才能表达信息的含义。也就是说，由于媒体的种类不同，它们所具有的格式（注：这种格式是指媒体类型的识别和解释）也不同，因此，只有理解这种格式，才能对其承载的信息进行表述。例如，甲骨文，尽管人类知道它是传载信息的载体，但是人类无法破译它，因此，它不能被认为是信息。

② 不同的媒体所表达信息的程度也是不同的。由于每种媒体都有自己本身承载信息的形式特征，而人类对不同种类信息的接受程度也不同，便产生了这种差异。这种差异有时表现为不同量的信息。例如，前面提到的文本数字 1、声音 1 和图形 1，其中文本、声音和图形是

三种不同的媒体，它们所传载的信息量或表达信息的程度，就不在一个等级上。

③ 媒体之间的关系也代表着信息。媒体的多样化关键不在于能否接收多种媒体的信息，而在于媒体之间的信息表示的合成效果。因为多种媒体来源于多个感觉通道，以不同的形式表达，具有一种"感觉相乘"的效应，所以将远远超出各个媒体单独表达时的效果。例如，我们从收音机听评书和从电视看、听评书，其效果是后者大大好于前者，这就是因为后者是听觉与视觉"相乘"。

④ 媒体是可以进行相互转换的。媒体转换，是指媒体形式从一种转换为另外一种，同时信息的损失总是伴随媒体的转换过程的，当然这个损失是否重要，将取决于具体的应用。例如，将电台的动画转换为图像，这个时候就损失了动画所包含的语气、语调及感情色彩，但如果仅仅是了解某件事情，这个损失对接收者来讲是可以接受的。

2. 媒体的种类

媒体就是信息的载体，是信息的存在形式和表现形式。由于人们在感知、抽象、表现等方面存在不同，同时存储或传输的载体也不相同，按照国际电信联盟电信标准部的建议ITU-TL.347，可将媒体划分成如下的种类。

① 感觉媒体（Perception Medium）：指能直接作用于人们的感觉器官，从而能使人产生直接感觉的媒体，如语言、音乐、自然界中的各种声音、图像、动画和文本等。

② 再生媒体（Representation Medium）：指为了传送感觉媒体而人为研究出来的媒体。借助于这种媒体，便能更有效地存储感觉媒体或者将感觉媒体从一个地方传送到遥远的另一个地方，诸如声音编码、电报码及图像编码等。

③ 呈现媒体（Presentation Medium）：指用于通信中，使电信号和感觉媒体之间产生转换的媒体。在其转换过程中，需要相应的设备，这些设备又分为呈现设备和非呈现设备，如显示器、打印机及扬声器等是呈现设备，而键盘、鼠标器、扫描仪、话筒及数码相机等是非呈现设备。

④ 存储媒体（Storage Medium）：指用于存放再生媒体的物理介质，如纸张、磁带、磁盘、光盘及闪存等。

⑤ 传输媒体（Transmission Medium）：指用于传输再生媒体的媒体，如电话线、电缆、双绞线、光纤及微波等。

3. 什么是多媒体

多媒体是指多种信息载体的表现形式和传递方式，就是用多种媒介方法传输信息。在多媒体这个定义中，其中的"多"、"媒"、"体"三字分别具有如下的含义。

- "多"指多种媒体的表现，多种感官的作用，多种设备、多学科的交汇、多领域的应用。同时，这个"多"也随着社会的发展而变化，如现在产生的新媒体研究对象——流媒体、超媒体及控制对象等。
- "媒"指人与客观世界的中介。例如，教材中用于传递知识的图形、图像、数字和文本等就是这样的中介。
- "体"指综合、集成的一体化。例如，在视频媒体中，将声音、图形、图像及文字集成为视频，同时还集成了播放这个视频的设备。再如，还包括播放这个视频文件的颜色数量、音响效果等设备技术指标。

电影是一个很好的多媒体例子，观众不但能听到演员的对话，而且能听到各种背景声音。将活动图像与音响效果混合起来的视频游戏，也是一个多媒体例子。机场触摸屏查询系统又是一个多媒体例子，在该系统中，用户不但能交互操作而且还能听到各种声音，它包括活动图像、音响效果、语言、文字、音乐、动画及静物摄影。

另外，多媒体具有数字化特点。例如，多媒体中的文字、数字、图形、图像、动画、音频和视频等多种媒体都是以数字的形式进行存储和传播的，是依赖于计算机进行存储和传播的，这与传统的模拟信号技术有着根本的区别。由于多媒体具有的这个数字化特点，因此，多媒体数据容易编辑和保存。

1.1.2 多媒体技术

由于多媒体技术是一门正处于快速发展中的新技术，因此在学术界还没有一个统一的定义。一种定义为：多媒体技术是指计算机综合处理多媒体信息（文本、图形、图像、音频、动画和视频等），在这些信息之间以某种模式建立逻辑连接，并集成为一个具有交互能力的系统。另一种定义为：多媒体技术是指用计算机综合处理多种媒体信息——文本、图形、图像和声音等，使多种信息建立逻辑连接，集成为一个系统并具有交互性的技术。显然两种定义强调点不一样，本书采用后一种定义。

多媒体不仅是信息的集成，也是设备和软件的集成，通过逻辑连接形成有机整体又可实现交互控制，可以说集成和交互是多媒体的精髓。多媒体技术是边缘交叉性的技术，主要涉及音像技术、计算机技术及通信技术，并利用这些相对成熟的技术将多种媒体集成为多维信息处理的技术。在现实生活中，人们通常所说的"多媒体"并不是指多媒体信息本身，而是指处理和应用的软、硬件技术，这样就将"多媒体"与"多媒体技术"等同起来，这是需要注意的。因此，可以说电视/电影是一个多媒体例子，但不是一个多媒体技术实例。

由于多媒体技术的边缘性和交叉性，因此多媒体技术包含许多专门技术，其中需要解决的关键技术包括：

- 多媒体数据的压缩与编码技术；
- 多媒体专用芯片数据；
- 多媒体输入/输出技术；
- 大容量的光盘存储技术；
- 多媒体系统软件技术。

需要解决的应用设计的关键技术包括：

- 多媒体素材的采集和制作技术；
- 多媒体应用程序开发技术；
- 多媒体同步技术；
- 超文本（Hypertext）与超媒体（Hypermedia）技术；
- 多媒体网络和通信技术；
- 超大规模集成（VLSI）电路制造技术；
- 多媒体人机交互技术；
- 多媒体数据库技术；

- 虚拟现实技术；
- 基于内容的多媒体检索技术。

多媒体技术是一门新技术，因此还会不断产生相应的新技术。

1.1.3 多媒体的特性

从多媒体技术的定义可以知道，多媒体技术是一种将多种媒体逻辑连接成一个具有交互能力的有机整体的技术，因此集成和交互是多媒体的精髓。这也是多媒体与一般的单媒体，如文本、图形、图像和声音等的最大区别。单媒体不存在多样性、交互性和集成性等问题，并且单媒体的存储结构也比较简单。实际上，多媒体技术除了具有多样性、交互性及集成性等外，还具有协同性和实时性。

（1）集成性

多媒体技术是多种媒体的有机集成。它集文字、文本、图形、图像、视频及语音等多种媒体信息于一体。它就像人的感官系统一样，从眼、耳、口、鼻、脸部表情及手势等多种信息渠道接收信息，并送入大脑，然后通过大脑进行综合分析、判断，从而获得全面准确的信息。目前，多种媒体还在进一步深入研究，如触觉和味觉。

多种媒体的集成是多媒体技术的一个重要特性，涉及的技术有计算机技术、超文本技术、光盘技术和图形、图像技术等。

多媒体的集成性主要体现在两个方面：① 多媒体信息的集成；② 操作这些媒体信息的工具和设备的集成。对于前者而言，各种信息媒体应能按照一定的数据模型和组织结构集成为一个有机的整体，这对媒体的充分共享和创作使用是非常重要的。多媒体的各种处理工具和设备集成，强调与多媒体相关的各种硬件的集成和软件的集成，为多媒体系统的开发和实现建立一个理想的集成环境和开发平台，提高了多媒体软件的生产力。

（2）交互性

交互就是通过各种媒体信息，使参与的各方（不论发送方还是接收方）都可以进行编辑、控制和传递。

交互性将向用户提供更加有效的控制和使用信息的手段与方法，同时也为应用开辟了更加广阔的领域。交互可做到自由地控制和干预信息的处理，增加对信息的注意力和理解力，延长信息的保留时间。多媒体的交互可以分成初级、中级及高级 3 个阶段：① 媒体信息的简单检索与显示，这是多媒体的初级交互应用；② 通过交互特性使用户进入到信息的活动过程中，才达到了交互应用的中级；③ 当用户完全进入一个与信息环境一体化的虚拟信息空间自由邀游时，这才是交互应用的高级阶段，但这还有待于虚拟现实技术或临境技术的进一步研究和发展。

（3）信息载体多样性

信息载体的多样性是多媒体的主要特征之一，也是多媒体研究要解决的关键问题。信息载体的多样化是相对计算机而言的，指计算机所能处理的信息空间范围扩大、种类增加，而不再局限于数值、文本，这是计算机变得更加人性化所必需的条件。

（4）协同（协调）性

每一种媒体都有其自身规律，各种媒体之间必须有机地配合才能协调一致。多种媒体之间的协调及时间、空间的协调是多媒体的关键技术之一。

（5）实时（同步）性

实时是指在人的感官系统允许的情况下，进行多媒体交互，就好像面对面（Face to Face）一样，图像和声音都是连续的。实时多媒体分布系统把计算机的交互性、通信的分布性和电视的真实性有机地结合在一起。

1.2　多媒体的应用和发展

随着多媒体技术的不断发展，其应用领域也越来越普及。由于多媒体技术可以处理文字、图形、图像、声音及视频等多种媒体并将它们集成，比只能简单处理单媒体的技术具有不可比拟的优势，同时它更贴近人的学习、生活及工作方式，使得计算机不再是一个冷冰冰的机器设备，而是更具有人性化，从而极大地缩短了人与计算机之间的距离。同时，随着多媒体技术的深入发展，多媒体技术也逐渐朝标准化、集成化方向发展，从而使得多媒体的接收、处理、存储、传输和利用变得方便快捷，它能将复杂的事物变简单，抽象的变具体，给人类的工作、学习、生活带来日益显著的变化。

1.2.1　多媒体技术的应用

多媒体技术促进了通信、娱乐和计算机的融合，极大地推动了多媒体技术的应用。简单来讲，多媒体技术的应用主要涉及以下几个领域。

1. 办公、教育领域

（1）桌上视频演播系统

多媒体技术在娱乐方面有着广泛的应用，如 3D 游戏、桌上视频演播系统，具体来讲包括制作和播放 CD、VCD、DVD，以及 MIDI 音乐和卡拉 OK，当然还有目前的多媒体视频点播系统、多媒体家电及多媒体交互数字电视信息系统机顶盒等。

（2）桌上出版和演示系统

电子出版物目前已经是出版界的热点，而其中的多媒体出版物更是独领风骚。与传统出版物相比，它具有集成性、交互性，以及种类多、表现力强和信息检索灵活方便等特点。它以数字代码方式将图、文、声、像等信息存储在磁、光、电介质上，因此多媒体出版物主要以光盘的形式出现，包括 CD-ROM、VCD 等。同时，它具有性价比高、容量大、图文声并茂、易于查阅检索和携带等优点。目前，在一些公共场所或企业、机关的办公场所，设置有多媒体业务指南演示系统，用户可以在图、文、声中，通过交互获得业务指导，从而极大地提高办事效率。

（3）新型办公自动化系统

多媒体远程医疗系统可以为偏远地区的人们提供医疗服务，如请医学专家进行远程会诊、指导当地的医生进行复杂手术等。

在办公自动化系统中，主要采用语音自动识别系统，可以将语言转换成相应的文字，同时还可以将文字翻译成语音。通过 OCR 系统可以将手写文字自动输入并以文字的格式存储。

另外，多媒体技术在办公自动化方面还有许多方面的应用，如分布式多媒体会议系统、多媒体监控及监测系统等。

（4）教育

教育培训是多媒体计算机最有前途的应用领域之一，它对教育的影响比对其他领域的影响要深远。例如，多媒体 CAI（计算机辅助教学）光盘具有形象生动、人机交流及即时反馈等特点，改变了传统的以教师为中心的教学模式，是一种以学生为中心、学生自主学习的新型教学模式。学生可以根据自己的水平、接受能力进行自主学习，掌握学习进度自主权，避免了统一教学进度带来的缺点。

多媒体远程教育还可以让学员足不出户进行学习，为学员提供更多、更好的学习机会。而且，还可利用多媒体的多种表现形式及交互方式，让学员打破传统的教学模式，自己调整学习的进度。

另外，还有多媒体教室、多媒体语音教室及虚拟实验室等。

2．通信与企业生产管理

通信技术与计算机技术相结合发展成为计算机网络技术。随着网络的发展完善，多媒体计算机技术也在通信工程中发挥着重要的作用，人们能使用多媒体计算机办公、上学、购物、打可视电话、观看电影及开电视会议。

随着互联网的飞速发展，消费类电子、通信、电视电影广播及计算机技术日益紧密地结合起来，计算机与通信产业和娱乐业融合的趋势不可逆转，使得基于互联网的多媒体产业成为 21 世纪初发展最快，规模最大的产业。

计算机尽管在工业界已经广泛应用，但是随着多媒体技术的出现，使得计算机在工业领域的应用得到了提升。

① 虚拟制造，即利用多媒体技术，进行产品设计、仿真制造过程和完成最终产品。显然，这样的设计方式成本低，可供选择的设计方案丰富，设计周期短，极大地避免了无效制造，加快了生产周期，如分布式多媒体系统、多媒体会议系统、远程医疗系统、生产监控系统、虚拟图书馆及虚拟制造。

② 监控具有危险性的生产现场。由于多媒体技术具有交互性，因此既可以监视也可以控制，并且还能在现场之外直接操纵生产过程。

③ 改变了现场工人与机器设备的方式。例如，利用多媒体技术的语音和图像，直接操纵生产设备，改变以前的单调方式，提高了生产效率。

3．商业、旅游

利用多媒体技术可以在商业导购、商业广告中得到广泛的应用。

旅游是人们享受生活的一种重要方式。通过多媒体技术的展示功能，人们可以不用到现场就能身临其境，欣赏美景。

4．多媒体数据库

多媒体数据库是数据库技术与多媒体技术相结合的产物。它可以将文字、数据、图形、图像、声音及视频等多种媒体集成管理并综合表示，而且建立起对多媒体信息的检索和查询等管理机制。

总之，多媒体技术已经被广泛地应用在教育、军事、医学、工程建筑、商业、艺术和娱乐等社会生活的各个领域，并且具有十分广阔的应用前景。

1.2.2　多媒体技术的发展

在多媒体技术的发展历程中，有如下几个具有代表性的发展阶段。

① 1984 年，美国 Apple 公司推出了 Macintosh 操作系统，此操作系统支持图形用户界面，开创了用计算机进行图像处理的先河，这是对计算机仅仅局限于文本单媒体的重大突破。它改善了人机交互界面，并使用了窗口和图符作为用户接口，采用鼠标器和菜单取代了部分键盘操作。

② 1985 年，美国 Commodore 个人计算机公司率先推出世界上第一台多媒体计算机 Amiga，Amiga 成为多媒体技术的先驱产品之一。随后，在 Comdex'98 展示会上，该公司展示了一系列多媒体计算机。

同时，人们意识到多媒体数据容量巨大，需要解决大容量存储问题。这期间，计算机硬件技术得到了发展，CD-ROM 问世。这对多媒体技术的发展起到了决定性的推动作用。

③ 1986 年，荷兰 Philips 公司和日本 Sony 公司联合研制并推出了交互式光盘 CD-I（Compact Disc Interactive），以及 CD-ROM 文件格式，并且成为 ISO 国际标准，使多媒体信息的存储规范化和标准化。按照这个标准，一张 CD-ROM 盘片可以存入高达 650MB 的多媒体数字化信息。CD-I 标准也成为多媒体技术的先驱标准之一。

④ 1987 年，美国 RCA 公司推出了交互式数字视频系统 DVI。它以 PC 技术为基础，使用标准光盘存储和检索静态、动态图像，声音及其他数据。后来 Intel 公司取得了这项技术转让权，于 1989 年初把 DVI 开发成了一种可普及的商品，并将 DVI 芯片安装在 IBM PS/2 PC 的主板上。最终 DVI 系统演变成为了 DVI 技术标准，该标准对交互式视频技术方面进行了规范化和标准化，使计算机能够利用 CD-ROM 以此标准存储静止图像和活动图像，并能存储声音等多种信息模式。DVI 标准的问世，使得计算机处理多媒体信息拥有了统一的技术标准。

同时，美国 Apple 公司还开发了一种 Hypei Card，并将此卡安装在 Apple 计算机中，使得计算机具备快速、稳定处理多媒体信息的能力。

⑤ 1990 年，美国 Microsoft 公司联合 IBM、Intel、Dell 等 10 家生产厂商，发起并成立了 MPC 市场协会（Multimedia PC Maketing Council，多媒体个人计算机市场协会）。协会的主要任务是对计算机的多媒体技术进行规范化管理和制定相应的标准，后来该协会制定了多媒体计算机的"MPC 标准"。该标准就是多媒体个人计算机系统硬件的最低标准。该标准对一般计算机升级成为多媒体计算机进行了具体的规定，包括需要增加的软件、硬件的最低标准的规范、量化指标，以及升级规范等。

⑥ 1991 年，第六届国际多媒体技术和 CD-ROM 大会宣布 CD-ROM/XA 扩充结构标准的审定版本。

同时，MPC 市场协会提出了 MPC Level-I 标准。此标准后来成为全球计算机界共同遵守的标准，从而促进了多媒体个人计算机的标准化生产和销售，极大地推动了多媒体个人计算机的流行和普及。

⑦ 1992 年，美国 Microsoft 公司推出 Windows 3.1 操作系统。该系统不仅综合了原有操作系统的多媒体扩展技术，还增加了多个多媒体功能软件：媒体播放器和录音机等，还加入了一系列支持多媒体的驱动程序、动态链接库和对象链接嵌入（OLE）等技术。同年，在美

国拉斯维加斯举行的 Comdex 博览会上出现了两大热点：笔记本电脑和多媒体计算机。

⑧ 1993 年，MPC 市场协会公布 MPC Level-Ⅱ标准。该标准根据硬件、软件技术的迅速发展对 MPC Level-Ⅰ标准进行了较大的调整和修改，特别是对声音、图像、视频和动画的播放，以及 Photo CD 做出新的规定。

⑨ 1995 年，MPC 市场协会公布 MPC Level-Ⅲ标准。该标准针对硬件、软件技术的发展，又提高了相应的指标，同时还制定了动态图形、图像的 MPEG 标准，这是目前仍然在广泛使用的标准。后来，MPC 市场协会演变成 MPC 工作组（Multimedia PC Working Group）。

同年，随着美国 Microsoft 公司的 Windows 95 操作系统的强力推出，使得多媒体计算机的用户界面操作更方便、简单，且功能更强大。后来，奔腾级芯片的问世开始全面武装个人计算机，标志个人计算机市场开始被多媒体个人计算机所占领，并逐渐成为市场主流。特别是 Internet 的兴起和普及，更加促进了多媒体计算机的普及。

目前，多媒体技术的发展已逐渐将计算机技术、通信技术和大众传媒技术融合在一起，建立起意义广泛的多媒体平台。多媒体技术是顺应信息时代的需求而产生的，也必将推动信息社会的进一步发展。

1.2.3　多媒体技术的发展趋势

多媒体技术从诞生到现在，仅仅只有 20 多年时间，目前它已经被广泛应用，并且还在快速发展。总的来讲，多媒体技术的发展趋势，主要表现在如下几个方面。

① 进一步完善计算机支持的协同工作环境。目前多媒体计算机的硬件体系结构、多媒体计算机的音频/视频接口软件不断改善，使多媒体计算机的性能指标不断提高；但要满足计算机支持的协同工作环境的要求，增强实时处理能力，还需要进一步研究多媒体信息空间的组合方法等问题。

② 增强计算机的智能。多媒体计算机充分利用了计算机的快速运算能力，综合处理图、文、声信息，用交互式弥补计算机智能的不足；但还需要进一步增强计算机的智能，如文字与语音的识别和输入、汉语自然语言的理解和翻译、图形的识别和理解、机器人的视觉，以及解决人工智能中的一些课题。

③ 把多媒体和通信技术融合到 CPU 芯片中。过去计算机的结构设计较多地考虑了计算功能，今天计算机结构设计需要考虑增加多媒体和通信功能。

④ 多媒体技术促进网络、通信和计算机技术的融合，并且呈现以下发展方向。

- 高分辨率：提高显示质量。
- 高速度化：缩短处理时间。
- 简单化：方便操作。
- 高维化：三维、四维或更高维。
- 智能化：提高信息识别和处理智能。
- 标准化：便于信息交换和资源共享。
- 集成化：将通信、压缩与解压等功能嵌入芯片，实现系统集成。例如，在三网融合背景下，PC 通过嵌入 CMMB（China Mobile Multimedia Broadcasting，中国移动多媒体广播）芯片即可实现不上网也可看电视节目。

1.3　多媒体的研究内容

多媒体技术是一种多学科和多技术的交叉技术，也是基于计算机的一种综合技术，主要表现在如下几个方面。

（1）图形与图像处理技术

多媒体图形与图像处理技术是研究怎么借助于数学的方法和硬件技术的支持，在计算机中生成、处理、编辑、显示图形与图像的一门技术。它主要包括：图形处理技术，数字图像处理技术及虚拟现实技术。

（2）音频与视频处理技术

数字音频与视频处理技术是多媒体技术中的重要组成部分，它主要包括：模拟音频与视频信号的数字化技术，数字音频与数字视频信息的压缩编码技术，数字音频与数字视频信息的存储技术，数字音频与数字视频信息的传输技术。

（3）多媒体网络技术

网络技术是当今信息化社会的热门技术之一。它与多媒体技术的结合就产生了多媒体网络技术，其主要研究内容包括一系列标准的制定，流式传输技术，超文本技术及超媒体技术等。

（4）基于多媒体信息的内容检索技术

随着多媒体技术研究的深入和应用的普及，如何管理、查询、利用多媒体信息成为必须解决的关键技术之一。因此，多媒体数据库技术就是如何有效地存储和操纵文字、图像、声音、动画及视频等多媒体数据的数据库管理技术。

另外，随着多媒体技术的迅速普及，需要大量接触和处理多媒体信息，而每种媒体数据都具有难以用符号化的方法描述的信息线索，例如，图像中的颜色、对象分布，视频中的运动、事件，音频中的音调等。当用户希望利用这些信息线索对数据进行检索时，传统的数据库检索采用基于关键词的检索方式。一方面，在许多情况下媒体内容难以仅仅用几个关键词来充分描述，而且作为关键词的图像特征的选取也有很大的主观性；另一方面，用户很难将这些信息线索转化为某种符号的形式。因此，要求数据库系统能够对多媒体数据进行内容语义分析，以达到更深的检索层次，这就是基于内容的检索技术。目前它也是多媒体技术的热点技术之一。

1.4　实验 1——了解多媒体系统环境和认识各种媒体软件

要求和目的

（1）了解 Windows 操作系统的基本组成。

（2）通过一些常用软件观察各种媒体的特征。

（3）学会使用常见多媒体播放软件，并且比较各自的特点。

（4）学会使用 Windows 的控制面板设置方法。

环境和设备

（1）硬件环境：一台 486 以上微型计算机，配置大于 4MB 的 RAM、CD-ROM 驱动器、声卡及音箱，以及一张 CD 唱盘，一张 VCD 视盘。

（2）软件环境：中文 Windows 操作系统。

（3）学时：2 学时，建议让学生课外完成。

内容与步骤

（1）启动 Windows 操作系统：安装好 Windows 操作系统，开机之后自动进入 Windows。

（2）学习多媒体图形制作软件——画笔。

调用一个存储在硬盘上的图像文件，并用画笔添加一些图形内容和文字，重新生成一个新的图形文件，将文件命名为 TESTL.BMP。或者打开一个图像文件，按下屏幕复制键 Print Screen，然后在画笔的程序窗口中"粘贴"即可。

（3）学习和使用多媒体声音播放软件——CD 播放器。

（4）学习和使用多媒体动画影视软件——媒体播放机。

（5）控制面板中常用多媒体设备设置方法。

① 增加新字体设置方法。

② 显示器的显示配置。

③ 打印机的配置方法。

④ 观看多媒体配置和重新设置方法。

（6）办公软件 PowerPoint 2000 的应用。

① 建立演示文稿。

② 插入字符。

③ 插入图片。

④ 插入影片和声音。

⑤ 创建图表。

⑥ 处理超级链接。

⑦ 幻灯片放映、幻灯片切换、动画设置和打包输出。

小结

本章介绍了多媒体技术的基本概念，以及多媒体技术的发展与应用。媒体、多媒体和多媒体技术是本教材经常使用的重要概念。需要明白，任何一种技术的产生与发展都离不开社会需求的推动，多媒体技术也不例外，同时也需要了解，多媒体技术的发展加快了网络技术、通信技术和计算机技术的融合，并且随着社会的发展，多媒体技术中的媒体研究对象也是变化的。因此，多媒体技术既是基于计算机的一种综合性技术，也是一种多学科和多技术的交叉性的新技术。

习题与思考题

1．什么是媒体？它存在哪两种含义？

2．你能指出下列场景中的媒体吗？请分别指出媒体与媒介。

    ① 电影播放中　② 霓虹灯广告牌展示中　③ 机场多媒体触摸屏使用中

    ④ 彩信手机通信中　⑤ 运行在 Internet 的计算机

3．什么是多媒体？"多"、"媒"、"体"的各自含义是什么？它包含哪些类型？

4．什么是多媒体技术？它有哪些特性？

5．为什么需要特别强调多媒体的交互性和集成性？它们各自的内涵是什么？

6．多媒体技术的主要应用领域有哪些？可以归纳成为哪三个主要方面？

7．多媒体技术是_____和_____发展与融合的结果。

  ① 计算机技术 ② 通信技术 ③ 视听电器技术 ④ 压缩编码技术

8．下列哪种说法不正确？

  ① 有格式的数据才能表达信息的含义 ② 不同的媒体所表达信息的程度不同

  ③ 媒体之间的关系也代表着信息   ④ 任何媒体之间都可以直接进行相互转换

9．请根据多媒体的特性判断以下哪些属于多媒体范畴？

  ① 交互式视频游戏 ② 有声图书 ③ 彩色画报 ④ 彩色电视

10．查阅资料，围绕如下主题写一篇1000字左右的小论文：多媒体技术的发展前景展望或媒体播放软件的比较。

第 2 章　多媒体计算机系统

本章知识点

- 了解多媒体计算机的体系结构
- 掌握声卡、视频卡及 CD-ROM 驱动器的功能、技术指标和基本工作原理
- 了解触摸屏的功能、技术指标和基本工作原理
- 了解常见数码设备的技术指标和基本工作原理
- 掌握多媒体软件系统的分类及其应用领域
- 了解分布式多媒体系统的应用和基本结构

通过本章的学习，读者将知道，作为通信、电视与计算机技术相结合的产物，多媒体计算机并不是一种新型计算机，它仍然是基于冯·诺依曼体系结构的一种计算机，只是增加了多媒体的特性，在系统结构各层次的内容上有所不同而已。

在多媒体计算机中，需要对文字、声音、图形、静态图像及视频图像等多种单媒体进行数字化处理，但随之而来的一个突出问题就是数字化的音频、视频数据量巨大，并且输入或输出都要求具有实时性，这对多媒体计算机就提出了大容量的存储器和高速度的计算处理能力的要求。同时，由于多媒体数据的多样性，决定了多媒体计算机获取信息和表现信息的方式也是多样的，需要有专门的外设来提供支持。本章要求读者已经具有一定的计算机基础知识，首先介绍多媒体计算机的几种多媒体硬件的基本功能、技术指标和基本工作原理，同时还将介绍几种用于获取数据的多媒体扩展设备和多媒体软件，最后，将介绍分布式多媒体技术的两个典型应用系统——多媒体会议系统和交互式电视系统。

建议本章 2 学时（另有实验 2 学时），建议重点讲述 2.1 节、2.2 节。

2.1　多媒体计算机系统的组成

2.1.1　概述

多媒体计算机系统（Multimedia Computer System，MCS），是指以通用或专用计算机为核心，以多媒体信息处理为主要任务的计算机系统。它的基本硬件结构与一般计算机系统并无太大差别，只是多了一些能处理多媒体数据的软件和硬件。

多媒体技术的核心之一是"多"字，也就是说，多媒体技术具有比较强的综合性，并且它将随着信息技术的发展而发展，例如，与网络技术相结合就产生了基于分布式的多媒体会议系统和交互式的电视系统，与数据库技术结合就产生了多媒体数据库系统及其基于内容的信息检索技术等，因此多媒体计算机系统的组成不会是一成不变的。同时，根据应用不同，多媒体计算机系统的软件和硬件配置也不同，因此可以划分为多媒体个人计算机、多媒体工作站和多媒体服务器等，但其本质结构是相同的。其中，多媒体个人计算机是目前应用最广

泛的一种多媒体计算机，因此，本书将以多媒体个人计算机为例进行讲述。

多媒体个人计算机（Multimedia Personal Computer，MPC）仍然是基于冯·诺依曼计算机体系结构的一种计算机，如图 2.1 所示。它在现有个人计算机的基础上加上一些硬件、板卡及相应软件，使其具有综合处理多媒体信息的功能。

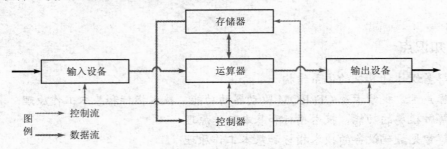

图 2.1　冯·诺依曼式计算机的基本部件

既然 MPC 是在 PC 上发展而来的，那么，如何将 PC 升级成 MPC 呢？在多媒体技术发展初期，特别是多媒体部件，如声卡、CD-ROM 等未普及和标准化时期，这个问题是一个非常重要的问题。PC 升级成 MPC 主要需要解决两个关键问题：一是如何能使应用软件和工具软件在各种操作系统和硬件支撑平台上运行；二是数据交换和兼容性问题，这个问题在使用不同编码方法和硬件设备时尤为突出。其中需要解决的关键技术问题，包括视频/音频信号获取技术、多媒体数据压缩编码和解码技术、视频/音频数据的实时处理和特技及视频/音频数据的输出技术。

目前，PC 升级成 MPC 的常见方法有三种：自己配置和测试软/硬件接口，请专业公司或专业人员协助升级，购买多媒体升级套件。无论采用什么升级方法，都要解决兼容性问题。这个问题的实质就是标准化问题。这是因为，多媒体技术是一项综合性技术，涉及计算机、通信、声像（电视）及其他电子产品等多个领域或行业的技术协作。其产品的应用目标，既涉及研究人员也面向普通消费者，涉及各个用户层次。为了使用户采用不同厂家的产品也能方便地组成 MPC 系统，产品标准化和兼容性问题就成为多媒体技术实用化的关键问题。为此，包含微软公司在内的多媒体产品厂商和用户联合组织了一个交互式多媒体协会 IMA，这个组织的主要目标就是解决兼容性的问题。IMA 的计划是开发与各种硬件平台兼容的应用软件。IMA 分别在 1991 年、1993 年和 1995 年发布了 MPC-1、MPC-2 和 MPC-3 标准。随着应用要求的提高，多媒体技术的不断改进，多媒体功能已成为个人计算机的基本功能。

2.1.2　多媒体计算机系统的层次结构

MPC 的层次结构如图 2.2 所示。由于要求处理不同多媒体数据，因此在系统结构各层次的内容（包括硬件和软件组成）上有所不同。图中主要子项说明如下。

① 计算机硬件层：它负责视频信号和音频信号的快速实时压缩和解压。压缩比、压缩与解压速度及压缩质量是这个层

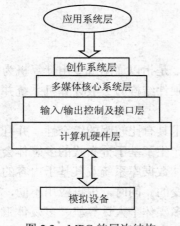

图 2.2　MPC 的层次结构

次的主要技术指标。目前理想的方法是，采用以芯片为基础的压缩和解压卡来实现。当然，由于 CPU 的速度大幅度提高，也常用软件来实现这个功能。第 5 章将介绍压缩技术的基本知识。

② 输入/输出控制及接口层：它与多媒体的硬件设备打交道，驱动、控制多媒体信息处理设备，并提供软件接口，方便更高层次的软件调用。

③ 多媒体核心系统层：它就是多媒体操作系统。

④ 创作系统层：它主要为多媒体应用系统的开发提供集成的开发环境，包括多媒体开发工具、多媒体数据库和多媒体系统工程的开发方法，目的是快速有效地支持多媒体信息系统的工业化生产。

⑤ 应用系统层：它是最高层，主要任务是为多媒体应用提供良好的开发、运行和使用环境，如 Adobe Photoshop、Adobe Premiere、Authorware 和 Visual Basic 等。

⑥ 模拟设备：它包括多媒体计算机系统的外围硬件设备，主要任务是采集和传输多媒体信息。例如，解压卡和声卡等，将在本章后面进行介绍。

2.1.3 MPC 的组成

MPC 的硬件构成图如图 2.3 所示。

所以，可以用下列等式来表示 MPC 与 PC 的关系：

MPC = PC 基本配置（CPU、内存 RAM、硬盘 HD、软盘、显卡、键盘、鼠标、显示器、机箱及电源）+多媒体部件（光驱+声卡+音箱+视频卡+话筒等）。

当然，除了上述硬件外，还有相应的软件，这在本章后面有专门介绍。

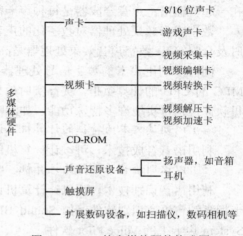

图 2.3　MPC 的多媒体硬件构成图

2.2　多媒体硬件设备

2.2.1　声卡

声卡，是音频卡或声音卡的简称。它能完成声音数据的采集，模数（A/D）转换或者数模（D/A）转换，音频过滤及音频播放等功能，是 MPC 重要的多媒体部件之一。如果受课时所限或已经学习过，建议读者跳过或自学本节内容。

声卡的出现，是为了使计算机能够接收声音、处理声音、发出声音。作为多媒体计算机的象征，其功能、性能的发展经历了 4 个阶段：从 PC 喇叭到 ADLIB 音乐卡，ADLIB 开创了声卡技术的先河；Sound Blaster 首次综合了音乐和音效，宣告 CREATIVE 时代的开始；SB Awe 系列声卡（SB Awe 32 和 SB Awe 64）开创了新的波表合成技术，形成 MIDI 冲击波；PCI 声卡的出现，代表新时代的开始。

1. 声卡的功能

归纳起来，声卡有三个基本功能：一是音乐合成发音功能，二是合成器功能和数字声音效果处理器功能，三是模拟声音信号的输入和输出功能。

（1）实现以录制和保存为特征的模数（A/D）转换

声音信号是模拟信号，计算机不能对模拟信号进行处理。录制就是将外部的声音模拟信号，通过声卡输入计算机，实现从模拟信号到数字信号的转换，并以数字化声音文件的形式进行保存。录制的声源可以是麦克风、线路或 CD 输入。

（2）完成以播放为特征的数模（D/A）转换

播放就是将保存的数字化声音文件，通过声卡转换、重建波形而形成模拟信号，并利用扬声器播出自然声音。它还可以借助于计算机软件实现多种特殊播放效果，如顺播/倒播、重复播放某段声音、交换声道，以及声音由左向右移位或声音由右向左移位等。

（3）实现以实时、特技处理为特征的特殊功能

合成器的作用是将来自不同声源的声音，如音乐合成器、CD-ROM 及话筒输入等，组合在一起再输出，声音合成器是每种声卡都具有的功能。

数字声音效果处理器对数字化的声音信号进行处理以获得所需要的音响效果（混响、延时及合唱等）。数字声音效果处理器是高档声卡具备的功能。

同时，利用声卡的数字信号处理器（DSP），对声音进行实时压缩和解压缩，从而减轻MPC 的 CPU 的计算负担，提高实时效果。由于转换成为数字化声音文件，因此借助于计算机软件，也可实现许多特殊功能，如除噪、淡入和淡出、声音合成，以及混响等。

（4）以朗读文本为特征的计算机"说话"功能

利用语音合成技术，可以让计算机朗读文本文件，实现计算机"说话"的功能。

（5）以识别语音为特征的计算机"听话"功能

利用语音识别技术，可以让计算机识别自然声音，实现计算机"听话"的功能。有些声卡捆绑销售语音识别软件，如 Sound Blaster 声卡上的 Voice Assist 软件和 Microsoft Sound System 声卡上的 Voice Pilot 软件。

（6）以输出 MIDI 文件为特征的电子音乐合成功能

MIDI 全称是 The Musical Instrument Digital Interface，即乐器数字界面。MIDI 接口是乐器数字接口的标准，规定了电子乐器与计算机之间相互通信的协议。MIDI 音乐以 MIDI 文件格式保存，MIDI 文件比声波 WAV 文件更节省空间。通过相应的软件，计算机可以直接对外部电子乐器进行控制和操作。

2. 声卡的分类

声卡的分类可以采用多种方式。根据数据采样位数，可以划分为 8 位声卡、16 位声卡及32 位声卡，位数越多，音质越好。根据与计算机的连接方式，可以划分为集成式、板卡式和外置式三种接口类型。集成式声卡是集成在计算机主板上的，而与主板直接连接的是板卡式声卡，与主板间接连接的外置式声卡，通常是放置于主机机箱之外。外置式产品少，不常用。在抗干扰能力、声音处理效果和功能种类等方面，集成式声卡是最差的。

3. 声卡的技术指标

声卡作为 MPC 的重要设备，选择时需要考虑如下技术指标。

• 适用类型：如 Intel 芯片组的台式机。

- 安装方式：如内置。
- 总线类型：如 PCI。
- 采样位数：如 16 位。
- 芯片种类：如 Crystal CS4297A-KQ。
- 适用操作系统：如 Win 95/98/Win ME/Win 2000/Win XP。
- 信号传输类别：如数字式。
- 声道数：如双声道。
- 支持音效：如 DirectSound。
- 接口方式：如两路模拟输入接口、两路模拟输出接口、带有电容话筒供电功能的话筒输入接口、SPDIF 格式的数字输出接口（同轴），SPDIF 格式的数字输出接口。一般声卡包含标准的 PC 游戏棒接口。
- CD-ROM 接口：CD-ROM 接口是声卡重要的接口，其种类方式比较多，如专用 CD-ROM 接口、Mitsumi CD-ROM 接口、SCSI-1 标准 CD-ROM 接口等。

4．声卡的组成

声卡的典型组成包括合成器芯片、处理器芯片、放大器及各种输入/输出接口等，如图 2.4 所示。

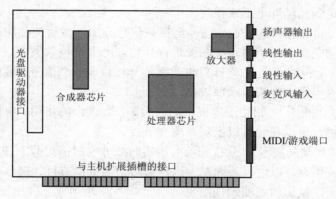

图 2.4　声卡的组成简图

2.2.2　视频卡

多媒体计算机中处理活动图像的适配器称为视频卡，是多种卡的一种统称，比如，显卡（也称显示卡）只是其中具有最基本功能的一种视频卡。视频卡是 MPC 重要的多媒体部件之一。如果受课时所限或已经学习过，建议读者跳过或自学本节内容。

早期的 CGA、单色显卡 MDA、EGA，以及后来的 VGA、Super VGA（SVGA）显卡都是将 CPU 处理过的输出数据，每帧图像以点阵信号的方式送至显存，然后发送给显示器，在显示器上逐帧刷新，所以这类显卡又称为帧缓冲卡。这种帧缓冲卡在显示系统中仅起着传递信号的作用，并不涉及运算处理，只能够显示文本信息和一般的图形。在后来出现的图形加速卡中，它是专门处理图形的芯片和显存的功能显卡。它把常用的绘图计算功能内置其中，专门用来处理图形显示，大大减少显示数据通过总线传输的过程，加快显示速度，有效地提高了微型机系统的整体性能。目前，随着高清视频技术的成熟和推广应用，PC 上的视频卡正朝着高清方向发展，并将采集、解压、通信等功能集成为一体，如利用中国移动多媒体广播（CMMB）芯片，可以实现手机无线上网观看 30 余套电视节目。

1. 视频卡的功能

视频卡的基本功能是，将 CPU 传送过来的数字化视频数据转化成显示器可以接收的格式，再送到显示屏上形成视频。其扩展功能是，将模拟视频信号转换为数字化视频数据，并以压缩格式保存为数字化视频文件。扩展功能不是所有视频卡都具有的功能，通常比较高档的视频卡才具有。根据应用领域的不同，采用的压缩算法不同，又分为许多专门的视频卡，如电视/电影卡和解压卡等。需要注意的是，出于价格原因，市面上有把基本功能和扩展功能分开出售的视频卡。高档的视频卡，还具有采集、编辑及特技处理等功能。

2. 视频卡的种类

按照不同划分方式，可以把视频卡分成不同的类型。如果按照与计算机的连接方式不同，可以划分成内置式和外置式；如果按照应用功能划分，市面上有显卡、视频叠加卡、视频转换卡、视频采集卡、电视卡、图像加速卡及压缩/解压卡等。需要注意的是，随着多媒体技术的发展，将产生其他类型的视频卡。下面根据用途划分方式，分别进行介绍。

- 视频卡（显卡）：将 CPU 传送过来的数字化视频数据转化成显示器可以接收的模拟视频信号，再送到显示屏上形成视频。
- 视频叠加卡：将计算机的 VGA 信号与视频信号叠加，然后把叠加后的信号在显示器上显示。视频叠加卡用于对连续图像进行处理，产生特技效果。
- 视频转换卡（电视编码卡）：将计算机数字信号转换成视频信号。这种卡一般用于把计算机的屏幕内容送电视机或录像设备。
- 电视选台卡（电视卡）：相当于电视机的高频头，起选台的作用。电视选台卡和视频叠加卡配合使用，可以在计算机上观看电视节目。
- 视频捕捉卡（视频采集卡）：从视频信号中实时或非实时捕捉静态或动态图像，且能将它以文件形式保存，以便以后编辑。这种卡用于从电视节目、录像带中提取一幅静止画面存储起来，供编辑或演示使用。
- MPEG 影音解压卡（电影卡）：电影卡可以播放压缩后的图像。现在可以用软件解压实现此功能，因此电影卡是一种过渡产品。
- 图像加速卡：对二维或三维图形数据进行硬件加速处理的特殊的视频处理卡。
- 压缩/解压卡：用于将连续图像的数据压缩和解压。连续图像的数据量巨大，为了解决这个问题，需要进行压缩以减少存储量。图像在重放时要进行解压以便重现图像，解压方法和压缩方法相反。

3. 视频卡的技术指标

市场上的视频卡有许多种类，有不同型号，由不同厂家制造。某个具体种类和具体型号的视频卡都会侧重于某个具体功能，因此在选购视频卡之前最好能明确购买目的。例如，如果购买的视频卡是用来进行专业级别的视频处理的，那么最好购买能够制作专业类图形的视频卡；如果购买视频卡主要是用来玩游戏，那么就应该选择一款显示品质高、3D 性能稳定的视频采集卡。因此，选择视频卡首先要注意实用性。

其次，需要针对不同视频卡，留意其技术参数。由于视频卡种类太多，下面仅简单介绍显卡的基本性能指标，其他的视频卡就不介绍了，请读者参考相关资料。

- 最大分辨率：当一个图像被显示在屏幕上时，它是由无数小点组成的，它们被称为像素（Pixel）。最大分辨率是指显示卡能在显示器上描绘点的最大数量，一般以"横向点数×纵向点数"表示，如 800×600、1024×768 等。
- 色度：像素描绘的是屏幕上极小的一个点，每一个像素可以被设置为不同的颜色和亮度。像素的每一种状态都可以由红、蓝、绿三种颜色描述（参见 4.1 节）。像素的颜色数称为色度。该指标用来描述显卡能够显示多少种颜色，一般以多少色或多少 bit（位）色深来表示。比如，8bit 色深可以显示 256 种颜色；16bit 色深可显示 65536 种颜色，称为增强色；24bit 色深可以显示 16M 种颜色。显然，色度位数越高，显示的图像质量就越好；但色度增大时，也增大了要处理的数据量，需要更大的显存和更高的转换速率。
- 刷新频率：刷新频率是指图像在显示器上更新的速度，也就是图像每秒在屏幕上出现的帧数，单位为 Hz。刷新频率越高，屏幕上图像的闪烁感就越小，图像越稳定，视觉效果也越好。一般刷新频率在 75Hz 以上时，人眼对影像的闪烁才不易察觉。这个性能指标主要取决于显卡上 RAMDAC（Random Access Memory Digital-to-Analog Converter）的转换速度。
- 显存：显存也被称为帧缓存，用来存储需要处理图形的数据信息。有一些高档显卡不仅将图形数据存储在显存中，而且还利用显存进行计算，特别是具有 3D 加速功能的显卡更是需要显存进行 3D 函数的运算。另外，RAMDAC 从显存中读取数据并将数字信号转换为模拟信号，最后将信号输出到显示屏。因此，显存的数量和显存的读/写速度，以及带宽都将直接影响显卡的性能。
- 接口：随着多媒体技术的发展，在显卡和 CPU 及内存中交换的数据量越来越大，因此，显卡的总线接口方式及其性能显得尤为重要。AGP、AGP 1X、AGP 2X 和 PCI 是常见的几种总线。这个顺序也是传递速度递增的顺序，如果 AGP 以 66MHz 的速度工作，则 AGP 1X 的峰值速度可达 266MHz，AGP 2X 的峰值速度可达 532MHz。（"2X"是指同一周期中可以在上升沿和下降沿各传输 1 次数据）。理论上，66MHz 总线的最大速度为 532MHz，100MHz 总线的最大速度可以达到 800MHz。目前市面上号称 AGP 4X 的显卡，其最大速度可达到 1064MHz，显然在 100MHz 总线上是无法充分发挥作用的。高档的显卡还会提供 API 接口，以支持应用程序开发接口。目前，在视频采集卡中，主流接口是 USB 和 IEEE 1394 方式。此外，最新显卡开始采用节能的变频技术和主动温控技术，这是因为，显卡传输速度快和长时间超负荷运行，以及显卡风扇容易积尘，极其容易造成显卡温度升高，甚至烧坏显卡。因此，最新显卡开始设置主动温控和报警功能，在过热时报警和关机，以最大限度保证显卡的安全。

说明：IEEE 1394 接口是一种新型的高效串行接口，一般是用一根六芯连接线（含两根电源线和两对传输信息的双绞线）实现连接的。其特点是，数据传输速率高，最高可达400Mbps，超过 USB 传输带宽的 30 倍以上，可用于实时数据传输领域。它连接方便，可进行热插拔（带电插入或拔出设备）；可连接的设备多、距离长、最多可连接 63 个设备，连接距离长达 72m；最大传输电流是 1.5A，而传输时的直流电压可以在 8～40V 之间变换。

4. 视频卡的基本构成

视频卡的主要部件有显示芯片、RAMDAC、显示内存、BIOS、插座、特性连接器及各种接口等，如图 2.5 所示。目前，市面上一些视频卡由于运算速度快、发热量大，因此，在其主芯片上用导热性能较好的硅胶粘上了一个散热风扇（有的是散热片），在显示卡上有一个2 芯或 3 芯插座为其供给电源。

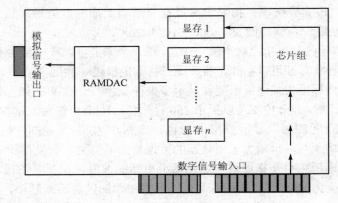

图 2.5　视频卡的结构简图

2.2.3　CD-ROM 驱动器

CD-ROM（Compact Disc-Read Only Memory）驱动器（简称光驱）是 MPC 重要的多媒体部件之一。CD-ROM 光盘存储技术对多媒体技术的应用和普及起到了极大的推动作用。

1972 年 9 月 5 日，Philips 公司向国际新闻界展示了长时间播放电视节目的光盘系统，在光盘上记录的是模拟电视信号。1978 年，SONY 生产的影碟机正式投放市场，光盘的直径为30cm，一片双面盘的播放时间可达 2 小时。1979 年，Philips 公司发布了激光唱机（Compact Discplayer，CD Player）。后来，20 世纪 80 年代初期，为了便于光盘的生产、使用和推广，几个主要光盘制造公司和国际标准化组织联合制定了一些有关的规范和标准，为 CD-ROM 的推广和应用奠定了基础。

1．CD-ROM 驱动器的技术指标

利用 CD-ROM 光盘，可以实现存储多媒体数据和反复读取的功能。由于光盘价廉、容量大、便于携带，以及 CD-ROM 技术的成熟，因此，CD-ROM 得到了广泛的应用。随着"写入"技术的成熟，目前，可读/写的光盘存储器 CD-R、CD-RW 也逐渐普及。

CD-ROM 驱动器是高精度的光学仪器设备，其主要技术指标包括以下几方面。

- 容量：即 CD-ROM 光盘存储多媒体数据的数量。3.5 英寸 CD-ROM 光盘的容量一般为 650～750MB。
- 数据传输速率：即读取光盘上数据的所能达到的最大倍速度值。1 倍速=150kBps。从理论上说，32 倍速光驱读取光盘时的最大数据传输速率为 4.8MBps，但是，实际上受总线传输速度限制，常常达不到这个速率。事实上，光盘的读取速度是与存取/寻道时间、数据传输速率和总线传输速度密切相关的，数据传输速率仅是其中一个重要指标。厂商常常标识的也只是数据传输速率，而非读取速度，不要受其误导。
- 高速缓存：高速缓存是 CD-ROM 驱动器内的存储区。在传输、读取速度上，由于 CPU、总线及 CD-ROM 驱动器的数据传输速率等存在差异，为了减少读盘的次数，提高数

据传输速率,同时也减少 CPU 的占用时间,在 CD-ROM 驱动器中通常采用设置 Cache 高速缓冲区办法予以解决。显然,缓冲区越大越好,现在光驱一般都有 512KB、1MB,甚至 8MB 的高速缓存。

- 寻道时间:寻道时间越小越好。
- 平均无故障时间:反映 CD-ROM 驱动器的稳定性能。平均无故障时间越长越好。
- 接口:光驱的接口有 IDE 接口、SCSI 接口、AT 总线接口和 USB 接口。目前,一般光驱与主机连接方式主要采用 IDE 接口方式,如采用 SCSI 接口,则需用专门的 SCSI 接口卡与主机板相连接。当然,SCSI 接口速度快,数据传输速率高,主要用于工作站、服务器等高档微型机。随着技术的发展,目前,USB 接口也被广泛采用。
- 兼容性:通常要看 CD-ROM 符合什么标准而确定,如支持 Photo-CD、CD-ROM XA 等标准(参见 2.4.3 节)。

CD-R 驱动器、CD-RW 驱动器除了上述技术指标外,还包括如下技术指标。

- CD-R 驱动器的速度指标:CD-R 驱动器是光盘刻录机,所使用的光盘只能进行有限次写、多次读。因此,它具有刻录速度和读取速度,其中读取速度类似于 CD-ROM 驱动器的读取速度,而刻录速度是 CD-R 驱动器向 CD-R 盘片写入数据时所能达到的最大倍速值,其度量单位同刻录速度。
- CD-RW 驱动器的速度指标:CD-RW 驱动器是可擦写式光盘刻录机,所使用的光盘能反复读/写。因此它具有读取速度、刻录速度和复写速度,其中前两者类似于 CD-R 驱动器的刻录速度和读取速度,而复写速度是指 CD-RW 驱动器向 CD-RW 盘片写入数据时所能达到的最大倍速值,其度量单位同读取速度和刻录速度。一般,三者的速度排列呈递减方式。
- 接口:CD-R 驱动器、CD-RW 驱动器具有除了 CD-ROM 驱动器所拥有的接口方式外,还具有 PCMCIA 接口及并行接口、IEEE 1394 接口等,它们的传输速度更快,更能满足实际的需要。

2. 光盘的常见 ISO 标准

为了解决 CD-ROM 的兼容性和标准化问题,世界上几个主要光盘制造厂商和国际标准化组织联合制定了如下几个 CD-ROM 技术规范和标准。

- 红皮书:Philips 公司和 SONY 公司为激光数字音频唱盘 CD-DA 定义的标准,是 CD 工业的最基本标准。符合这种标准的光盘具有 Digital Audio 标志。
- 黄皮书:为 CD-ROM 定义的标准。当然,CD-ROM 还要另外遵守一个附加标准 ISO 9660。符合这种标准的光盘具有 Data Storage 标志。

CD-ROM 可以存储多媒体信息,是因为 CD-ROM 在 CD-DA 光道基础之上又增加了两种类型的光道——用于存储计算机数据的 CD-ROM Mode1 光道和用于存储压缩声音数据、静态图像或电视图像数据的 CD-ROM Mode2 光道,而 CD-DA 光道是用于存储声音数据的。

- 绿皮书:这是 Philips 公司和 Sony 公司为光盘交互式多媒体计算机系统 CD-I 定义的标准,它在 CD-ROM 基础之上增加了交互表达音频、视频、文字及数据的格式,以及多媒体系统的其他技术规格,它准许数据、压缩的声音数据和图像数据交错放在同一条 CD-I 光道上,还规定了专用的操作系统 CD-RTOS。

- 橙皮书：这是为可读/写小型光盘系统 CD-R 定义的标准。它在黄皮书之上增加了各种可写光盘的格式标准——Orange Book1 定义可擦除重写的 CD-MO 小型磁光盘，Orange Book2 定义一次写、多次读的 CD-WO 或 CD-WORM 小型光盘。
- 蓝皮书：这是为激光电视光盘系统定义的标准，盘的直径为 30cm。其上存储的电视信号是模拟的，而控制信号为数字的，其工作原理与 CD 类似。
- 白皮书：这是 JVC 公司、Matsushita 公司、Philips 公司和 Sony 公司于 1993 年联合为数字电视盘 Video-CD 定义的标准。它采用 CD 格式和用 MPEG 压缩方式存储音频和视频数据的影视光盘。Video-CD 盘可以在 CD-I、CD-ROM/XA、V-CD 播放机上播放。

1994 年，在红皮书、黄皮书、ISO 9660、绿皮书等基础之上重新定义了 Video-CD Specification Version 2.0 标准。

此外，从技术上讲，可读/写光盘驱动器的技术是比较成熟的，之所以 CD-ROM 光盘还广泛的被应用，主要是因为光盘驱动器的生产厂家联盟处于投入产出和商业目的，而不太情愿放弃它。由于高清视频、图像的广泛流行，使得 CD-ROM 光盘的容量不能满足需要，因此，目前更大容量的 DVD 光盘及其驱动器被广泛使用，通常单面 DVD 光盘的容量是单面 CD 盘片的 8～15 倍。

2.2.4 触摸屏

触摸屏是一种输入/输出设备，它具有直观，操作简单、方便、反应速度快、节省空间及易于交流等许多优点。利用触摸屏技术，极大地改善了人机交互方式。目前，触摸屏已经广泛应用在各行各业，特别是在信息查询领域，得到了极大的应用。

1．触摸屏的功能

触摸屏是一种坐标定位设备，是集输入功能和输出功能为一身的设备。

2．触摸屏的分类

触摸屏可以按照不同方式分类。如果按照触摸屏安装方式来划分，可以分为外挂式、内置式、整体式和投影仪式。如果按照技术原理来划分，可以将触摸屏划分为 5 种：矢量压力传感技术触摸屏、电阻技术触摸屏、电容技术触摸屏、红外线技术触摸屏和表面声波技术触摸屏，其中矢量压力传感技术触摸屏已退出历史舞台。如果按照工作原理和传输信息介质来划分，触摸屏可分为 4 种：电阻式、电容式、红外线式及表面声波式。本书将采用最后一种划分方式，分别对各种触摸屏的工作原理进行介绍。

3．基本性能指标

触摸屏有 3 个基本性能指标。

① 透明性能：触摸屏由多层的复合薄膜构成，透明性能的好坏直接影响触摸屏的视觉效果。衡量触摸屏透明性能不仅要从它的视觉效果来衡量，还应该包括透明度、色彩失真度、反光性和清晰度 4 个特性。

② 绝对坐标系统：传统的鼠标是一种相对定位系统，只和前一次鼠标的位置坐标有关。而触摸屏坐标系统则是一种绝对坐标系统，要选哪就直接点哪，与相对定位系统有着本质的

区别。绝对坐标系统的特点是每一次定位坐标与上一次定位坐标没有关系，每次触摸的数据通过校准转为屏幕上的坐标，不管在什么情况下，触摸屏这套坐标在同一点的输出数据都是稳定的。不过由于技术原理的原因，并不能保证同一点触摸的每一次采样数据都相同，不能保证绝对坐标定位准确无误，这会引起触摸屏的定位漂移问题。对于性能质量好的触摸屏来说，漂移的情况出现得并不是很严重。

③ 检测与定位：各种触摸屏都是依靠传感器来工作的，甚至有的触摸屏本身就是一套传感器。各自的定位原理和各自所用的传感器决定了触摸屏的反应速度、可靠性、稳定性和寿命。

4．触摸屏的基本组成

触摸屏主要包含 3 个部分：触摸屏控制卡、透明度比较高的触摸检测部件和驱动程序。其中，触摸屏控制卡主要由独立的 CPU、固化在芯片的监控程序组成，其主要功能包括接收触摸信号、转换并计算触摸信号所对应的坐标、传输坐标到计算机主机、接收主机的控制命令或显示信息并执行。而透明度比较高的触摸检测部件安装在显示器屏幕前面，用于检测用户触摸位置，接收后送触摸屏控制器。驱动程序是触摸屏与计算机连接的接口程序。

目前，在公共场所比较流行的是触摸屏一体机，就是将计算机、显示屏、触摸屏和机柜组装在一起，以便于维护、管理和使用。如图 2.6 所示就是一种触摸屏一体机机柜。

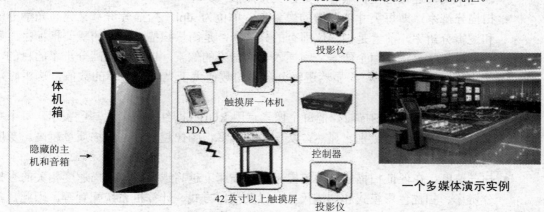

图 2.6　触摸屏一体机机柜图

2.3　其他多媒体扩展设备

在多媒体产品开发过程中，除了前面介绍的常用多媒体设备外，还包括一些不常用的多媒体计算机的非基本配置，暂且称它们为扩展设备。本节主要介绍扫描仪和数码相机等设备的作用、基本用法和技术指标。

2.3.1　扫描仪

1．扫描仪的功能

扫描仪是一种把平面图形转换成数字化信号的设备，它是获取图像素材的重要途径，是一种输入设备。它主要由电源、光学镜头、CCD 光敏元件、移动装置等构成。如果配置适当的文字识别软件，扫描仪还可以识别文字。

说明：CCD（Charged Coupled Device）光敏元件，即电荷耦合器件，它是在大规模集成电路技术发展基础上产生的一种新型器件。CCD 能对光照进行反应并把反应的强度转换成相应的数值。当光从红、蓝、绿滤镜中穿过时，就可以得到每种色光的反应值。然后，再使用软件对得到的数据进行处理，就可确定每一个像素点的颜色。

2．扫描仪的分类

按照不同方式，可以把扫描仪划分成不同的类型。如果按照基本构造来划分，可以分为 6 种类型：手持式、立式、平板式、台式、滚筒式和多功能扫描仪。如果按照扫描原理划分，可以分为 3 种类型：反射式、投射式和混合式。如果按照扫描性能划分，可以分为 3 种类型：扫描尺寸、扫描颜色和扫描次数。目前，主流产品是高速、彩色、高分辨、使用 USB 接口的扫描仪。

3．扫描仪的技术指标

- 接口方式：市面上的扫描仪有 EPP、SCSI 及 USB 三种接口方式。其中 SCSI 接口又包含 PCI 和 ISA 两种接口方式。目前，扫描仪均设置 USB 接口，这种接口方式数据传输速率高，连接方便，兼容性好，支持热插拔。
- 扫描分辨率：即每英寸能分辨的像素点，单位为 dpi。扫描分辨率又分为光学分辨率和逻辑分辨率，前者是扫描仪固有的分辨率，是衡量扫描仪性能的重要指标；而后者是通过科学算法在两个像素之间插入计算出来的像素，以达到提高分辨率的目的，因此也称"插值分辨率"。显然逻辑分辨率的数值大于光学分辨率的数值，购买时需要注意这点。
- 扫描色彩精度：即扫描时，把每个像素点用 RGB（即红绿蓝）三基色表示，每个基色又分为若干个灰度级别。显然，灰度级别越多，图像越清晰，扫描质量越高。灰度级别就称为色彩精度。
- 扫描速度：在保证扫描质量的前提下，扫描速度越高越好。与扫描速度相关的有扫描分辨率、扫描色彩模式和扫描尺寸，以及接口方式、计算机系统配置等。因此，扫描速度的表示方式一般有两种，一种用扫描标准 A4 幅面所用的时间来表示，另一种用扫描仪完成一行扫描的时间来表示。
- 内置的图像处理能力：反映扫描仪图像处理能力的内容有伽玛校正、色彩校正、线性优化、亮度等级及半色调处理等。高档扫描仪的内置的图像处理能力比较强，扫描时很少或不需要人为干预。

2.3.2　数码相机

1．数码相机的功能

数码相机是一种以数字化信号记录影像的照相机设备，它也是获取图像素材的重要途径。使用数码相机，简化了"拍摄→扫描→图像处理"过程，直接利用数码相机就可以将需要的影像进行数字成像，并保存为图像文件。数码相机主要由光学镜头、CCD 光敏元件、译码器、存储器、电源及取景装置等构成。

2．数码相机的分类

根据数码相机的特点和用途不同，可以把数码相机分类如下。

- 按图像传感器不同分为：线阵 CCD 数码相机、面阵 CCD 数码相机和 CMOS 数码相机。
- 按对计算机的依附程度不同分为：脱机型数码相机、联机型数码相机和网络数码相机。
- 按结构不同分为：简易型数码相机、单反型数码相机和后背型数码相机。
- 按接口不同分为：PP 数码相机、USB 数码相机和 PCI 数码相机。

3．数码相机的技术指标

- 接口方式：数码相机一般有串行、USB、支持某些电视制式的 Video 输出及 IEEE 1394 这 4 种接口方式。当然，一般数码相机采用其中一种或两三种接口。
- CCD（像素数量）：即每英寸的光敏元件个数。显然，CCD 数值越大，相机性能就越好。
- 快门速度：快门速度决定了曝光时间长短，而不同快门速度使用的摄影场所是存在差别的。
- 显示屏类型：好的数码相机通常配置彩色液晶显示屏（LCD），方便预览照片和构图。
- 存储容量：数码相机中有存储卡，用以保存照片，因此其存储容量也是数码相机的主要性能和技术指标。
- 光学镜头规格与性能：在 CCD 一定的情况下，光学镜头的规格与性能决定了成像的质量。一般有定焦镜头、变焦镜头等。

2.4　多媒体软件系统

与一般计算机一样，没有软件的支持，多媒体系统的硬件也仅仅是一些电子元件，是不能发挥应有的作用的。因此，多媒体系统中除了硬件部分外，还包含一个非常重要的组成部分——多媒体软件系统。多媒体软件系统主要由 3 个部分组成，即多媒体操作系统、多媒体工具软件和多媒体应用系统，如图 2.7 所示。从图中可以发现，它们分别处于 3 个层次：操作系统仍然是多媒体软件系统的基础，是底层，负责管理多媒体系统软件、硬件资源；工具软件是中间层，满足对多媒体应用系统的特殊应用需求的实现，是最高层与底层的接口层，主要面向多媒体应用系统开发人员；多媒体应用系统是最高层，是直接面向用户的层次。用于开发多媒体应用系统的软件称为多媒体创作工具软件。下面分别介绍这三个层次。

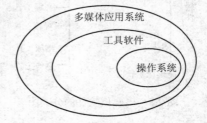

图 2.7　多媒体软件关系简图

2.4.1　多媒体操作系统

从计算机基础知识可以知道，操作系统是一个重要的系统软件，它负责管理计算机系统的硬件、软件资源，是计算机系统软件、硬件资源的控制中心，它以尽量合理有效的方法组织多个用户共享计算机的各种资源。它主要包括 4 个部分。

- 驱动程序：底层的、直接控制和监视各类硬件的部分，它们的职责是隐藏硬件的具体细节，并向其他部分提供一个抽象的、通用的接口。
- 内核：操作系统的最核心部分，通常运行在最高层，负责提供基础性、结构性的功能。
- 支撑库：是一系列特殊的程序库，它们的职责在于把系统所提供的基本服务包装成应用程序所能够使用的编程接口（API），是最靠近应用程序的部分。
- 外围：是指操作系统中除以上 3 类以外的所有其他部分，通常用于提供特定高级服务的部件。

常用操作系统比较多，如 UNIX、Linux、Mac OS、MS-DOS、Windows 和 Windows NT 等。目前，现有的这些操作系统不能完全满足多媒体技术的需要，主要表现在以下几个方面。

- 缺少实时性支持。
- 缺乏基于服务质量的资源管理。
- 缺乏对输入、输出有效的管理和控制。
- 缺乏对连续媒体操作的支持。

目前，上述问题正是急待研究解决的问题，因此，严格意义的多媒体操作系统现在还没有研制出来，在多媒体系统中采用的操作系统仍然是基于文本的操作系统，但是通过增加部分支撑多媒体技术的硬件、软件及其驱动程序，基本能够满足多媒体技术简单应用的需要。

2.4.2 多媒体工具软件概述

在多媒体应用系统的开发及应用过程中，需要涉及各种单媒体元素的采集、显示、播放、编辑及存储等操作。然而，各种单媒体元素的特性、组成及结构等是完全不同的，因此，需要针对不同媒体创作的需求，研制相应的工具软件。在本节中，不对具体工具软件的使用方法进行介绍，具体操作、用法建议在实验课或课外完成。

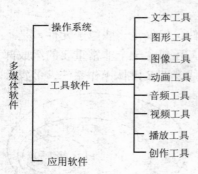

图 2.8　多媒体软件的分类图

针对操作媒体的不同，功能的不同，可以将多媒体工具软件按照如图 2.8 所示进行分类。需要注意的是，这个分类不是绝对的，实际上，目前已经出现一些多媒体工具软件，将多种媒体创作功能进行融合，因此可能同时属于几类工具软件，但这一点对下面的介绍影响不大。

1．文本工具

制作文本文件的工具比较多，如 Microsoft 的 Notebook、Word 等，另外一个很有用的工具是 OCR（光学字符识别）软件，它可以将印刷的文字资料识别出来，并转换成文本文件。最常用的 OCR 软件有清华紫光 OCR 和尚书 OCR。

2．图形工具

目前，市场上图形工具软件比较多，如 Windows XP 的图片收藏工具软件、Adobe 的

Photoshop、AutoDesk 的 AutoCAD 及 Corel 的 CorelDraw 等，它们通常具有以下 3 个功能。

- 显示图形。一般的素材编辑工具都支持显示多种格式的图形文件。
- 图形素材库。它能提供一些现成的素材供人们使用、连接和修改，通常是矢量格式。
- 专业图形库。这样的素材编辑工具具有适合专业作图的特点。

3．图像工具

目前，市场上图像工具软件也比较多，如 Windows XP 的绘图软件、ACD System 的 ACDSee、Adobe 的 Photoshop 和 PageMaker、MacroMedia 的 FreeHand、Corel 的 CorelDraw、AutoDesk 的 3Dmax 及 Ulead 的 PhotoImpact 等，它们通常具有以下 5 个功能。

- 显示图像。大部分素材编辑工具能显示多种格式的图像，包括图像在屏幕上的定位、显示或者改变图像大小。
- 图像编辑。包括图像文件格式的转换、修改图像等功能。
- 图像压缩。由于图像文件都很大，需要压缩。
- 图像捕捉。利用数码相机和图像扫描仪捕捉实际图像，或通过屏幕捕捉软件抓取屏幕图像。
- 图像素材库。能提供一些现成的素材供人们使用、连接或修改。

4．动画工具

常用动画工具软件有 Animagic Gif、Ulead Gif Anmator、COOL 3D、AutoDesk Animator Studio 和 Macromedia Flash 等，通常具有以下 3 个功能。

- 动画显示。具有显示任何正式动画文件格式的功能。
- 动画编辑。能生成动画的各部分，并控制位置和时序。
- 动画素材库。能提供一些现成的动画供人们使用、连接或修改。

5．音频工具

常见音频工具软件有 Windows XP 的录音机、Ulead Audio Editor、GoldWave、COOL Edit、MediaStudio Audio Editor 和 Premiere 等，通常具有以下 4 个功能。

- 音频播放。能够播放或处理声音文件和音乐文件。
- 音频编辑。具有剪辑、复制及粘贴声音文件的基本功能和其他功能。
- 录音功能。能够用数字化声音板之类的工具录制声音，并保存。
- 声音素材库。能提供一些现成的、特殊的声音供用户调用、连接或修改。

6．视频工具

常见视频工具软件有 Windows XP 的 Windows Movie Maker、Ulead Video Editor、MediaStudio Video Editor 和 Premiere 等，通常具有以下 4 个功能。

- 视频播放。能够播放或处理视频文件。
- 视频编辑。具有剪辑、复制及粘贴等基本功能。
- 视频制作。将文字、声音、图形图像等各种媒体融合为视频文件。
- 格式转换。能提供常见视频格式的转换，如 AVI、MPEG、MP3 之间的转换。

7. 播放工具

多媒体播放工具软件主要用于显示、浏览或播放图像、音频和视频等多媒体数据。一般不需要编辑功能，这就是为什么不把上述具有这些功能的其他工具软件纳入播放工具软件类的原因，但是，近年出现一种融合现象，就是软件开发商为了争取市场，有将其他工具软件所具有的功能纳入其中的趋势，例如，在播放工具软件中增加多媒体文件格式的转换、简单编辑等功能。

随着多媒体技术应用的普及，多媒体播放工具软件市场非常火爆，国内软件厂商也积极投入这个市场，并有所作为。目前，市面上比较流行的播放工具软件有：ACDSee、Media Player、RealPlayer、Flash Player、QuickTime、超级解霸、金山影霸及东方影都等。

8. 创作工具

常见的创作工具软件有 Director、ToolBook、Authorware、Visual C++及 VB.NET 等，具体功能参见后面章节。

2.4.3 多媒体创作工具软件

1. 概述

多媒体创作工具软件产生的初衷是为不懂编程的应用人员制作应用软件提供一种便利工具，这些应用人员都是某些领域中的专家，如教育家、文学家或设计师等。这些人员的特点是对自己的专业了如指掌，而对计算机编程不甚了解，但他们因工作需要，需要制作如 CAI 类、模拟类、百科类、广告类，以及电子出版物类等软件产品。要完成这些工作，如果没有多媒体创作工具软件的支持，他们就必须请专业的软件开发人员实现。然而，由于专业的软件开发人员与这些专家之间存在沟通、理解和维护等问题，完成的软件产品常常差强人意，为此就需要开发一种工具，借助这种工具，使他们不用学习编程也能制作出很优秀的多媒体软件产品，这就是多媒体创作工具软件产生的历史背景。

从上述可知，多媒体创作工具软件是一种高级的多媒体工具软件。它具有支持各种多媒体设备和各种多媒体文件格式功能，能够将各种单媒体组合集成为一个综合性的多媒体应用系统（即软件产品），并能够提供一种简化的程序设计语言，极其方便地完成程序设计过程。因此，在多媒体技术的推广应用过程中，在"单媒体→多媒体应用系统"实现过程中，多媒体创作工具软件起着承前启后的桥梁作用。

另外，在多媒体技术中，对采用多媒体创作工具软件制作出来的软件产品，通常采用一个特别的名字——节目（Title）。因为应用多媒体创作工具软件开发的多媒体应用系统，就恰如导演正在制作的影视作品一样。事实上，在后面的学习中，我们会发现这两者的相同之处是非常多的，开发多媒体节目可以从制作影视作品中借鉴许多东西。

2. 多媒体创作工具软件的基本要求

从目前发展的趋势来看，以下几个方面是一个优秀的多媒体创作工具软件不可缺少的功能及发展方向。

① 编程环境。支持用户对节目所需的外部媒体数据的生成、增加、删除、修改与管理，

具有编写程序代码的能力和良好的用户界面。

② 媒体数据输入能力。由于多媒体应用经常需要处理传统的和新兴的媒体，这就需要多媒体创作工具有处理静态和动态多媒体的能力，且能支持的格式越多越好，最基本要求是可处理具有两种或两种以上格式的位图文件能力。

③ 交互能力。能够提供多少种交互功能是评价该工具软件优秀与否的重要指标之一。

④ 功能扩充能力。它能够实现三级用户开发环境，即不懂编程的普通用户、懂程序的用户及掌握高级语言的用户。通过这种方式，使得多媒体创作工具的功能可以无限制地扩充。

⑤ 调试能力。目前多媒体创作系统的调试功能还只停留在用户可设定放映节目的范围，发现错误后可及时中断、单放、快放、报告程序的出错点和错误类型。未来的调试工具，应加入可以设定多断点、逆向回放及自动分支覆盖调试等功能。在调试过程中应显示相应的调试信息，中断时可察看环境状态的变化，有自动查错和定位错误的功能等。

⑥ 动态数据交换能力。动态数据交换功能是指使用变量给某些媒体物件赋予属性，并且可以通过程序改变变量，从而达到动态改变媒体属性的目的。

⑦ 数据库功能。它具有数据库的各种查询功能和查找、排序、修改、删除、跳转及新增记录等功能，并可根据使用者的需要抽取所需的记录。

⑧ 网络组件及模板套用能力。大型多媒体节目是多种专业人才通力合作的产品，如何使用计算机网络来支持团队创作，是未来多媒体创作工具软件必须考虑的问题。

3．多媒体创作工具软件的分类

根据多媒体创作工具软件的创作方法和特点不同，可以将它划分为以下几种类型。

（1）基于时间的创作工具软件

每个媒体对象封装成一个角色或对象，角色的出场地点用舞台编辑，角色的出场时间和表演时间，都映射到时间轴上，使用时间轴表示对象同步关系。典型系统如 Director、Action 和 Macromedia Flash 等。

以时间轴为基础的创作工具是常见的一种多媒体编辑系统，所制作的节目类似于电影与卡通片。它们大多以看得见的时间轴来决定时间的顺序与对象显示上演的时段。这种时间关系以许多通道（Channel）的形式出现，以便安排多种对象同时出现。在这类系统中都会有一个控制播出的控制面板，它和一般录音机、录像机的控制板很像，含有倒带、倒退一步、停止、演出、前进一步及快进等按钮。

（2）基于图标或流程线的创作工具软件

每一个多媒体对象和对象间的同步关系（顺序、选择、循环）都封装为图标，创作过程就是把这些图标拖动到工作区中，定义同步要求和媒体对象的具体内容与显示位置。典型系统如 Authorware、IconAuthor 及北航的 MCAS。

基于图标的创作工具一般能够提供可视化的编程环境。在设计之初必须先用其他软件来制作各种元素，然后在此系统中建立一个流程图。在流程图中可以包括起始事件、分支、处理及结束等各种控制性图标，以及视频、声音、动画等容纳多媒体素材的媒体图标。设计者可依据流程图将适当的对象从图标库拉到工作区中，并与具体的媒体素材连接。这个流程图事先安排的次序和交互要求，表示整个节目的逻辑蓝图。

（3）基于卡片或流程线的创作工具软件

多媒体对象以页或卡片为基本单位进行组织，同步关系用事件驱动的方法定义。例如，一页或一张卡片介绍本教材的多媒体信息，其中可以把教材的目录定义为热点，单击它就可以启动它的链接页。典型系统如 ToolBook、Hypercar 及 FrontPage 2000（支持 HTML 的制作软件）等。

大多数以卡片或页为基础的创作工具都提供一种可以将对象链接于卡片或页上的工作环境。一页或一张卡片便是数据结构中的一个节点，它类似于教材中的一页或数据袋里的一张卡片。这种页或卡片上的数据比教材的一页数据更具多样性，而且这些数据大多是用图形和符号来表达的。卡片或页上的图符很容易理解和使用。这类系统以面向对象的方式来处理媒体元素，这些元素用属性来定义，用脚本来规范；而文件则以消息来贯通各层次之间的对象。我们非常熟悉的 Web 页面的组织就是这种类型的应用。

（4）基于传统编程语言的创作工具软件

利用传统程序设计语言组织多媒体对象，实现多媒体应用系统需要的功能；通常在传统设计语言中加入许多能够控制多媒体对象的对象、属性和方法等，并提供多媒体应用程序接口。典型系统如 Visual C++和 Visual Basic 等。基于传统编程语言的创作工具利用编程语言的优势，特别是开发人员对传统编程语言的较强应用开发能力，再通过多媒体接口，利用传统编程方式就能实现多媒体应用系统。因此，在多媒体应用系统开发中，基于传统编程语言的创作工具也是大有市场的。后面将用专门的一章来介绍利用 Visual Basic 开发多媒体应用系统的基本方法和技术。

2.5　分布式多媒体系统

2.5.1　简介

随着网络技术的高速发展，以网络为中心的计算机系统和应用越来越重要。因为大量的应用环境在地理上和功能上是分散的，在时间上和空间上也不是连续的，多媒体系统的潜在优势还远未发挥出来。只有把多媒体系统的集成性、交互性与通信技术结合起来，研制各种分布式多媒体系统，才能发挥更大的作用。

分布式处理使通信和计算机两个领域都发生深刻变化，并产生了一批新的应用领域，如实时会议系统、计算机协同工作系统、电子报纸共编和发行系统，以及家庭信息服务和娱乐等。分布式处理就是要将所有介入到分布处理过程中的对象、处理及通信都统一地控制起来，对合作活动进行有效协调，使所有任务都能正常地完成。分布式多媒体系统（Distributed Multimedia System）就是通过网络连接，基于分布式处理技术的以不同层次的分布式方式工作的多媒体系统，是多媒体技术和通信网络技术、计算机网络技术有机结合的产物。

1. 分布式多媒体系统的基本特征

（1）多媒体集成性

通常，信息的采集、存储、加工和传输都要通过不同的媒体，但每一个媒体的采集、存储、传输都有自己的理论和技术。把上述多种媒体综合在一起，就是把不同媒体、不同类型的信息采用同样的接口统一进行管理，这将大大提高多媒体系统的应用效率和水平。分布式多媒体系统的集成性表现为多媒体信息媒体的集成和操作，以及处理这些媒体的设备与设施的集成。

（2）资源分散性

多媒体个人计算机系统基于光盘的单机系统，它的所有资源都是集中式的，所有插板都插在计算机上，系统都是单用户的。分布式多媒体系统的资源分散性是指系统中各种物理资源和逻辑资源在功能上和地理上都是分散的，它通常基于客户-服务器计算模型，采用开放模式，系统中很多节点上的用户通过高速、宽带网络共享服务器上的资源，并且用户的应用在时间和空间上也是不连续的。

（3）运行实时性

通常，计算机系统中处理的文字媒体没有实时性要求，但是，音频、视频等单媒体是有实时性要求的。为了实现多媒体分布系统的实时性，需要把计算机的交互性、通信的分布性和多媒体的实时性与协同性有机地结合在一起。

（4）操作交互性

操作交互性是指在分布式系统中实时交互式发送、传播和接收各种多媒体信息，随时可以对多媒体信息进行加工、处理、修改、放大和重新组合。这和广播电视系统被动接收有本质上的不同。这种交互性，可以使客户实时地、任意地选择不同服务器的各种多媒体资源并进行组合，通过各种媒体信息、使参与的各方（不论发送方还是接收方）都可以进行编辑、控制和传递。

（5）系统透明性

分布式多媒体系统中要求透明，主要是因为系统中的资源是分散的，用户在全局范围内，使用相同的名字可以共享全局的所有资源。这种透明性又分为位置透明、名字透明、存取透明、并发透明、故障透明、迁移透明和性能透明，更高级的形式叫语义透明。

2．分布式多媒体系统的类型

根据信息传输方式，可以把分布式多媒体系统划分成两个类型。

（1）基于对称信息传输模式的分布式多媒体系统，也称全双工的对称模式

它是分布式多媒体系统中比较常用的一种方式，这类系统的特点是信息在节点之间传输是对称的。比较典型的应用系统有分布式多媒体数据库系统、多媒体会议系统、计算机支持的协同编辑系统和协同设计系统等。

（2）基于非对称信息传输模式的分布式多媒体系统

这是多媒体通信和分布式多媒体系统带来的一个较新的概念，这类系统的特点是信息在节点之间传输是非对称的。比较典型的应用系统有交互式电视系统、视频点播系统、数字图书馆、远程教育系统和远程医疗系统等。例如，交互式电视系统中的发送量和接收量存在较大的不对称性，人的眼睛和耳朵可以迅速接收大量信息，而人的操作速度要慢许多等级，如目前电视信号传输速度可达到几 Mb/s，而人的操作速度最快只能达到 1kb/min。

由于分布式多媒体系统中的各种物理资源和逻辑资源在功能上和地理上是分散的，在时间和空间也不是连续的，因此，如果按照时间和空间分类，可以分成两种类型。

① 不同时、不同地。存在着用户有目的地寻找路径和有目的地动作，属于分布式处理的范畴。它不需实时处理，只需存储转发，多媒体处理简单。典型的应用如电子邮件。

② 同时、不同地。参与分布式处理的用户或系统分散在多个不同地方，又要求实时性操作，这不仅对通信带宽要求很高，而且对通信过程中的控制与协调也要求很高。在多媒体环

境中，可能会有控制和协调多种通道中交互着不同媒体或媒体组合的信息的情况。典型的应用如实时多媒体会议系统，其中一个通道为双方或多方的视频图像，另一个通道为双方乃至多方的声音，还有一个通道为双方或多方处理的图表数据，这种传输、处理、控制、协调极为复杂。

在分布式系统中，应该根据合适的规则和应完成的功能来定义参与合作工作的各种角色。每一种角色根据系统赋予它的职能和处理的规则，完成整个合作任务中的一部分工作，并执行相应的控制。通过角色和规则，系统才能协调整个处理过程。

需要注意另外两种情况，它们不是分布式应用系统。

③ 同时、同地。这不是分布处理，属于像多媒体局域网络之类的应用，如电化教室。

④ 不同时、同地。可以看成一种异步式的交互方式，不属于分布处理。例如，本机留言或电子布告牌，就是同地点的交互。

2.5.2 交互式电视系统

1．概况

有人说前几年世界的热点课题是多媒体计算机技术，近几年的热点课题是交互式电视技术（Interactive Television，ITV），这是因为交互式电视技术有较好的经济效益、社会效益和广阔的应用前景。交互式电视用户可以坐在家中电视机前，通过遥控器和菜单，选择自己所喜欢的电影、电视、新闻及娱乐等节目。它还可以提供交互式电视教育、电视采购、视频游戏及方便的电视、电话和数据信息服务。

交互式电视技术有较好的发展环境，自 1993 年 9 月美国宣布"信息高速公路"计划后，全球掀起信息高速公路热潮，各国纷纷投资巨款建设国家信息基础设施（NII）。美国的 NII 分三期：近期（1994—1997 年）、中期及远期（2000 年以后），投资 1500 亿～40 000 亿美元。我国也在积极开展这方面的工作（CNII 计划），完成了"八横八纵"干线光缆计划。目前，我国正在抓紧实施电信网、广播电视网和计算机通信网的三网合一，通过计算机技术，加速了交互式技术在电视领域的应用，目前最直接的应用就是通过电视终端实现电子商务和自选电视台数据库中的节目。

2．交互式电视的功能

从系统的操作、完整性和开发方面看，交互式电视系统的核心功能应包括位传输、会话、访问控制、导航与节目选择、应用启动、媒体同步链、应用控制、表现控制、使用数据（用户使用系统信息）和用户概况等。从交互式电视应用与服务角度上看，交互式电视系统应具有如下公共功能。

- 导航与交互功能。导航是指在菜单等导航信息引导下，提供内容的查找、选择。交互功能包括交互演播控制和多媒体交互表现。
- 服务与内容管理。交互式电视是大众家庭消费应用，除提供应用服务外，还需要考虑用户使用服务的记账和用户的付费等。为此，系统应标识、定位和跟踪内容材料的管理。此外，系统应具有能指明错误并恢复、插播商业信息、收集和统计使用信息、多重内容访问及进行监控操作和维护等能力。
- 知识版权（IPR）和安全交互式电视应用，应能提供安全的进程、机制、协议、通用和专用的算法及对象（如密钥与随机数、安全盒、安全卡等），进而保证应用与系统的安全。交互式电视系统还要保护内容的版权和任何合法者使用系统的权力。

- 复杂的交互式电视系统还应解决分系统之间信息的互通性，应用在异种平台的可移植性及交互信息在传递过程中的延迟等应用问题。

3．交互式电视的分类

所谓交互式电视就是一种受观众控制的电视。在节目间和节目内，电视观众能够进行选择决定，这是一种非对称双工通信模式的新型电视业务。

（1）节目间交互式电视，也称为点播电视 VOD（Video On Demand）

VOD 分为真点播电视 TVOD（True Video On Demand）和准点播电视 NVOD（Near Video On Demand）。

- 真点播电视是每个用户各自占用一套节目，即和电视交互的每个人都要及时响应，对装设在信息中心和电视台视频盘与视频带上的节目可以随意控制，提供上述所有服务及设备的费用是十分昂贵的。
- 准点播电视是每隔一定时间（如 10min）从头播放一套节目，用户观看电视节目时，交换机将终端与最近将要从头开播的频道连通，用户等待时间不会超过上述时间间隔。NVOD 实现起来要便宜得多，它的延迟对用户的许多应用是无足轻重的，在等待时间还可向用户播放存储资料，或食品及其他产品广告，或提供音乐视频插曲，这样，服务提供者能赚取广告利润。

（2）节目内（Intrapogron）交互式电视，也称全交互型电视

它能够将用户的请求应答即时传送给用户，传送给用户的信息内容包括视频、图像、语音、文字和数据，它可以用在教育 ITV、购物 ITV、交互式游戏 ITV 中，但是实现交互式电影需要从一个场景切换到另一个场景的能力，花费太大，一般很少使用。

交互式电视的最初应用将采用非对称通信模式，即单向下行宽带传输。应该指出的是，在这些应用中，导航和内容的无缝集成是重要的。目前，全交互式电视还不具备流行条件，但技术上已解决。

从宏观来讲，交互式电视系统由视频服务提供商、传送网络和用户 3 个部分组成。从微观来讲，交互式电视系统的主要组成部分包含视频服务器、交换机/路由器、用户请求计算机和记账计算机、位于用户处的机顶盒，如图 2.9 所示。

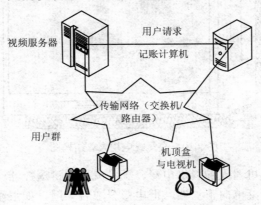

图 2.9　交互式电视系统结构图

4. 交互式电视和分布式多媒体技术比较

交互式电视和分布式多媒体的相同点包括：通过路由器或桥接器来实现连接，都具有交互性；它们的工作站终端，都具有交互性，能够播放视频图像，显示效果没有多少差别；还可以显示训练信息，个别指导，研究数据和其他有关的商业信息。例如，可以是一家汽车商店的系统，一部分工作站放在展示大厅，配合顾客选购汽车；另一些工作站放在服务部门，用于机械师修理汽车，诊断汽车的毛病，给出正确修复的方案；同时，销售人员还可以用这套系统进行调查，与竞争对手比较某种汽车的优越性。它可以是一个小型的只包括自己视频服务器的局域网，它也可以扩充到与一些汽车销售商的局域网相连，以便共享信息，还可以给出一种利用有线电视电缆连接视频服务器的交互式电视系统，每一台电视机通过机顶盒和网络，用交互式方法使用户选择想看的电视节目。

随着多芯光纤的出现，能够在光缆干线上提供更高频率的带宽，这样就很方便地将交互式电视和多媒体网络系统融合在一起。

它们的不同点包括：交互式电视是人与计算机之间的通信，而分布式多媒体包含了计算机之间的通信；交互式电视的信息传输是采用信息非对称模式，而分布式多媒体还包含对称模式。

交互式电视系统通信对象是人和机器，它把传输通路分成节目通路和返回通路两路。节目通路（也称下行通路）是流向用户的，把视频信息传送到用户。现在有很多技术可以传送视频，这些技术共同的特点是"高频宽带"，例如有线电视的交互式电视系统把 50～1000MHz分配给下行通路。返回通路（也称上行通路），通常，用户把他的需求，通过单键遥控器、机顶盒进行诸如节目选择、登记的响应、电视购物等操作。它的数据频率很低。有线电视交互式电视系统把 5～42MHz 分配给返回通路。

5. 交互式电视系统的一个示例

假如一个 ITV 用户坐在他家的交互式电视机旁，正考虑看什么节目，当他拿起非常简单的遥控器操作时，一系列小的矩形菜单便出现在电视机屏幕的顶部，如图 2.10 所示。

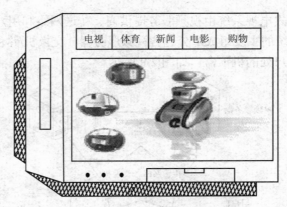

图 2.10　交互式电视菜单结构图

如果他想看一部关于机器人的科幻电影，于是就把单键遥控器（具有激光指示器）指向菜单的"电影"框，于是菜单向下扩展，把电影分成若干组，如浪漫传奇片、动作惊险片、经典著作片、科学幻想片及滑稽喜剧片。用户选择了"科学幻想片"，于是在一系列电影片名中选择一部名为"机器人战争"的电影，而这正是用户想看的，他选完电影后感到饿了想再订购食物，若干种中式快餐出现在屏幕上，如扬州炒饭、青椒肉丝、蛋炒饭等。用户选择所需品种，屏幕通知用户在按键选择后 30 分钟内炒饭将送到，否则免费。用户不必告诉炒饭需要送到哪儿，因为系统知道他是谁，住在什么地方。接下来是选择饮料，选完后，完整的食物订单显示在屏幕上以便确认，同时还出现一些电影的节选镜头，使用户确认这就是他想要看的电影，给予一个改变主意的机会。当用户被告之价格信息并确认后，电影真正开始了。

从开始选择到播放电影大概花了两分钟时间，整个过程，用户的需要得到了满足。电影在播放，用户从中得到消遣。电影开始不到半小时，门铃响了，是送炒饭的店员。用户从电视机旁起身，但不需拿什么钱，ITV 系统已经把钱付给了快餐店。用户打开门，可以付小费，拿了快餐，取些餐具后，就可以边用餐边观看电影。

然而，用户错过了电影中三分钟最好的情节，他拿起遥控器，大屏幕上立即出现十五个小屏幕，每一个都放着同一电影，但是开始时间不同，用户选择了（延迟了三分钟的同一部电影）最接近刚才被打断的地方继续观看……

这就是用户使用交互式电视系统的一个典型情节，从中可以看出，交互式电视系统为用户带来的是全新的电视娱乐，可以按照自己的意愿进行节目选择。

2.6 实验 2——CD-ROM 驱动器和声卡安装与使用实验

要求和目的

（1）了解 CD-ROM 驱动器的性能指标及意义，学会安装 CD-ROM 驱动器。
（2）在系统中添加 CD-ROM 驱动器后，如何在系统中设置驱动程序。
（3）了解声卡的主要性能指标及意义，学会安装声卡和相关的设备。
（4）掌握利用声卡录放声音基本功能，并调整参数设置，改善声音质量。
（5）加深对多媒体计算机系统的感性认识。
（6）培养对多媒体计算机系统的实际操作能力。

实验环境和设备

（1）硬件环境：一台 486 以上微型计算机，配置大于 4MB 的 RAM、CD-ROM 驱动器、声卡，以及说明书、连接线，音箱和麦克风。
（2）软件环境：中文 Windows 操作系统，声卡和 CD-ROM 驱动程序，以及播放软件和一张 CD 唱盘。
（3）学时：2 学时，实验条件准许的话，建议学生课外自己完成。

实验内容与步骤

（1）学会安装 CD-ROM 驱动器。
（2）学会安装声卡。
（3）安装 CD-ROM、声卡驱动程序。
（4）会用声卡进行录放操作。

小结

本章介绍了多媒体计算机的层次结构，着重介绍了在不同层次的多媒体特性，明确了多媒体计算机不是一种新型计算机，而仅仅是在原有计算机之上添加了多媒体的特性，MPC 是多媒体计算机大家庭中的一员，是目前应用最广泛的一种多媒体计算机。

声卡、视频卡、CD-ROM 及音箱是多媒体计算机中最重要的常见的多媒体设备，本章分别介绍了它们的基本功能、技术指标和基本工作原理，而对多媒体的常见扩展设备（如数码相机、扫描仪、触摸屏等）的基本功能、类型和基本工作原理也进行了简单介绍。

多媒体软件是多媒体计算机系统的重要组成部分，是用户得以操作和使用多媒体计算机的基础。本章对目前比较流行的多媒体工具软件进行了简单介绍，为后续章节的讨论奠定了基础。

分布式多媒体计算机系统是目前多媒体技术中应用比较广泛的多媒体计算机系统，它是多媒体技术、通信技术和计算机网络技术结合的产物。因此，在本章的最后，介绍了分布式多媒体计算机系统的多媒体会议系统和多媒体交互电视系统的基本功能、结构和工作原理。

在本章最后，安排了一个实验，以提高读者对多媒体计算机系统硬件、软件、媒体元素的认识和理解。

通过本章学习，能够对多媒体计算机系统的组成有一个比较深刻的认识，加深对多媒体技术概念的理解。

习题与思考题

1. 什么是 MPC？它的基本配置有哪些？
2. 在 MPC 设备中，存在既是输入，又是输出的设备吗？其基本工作原理是什么？
3. 在 MPC 的发展初期，什么问题是它首先要解决的？如何解决的？
4. 标准 CD-ROM 的存储容量为＿＿＿＿MB，将来双层双面超高密度 CD-ROM 可望达到的容量为＿＿＿＿GB。
5. 为什么说声卡是多媒体计算机中重要的设备？它有哪些种类，如何评价其性能优劣？
6. 扫描仪与数码相机有什么异同？
7. 机顶盒有什么作用？目前发展状况如何？

第3章　多媒体音频技术

本章知识点

- 掌握声音、音频的基本概念
- 了解影响数字音频质量的技术指标
- 掌握声音的数字化过程
- 了解常用音频文件格式
- 了解常用的音频处理软件及音频处理内容
- 掌握一种音频处理软件的使用方法

　　第 1 章提及，人类依靠感知系统（包括视觉、嗅觉、听觉、味觉和触觉等）进行信息获取和处理，而多媒体技术实际上就是利用计算机来模仿人类的信息获取和处理等，多媒体元素主要包括文本、图像、声音、动画、视频等内容。其中，声音是携带信息的极其重要的媒体，人们日常处理的信息中有 20%左右来自声音。那么到底什么是声音？计算机处理的声音文件是什么样的？怎么得到？用哪些软件可以完成声音的处理？

　　本章通过对声音的基本概念、音频数字化方法和多媒体音频的关键技术及多媒体音频处理软件等知识进行阐述，从而回答上述疑问。建议本章 4 个学时，如果学时有限，可考虑将多媒体音频处理软件部分放到实验课中进行。重点讲述 3.2 节，3.3 节及 3.5 节。

　　学习本章之前，学生应对多媒体和数字化的基本概念有所了解。此外，由于本章涉及应用软件的使用，因此需要学生课后多花些时间进行上机练习，这样才能较好地完成教学目标。

3.1　概述

　　人们周围是充满声音的世界，人们靠声音进行语言交流、传递信息，开展各种娱乐活动。动物也通过声音信号（声波）传递信息，例如，声波能使成群大雁在天空中排成"一"或"人"字形等不同形状翱翔天空。

　　有些声音让人感觉舒服，有些声音却让人感觉很难受，这就是乐音和噪声的区别。乐音是指在音调、响度和音色 3 个要素的综合作用下，产生的和谐而美好的声音，乐音让世界变得精彩万分；而噪声是无规律的杂乱无章的振动所发出的声音，它使人不舒服，甚至会影响人们的健康。

　　噪声之所以会危害人们的健康，原因在于人对声音强度的感受有两个界限：听阈和痛阈。人耳刚刚感觉到的最小声压，称为听阈；声音增大到刚刚使人耳感到疼痛的最高声压，称为痛阈。听阈与痛阈之间的范围即为听域。普通谈话声一般为 60dB，柴油机的响声可达 110～120dB。如果长期生活在 90dB 以上的噪声环境中，就会严重影响听力，甚至引起神经衰弱、头痛和血压升高等疾病。

本章针对声音的基本特征和数字化方法，以及声音处理软件等知识进行讲解，使得人们在了解声音的基础上，能够制作出优美的乐音。

3.1.1　声音的基本特征

既然声音是人们交流和认识世界的主要媒体，那么到底什么是声音？实际上，声音是由物体的振动产生的，是一种机械振动波。那么，振动又是如何产生的，人们又如何听到这些声音呢？这就需要有声源和介质。声源或音源实际上是一种振动源，它使周围的介质产生振动，并以波的形式进行传播；而声音的传播必须依靠介质，人耳感觉到这种传播过来的振动，从而产生声音。这里的介质主要指空气、液体和固体等。例如，人们靠声带发出声音，蟋蟀靠左右翅的摩擦发声，这里的声带和左右翅就是所谓的声源。

自然界的声音是一个随时间而变化的连续信号，可以用正弦或余弦函数逼近它，从而将连续的声波描述用单一频率的正弦波或余弦波来表示，如图 3.1 所示。图中基线是测量模拟信号的基准点，周期（Period）是描述两个相邻波之间的时间长度。

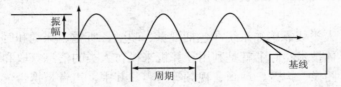

图 3.1　声音信号的波形表示

从图 3.1 可以看出，振幅和频率（或周期）就是描述声音的两个重要参数。其中，声波的振幅（Amplitude）描述的是声波的高低幅度，即声音信号的强弱程度；而声波的频率（Frequency）描述的是每秒钟振动的次数，反映出声音的音调，如声音尖细表示频率高，声音低粗表示频率低。声音的频率单位一般采用赫兹（Hz）来计算。通常人可以听到的声音频率在 20Hz～20kHz 之间，低于这个频率范围的声音称为"次声波"，高于这个频率范围的声音称为"超声波"。对于次声波和超声波，人们是无法听见的。

3.1.2　声音的三要素

自然界中的声音千变万化，多种多样，人们如何去评价一个声音的好坏呢？实际上，人耳对不同强度和不同频率声音的感受是不同的。我们把人耳能听到的声音范围称为听阈，在人耳的听阈范围内，声音听觉心理的主观感受主要有响度、音高和音色等特征，以及掩蔽效应、高频定位等特性。其中，响度、音高和音色可以在主观上用来描述具有振幅、频率和相位三个物理量的任何复杂声音，而且声音质量的高低主要取决于这三个特征，故称之为声音的"三要素"。而在多种音源场合，人耳的掩蔽效应特性更重要，它是心理声学的基础。

（1）音强，又称响度或音量

它表示声音能量的强弱程度，主要取决于声波振幅的大小。音强与声波的振幅成正比，振幅越大，强度越大。声音的强度一般用声压或声强来计量。声压的单位为帕（Pa），它与基准声音比值的对数值称为声压级，单位是分贝（dB）。响度的相对量称为响度级，它表示的是某响度与基准响度比值的对数值，单位为方（phon），即当人耳感到某声音响度与 1kHz 单一频率的纯音同样响时，该声音声压级的分贝值即为其响度级。

响度是听觉的基础，正常人听觉的强度范围是 0～140dB，因此，超出人耳的可听频率范围（即频域）的声音，即使响度再大，人耳也听不出来（即响度为零）。在人耳可听频率范围内，若声音弱到或强到一定程度，人耳同样也听不到。

（2）音调，也称音高

音调表示人耳对声音调子高低的主观感受。客观上用频率来表示声音的音高，其单位是Hz。而主观感觉的音高单位则采用"美"（Mel）。它们既不相同，又有联系，其度量关系是：

$$1Mel=1000log_2(1+f)$$

式中，f 表示客观的音调，单位为 Hz。因此，按照该关系，通常，定义响度为 40 方的 1kHz 纯音的音高等于 1000 美。

赫兹与美同样是表示音高的两个不同概念而又有联系的单位。音高与频率之间的变化并非线性关系，除了频率之外，音高还与声音的响度和波形有关。各种声源具有自己特定的音调，如果改变了某种声源的音调，则声音会发生质的转变，使人们无法辨别声源。

（3）音色，又称音品

音色主要由声音波形的谐波频谱和包络决定。声音波形的基频所产生的听得最清楚的音称为基音，各次谐波的微小振动产生的声音称为泛音。

每个基音都有固定频率和不同响度的泛音，借此可以区别其他具有相同响度和音调的声音。声音波形各次谐波的比例和随时间的衰减大小决定了各种声源的音色特征，其包络是每个周期波峰间的连线，包络的陡缓影响声音强度的瞬态特性。

声音分为纯音和复音两种类型。所谓纯音或单音，是指单一频率或振幅和频率不变的声音信号。单音一般只能由专用电子设备产生。在日常生活中，我们听到的自然界的声音一般都属于复音，其声音信号由不同的振幅与频率合成而得到。复音中的最低频率称为复音的基频（基音），是决定音调的基本要素，它通常是个常数。复音中还存在一些其他频率，是复音中的次要成分，通常称为谐音。基频和谐音共同作用合成复音，决定了特定的声音音质和音色。

3.1.3 影响音质、音色的因素

人们依靠耳朵进行声音的辨别，而人耳对声音的方位、响度等有不同的感受；同时，不同的人对同一声音的感受也有所不同。下面就从人耳的听觉特性和声音本身两方面来讨论影响音质音色的因素。

1．人耳的听觉特性

人耳对声音的方位、响度、音调及音色的敏感程度是不同的，存在较大的差异，这就影响了人们对声音的认识。下面介绍体现人耳对声音的不同感受的几个概念。

（1）方位感

人耳对声音传播方向、距离及定位的辨别能力非常强。人耳的这种听觉特性称之为"方位感"。

（2）响度感

对微小的声音，只要响度稍有增加，人耳即可感觉到，但是当声音响度增加到某一值后，即使再有较大的增加，人耳的感觉也没有明显的变化。通常把可听到的声音按倍频关系分为3 份来确定低、中、高音频段，即低音频段 20～160Hz、中音频段 160～2500Hz、高音频段 2500Hz～20kHz。

（3）音色感

音色感是指人耳对音色所具有的一种特殊的听觉上的综合性感受。

（4）聚焦效应

人耳的听觉特性可以从众多的声音中聚焦到某一点上。例如，在听交响乐时，如果把精力与听力集中到小提琴演奏的声音上，其他乐器演奏的音乐声就会被大脑皮层抑制，使你听觉感受到的是单纯的小提琴演奏声。这种抑制能力因人而异，经常做听力锻炼的人抑制能力就强。我们把人耳的这种听觉特性称为"聚焦效应"。多做这方面的锻炼，可以提高人耳听觉对某一频谱的音色、品质、解析力及层次的鉴别能力。

这里所说的方位感和音色感等，实际上都是人们具有的某种能力，这些能力是因人而异的。正因为如此，对于同一个声音，不同的人听出来的感觉是不一样的。

2．影响音色、音质的因素

除了上述的原因外，声音自身的质量也会影响人们的听觉感受。声音的质量简称"音质"。音质的好坏与音色和频率范围有关，同时还和声音还原设备及信号的噪声比等有关系。悦耳的音色和宽广的频率范围，能够获得非常好的音质。下面讨论频率、信噪比等与音质的关系。

① 模拟音频信号转换为数字音频信号过程中的采样频率和量化数据位数，直接影响数字音频的音质。采样频率越低，位数越少，音质越差。

② 音质与声音还原设备有关，音响放大器和扬声器的性能直接影响重放的音质。音响功率放大器的一个重要指标就是频率响应（单位为 dB），它描述功率放大器的输出增益随输入信号频率的变化而提升或衰减，相位滞后随输入信号频率而变的现象。分贝值越小，说明功率放大器的频率响应曲线越平坦，失真越小，信号的还原度和再现能力越强，重放的音质越好。因此，在选择声音还原设备时，应注意其频率响应是多少，这会直接影响播放声音的质量。

③ 把音频信号的幅度和噪声信号的幅度比值称为信噪比。在录制声音时，这个比值越大越好，否则声音就会被噪声干扰，从而影响音质。

3.2　声音的数字化过程

由前所述，我们知道声波是随时间而连续变化的物理量，通过能量转换装置，可用随声波变化而改变的电压或电流信号来模拟，利用模拟电压的幅度可以表示声音的强弱。

这些模拟量难以保存和处理，而且计算机无法处理这些模拟量。因此，为了使计算机能处理音频，必须先把模拟声音信号经过模数（A/D）转换电路，转换成数字信号，然后由计算机进行处理；处理后的数据再由数模（D/A）转换电路，还原成模拟信号，再放大输出到扬声器或其他设备，这就是音频数字化的处理过程。

音频数字化技术是整个数字音频领域中最基本和最主要的技术。在计算机中，这一工作过程是由声卡（Sound Card）及相关软件完成的。A/D 转换电路对输入的音频模拟信号以固定的时间间隔进行取样，并将取样信号送给量化编码器，变成数值，并以一定方式将所获得的数值保存下来。

数字化后的声音叫做"数字音频信号"。它除了包含自然界中所有的声音之外，还具有经过计算机处理的独特的音色和音质。数字音频的优点在于保真度好，动态范围大，便于计算机处理。

下面针对音频的数字化过程、音频指标和音频文件的分类等内容进行讲解。

3.2.1 音频的数字化

数字化音频技术就是把表示声音强弱的模拟信号（电压）用数字来表示。通过采样量化等操作，把模拟量表示的音频信号转换成由许多二进制数 1 和 0 组成的数字音频文件，从而实现数字化，为计算机处理奠定基础。数字音频技术中实现 A/D 转换的关键是将时间上连续变化的模拟信号转变成时间上离散的数字信号，这个过程主要包括采样（Sampling）、量化（Quantization）和编码（Encoding）三个步骤，如图 3.2 所示。

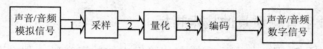

图 3.2　音频模拟信号数字化处理流程

1．采样

每隔一定时间间隔不停地、间断性地在模拟音频的波形上采取一个幅度值，这一过程称为采样。而每个采样所获得的数据与该时间点的声波信号相对应，称为采样样本。将一连串样本连接起来，就可以描述一段声波了，如图 3.3 所示。

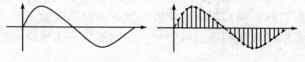

图 3.3　声音波形的采样

2．量化

经过采样得到的样本是模拟音频的离散点，还是用模拟数值表示的。为了把采样得到的离散序列信号存入计算机，必须将其转换为二进制数字表示，我们称这一过程为量化编码。

量化的过程是，先将整个幅度划分成有限个小幅度（量化阶距）的集合，把落入某个阶距内的采样值归为一类，并赋予相同的量化值。表 3.1 给出了模拟电压量的均匀量化编码实例。量化的方法大致有两类。

表 3.1　模拟电压量的均匀量化编码

电压范围（V）	量 化 数 值	编　　码
0.5～0.7	3	11
0.3～0.5	2	10
0.1～0.3	1	01
−0.1～0.1	0	00

（1）均匀量化

均匀量化采用相等的量化间隔来度量采样得到的幅度。这种方法对于输入信号不论大小一律采用相同的量化间隔，其优点在于获得的音频品质较高，而其缺点在于音频文件容量较大。

（2）非均匀量化

非均匀量化对输入的信号采用不同的量化间隔进行量化。对于小信号，采用小的量化间隔；对于大信号，采用大的量化间隔。虽然非均匀量化后文件容量相对较小，但对于大信号的量化误差较大。

3. 编码

编码，即编辑数据，就是考虑如何把量化后的数据用计算机二进制数的数据格式表示出来。实际上就是设计如何保存和传输音频数据的方法，例如，我们接触到的 MP3、WAV 等音频文件格式，就是采用不同的编码方法得到的数字音频文件。

3.2.2 影响数字音频质量的技术指标

通过上述的数字化过程，得到了存储在计算机中的数字音频。那么对于这些数字音频文件，影响其质量的主要因素有采样频率、量化位数和声道数。下面分别加以介绍。

1. 采样频率

采样频率是指计算机每秒对声波幅度值样本采样的次数，是描述声音文件的音质、音调，衡量声卡、声音文件的质量标准，计量单位为 Hz（赫兹）。采样频率越高，即采样的间隔时间越短，则在单位时间内计算机得到的声音样本数据就越多，声音文件的数据量也就越大，声音的还原就越真实越自然。采样频率与声音频率之间有一定的关系，根据奈奎斯特理论，只有采样频率高于声音信号最高频率的两倍时，才能把数字信号表示的声音还原成为原来的声音。

在计算机多媒体音频处理中，采样通常采用三种频率：11.025kHz、22.05kHz 和 44.1kHz。11.025kHz 采样频率获得的是一种语音效果，称为电话音质，基本上能分辨出通话人的声音；22.05kHz 获得的是音乐效果，称为广播音质；44.1kHz 获得的是高保真效果，常见的 CD 唱盘采样频率就采用 44.1kHz，音质比较好，通常称为 CD 音质。

2. 量化位数

采样得到的样本需要量化，所谓的量化位数也称"量化精度"，是描述每个采样点样本值的二进制位数。例如，对一个声波进行 8 次采样，采样点对应的能量值分别为 A1～A8，如果只使用 2 位二进制值来表示这些数据，结果只能保留 A1～A8 中 4 个点的值而舍弃另外 4 个。如果选择用 3 位数值来表示，则刚好记录下 8 个点的所有信息。这里的 3 位实际上就是量化位数。

8 位量化位数表示每个采样值可以用 2^8（即 256）个不同的量化值之一来表示，而 16 位量化位数表示每个采样值可以用 2^{16}（即 65 536）个不同的量化值之一来表示。常用的量化位数为 8 位、12 位及 16 位。量化级大小决定了声音的动态范围。量化位数越高，音质越好，数据量也越大。

3. 声道数

声音通道的个数称为声道数，是指一次采样所记录产生的声音波形个数。记录声音时，如果每次生成一个声波数据，则称为单声道；如果每次生成两个声波数据，则称为双声道（立体声）。随着声道数的增加，音频文件所占用的存储容量也成倍增加，同时声音质量也会提高。

3.2.3 数字音频的分类

由前所述，经过采样、量化及编码，就可以把模拟声音转换为数字音频存储到计算机中。那么，不论模拟音频还是数字音频，如何区分这些声音呢。实际上，我们可以按用途、来源和文件格式等多种方法来对多媒体音频信息进行分类。

1．按用途分类

按照应用的场合不同，可以将音频文件分为语音、音乐及音效等。

（1）语音

语音是人类发音器官发出的具有区别意义功能的声音。语音的物理基础主要有音高、音强、音长、音色，这也是构成语音的四要素。音高指声波频率，即每秒振动次数的多少；音强指声波振幅的大小；音长指声波振动持续时间的长短，也称为"时长"；音色指声音的特色和本质，也称为"音质"。获得语音的方法为利用麦克风和录音软件把语音（如解说词）录入计算机中。

（2）音效

音效是指有特殊效果的声音，例如，汽车声、鼓掌声、打碎碗及玻璃的声音等。效果声的制作最直接的方法是录制自然的声音。例如，打开麦克风，找一群人来拍手，就可得到鼓掌声。

（3）音乐

音乐是指有旋律的乐曲，一般采用 MIDI 文件。

2．按来源分类

音频文件的来源主要有以下几种形式。

（1）数字化声波

将麦克风插在计算机的声卡上，利用录音软件，将语音和音乐等波形信号经模数转换，得到数字化形式并进行存储、编辑，需要时，再经过数模转换还原成原来的波形。

（2）MIDI 合成

利用连接计算机的 MIDI 乐器数字化接口，弹奏出曲子，或合成音效录入计算机，再用声音软件进行编辑。

（3）来源于声音素材库

将录音带或 CD 唱盘等声音素材库中的曲子，用放音设备通过转接线转录到计算机中，再用声音软件加以编辑，存成多媒体软件可以读取的文件格式。但需要注意版权许可。

3．按格式分类

按照音频文件的格式不同，可以将其分为波形文件 WAV、音频文件 MIDI、CD 音频文件和压缩音频文件等。

（1）波形音频文件（WAV）

波形音频文件是真实声音数字化后的数据文件，其文件所占存储空间很大。每秒音频文件的字节数可用如下公式计算

$$每秒数据量= \frac{（采样频率×采样精度×声道数）}{8} B/s \qquad （3.1）$$

【实例】 试计算 2 分钟双声道、16 位采样精度、22.05kHz 采样频率声音的不压缩的数据量。

根据上式可计算得到实际数据量为

$$实际数据量= 2×60× \frac{（22.05×1000×16×2）}{8×（1024×1024）} ≈10.09MB$$

数据量单位换算为 1MB=1024×1024=1 048 576B。

（2）数字音频文件（MIDI，Musical Instrument Digital Interface）

MIDI 是指乐器数字化接口，是数字音乐的国际标准。由于 MIDI 文件是一系列指令而不是声音波形，所以要求磁盘空间小，一般用于处理较长的音乐，另外，因其文件小，存储容易，为多媒体设计和指定播放音乐时间带来很大的灵活性。

（3）光盘数字音频文件（CD-DA）

CD-DA（Compact Disk-Digital Audio）是光盘的一种存储格式，专门用来记录和存储音乐。它的采样频率为 44.1kHz，每个采样使用 16 位存储信息。它可以提供高质量的音源，而且无须硬盘存储声音文件，声音直接通过光盘由 CD-ROM 驱动器中特定芯片处理后发出。CD 唱盘也是利用数字技术（采样技术）制作的，只是 CD 唱盘上不存在数字声波文件的概念，而是利用激光将 0 和 1 数字位转换成微小的信息凹凸坑制作在光盘上，通过 CD-ROM 驱动器特殊芯片读出其内容，再经过 D/A 转换，把它变成模拟信号输出播放。

3.2.4 数字音频的编码

在一般情况下，声音的制作是使用麦克风或录音机产生的，再由声卡上的 WAVE 合成器的 A/D 转换器对模拟音频采样后，量化编码为一定字长的二进制数据序列，并在计算机内传输和存储。在数字音频回放时，再由 D/A 转换器解码，可将二进制编码恢复成原始的声音信号，通过音响设备输出，如图 3.4 所示。

图 3.4 音频文件在计算机中的传输

数字波形音频文件是要占用一定存储空间的，其容量的计算可由式（3.1）完成。表 3.2 列出了不同采样频率及采样精度情况下，1 分钟双声道音频文件所需要的存储容量。

表 3.2 不同情况下的容量

采样频率（kHz）	采样精度（位）	所需存储容量（MB）	数据传输速率（kb/s）	常用编码方法	质量与应用
44.1	16	10.094	88.2	PCM	相当于激光唱盘质量，应用于高质量要求的场合
22.05	16	5.047	44.1	ADPCM	相当于调频广播质量，可应用于伴音及各种声响效果
	8	2.523	22.05	ADPCM	
11.025	16	2.523	22.05	ADPCM	相当于调幅广播质量，可用于伴音或解说词
	8	1.262	11.025	ADPCM	

由上可见，数字波形文件的数据量非常大，这对大部分用户来说都是不能接受的。要降低磁盘占用空间，有两种方法，即降低采样指标或者压缩数据。而降低采样指标会影响音质，是不可取的，因此，专家们研发了各种高效的数据压缩编码技术。

有关压缩编码的详细信息，本书的后面章节会详细介绍，参见第 5 章。

3.3 音频文件

声音文件又叫"音频文件"，主要分为两大类，一类是采用 WAV 格式的波形音频文件，另一类是采用 MIDI 格式的乐器数字化接口文件。对于 WAV 格式文件，通过数字采样获得声音素材；而对于 MIDI 格式文件，则是通过 MIDI 乐器的演奏获得声音素材。

在多媒体计算机中，存储声音信息的文件格式主要有 WAV 文件、VOC 文件、MIDI 文件、AIF 文件、SNO 文件及 RMI 文件等。

3.3.1　WAV 文件

用不同的采样频率对声音的模拟波形进行采样可以得到一系列离散的采样点，以不同的量化位数（8 位或 16 位）把这些采样点的值转换成二进制数，然后存入磁盘，这就产生了声音的 WAV 文件，即波形文件。它采用".wav"作为扩展名，是 Windows 本身存放数字声音的标准格式。该格式文件记录的是声音波形，故只要采样率高、采样字节长且机器速度快，利用该格式记录的声音文件就能够和原声基本一致，质量非常高。但由于 WAV 格式存放的一般是未经压缩处理的音频数据，因此体积都很大（1 分钟的 CD 音质需要 10MB），不适合在网络上传播。

1．波形音频信号的获取

声音是随时间连续变换的物理量，且是一种借助介质传播的波。波形音频文件是一种最直接的表达声波的数字形式，波形音频素材可以通过以下途径获取。

① 利用麦克风直接录音，获取数字化的语音和音乐素材。

② 将音响设备、录音机、收音机、电视机及所有声源的音频输出信号接入声卡的线路输入端（Line Input），利用音频处理软件对其进行录音，以获得数字音频信号。

③ 直接获取存储介质上的波形音频文件。

④ 利用专用软件，将 MP3 格式的压缩音频文件格式转换成波形音频文件。

⑤ 将音乐光盘放入 CD-ROM 驱动器中，对 CD 音轨进行声音采样，转化为数字音频信号。当采样频率足够高或接近 CD 的数码录音水平时，可以得到音质极好的波形音频信号。

以上各种获取途径中，前两种途径受声卡性能和软件功能的限制，获取的数字音频信号音质较差。

2．波形音频信号指标

波形音频信号是数字信号，在获取数字信号时，需要对声波进行采样。采样频率越高，数据量越大，音质就越好。除了采样频率以外，声道模式也是决定数据量大小的关键条件，立体声模式比单声道模式的数据量大一倍。

因此，采样频率、采样精度（位数）和声道形式是评价波形音频信号的重要指标，三者对音频信号数据量和音质等都有影响。另外，在音质评价上，有 3 个质量等级，即电话质量、收音机质量和 CD 质量，3 个质量等级之间的音质评价遵循采样频率越高，音质越好的原则。

3．常见的波形音频范围

在日常生活中，不同的声源具有不同的频率范围，见表 3.3。其中，数字激光唱盘的声音质量最高，电话的话音质量最低。

表 3.3　各种声源的频带宽度

声　源　种　类	下限频率（Hz）	上限频率（Hz）
数字激光唱盘 CD-DA 质量	10	20 000
调频广播 FM 质量	20	15 000
调幅广播 AM 质量	50	7000
电话的话音质量	200	3400

4．WAV 波形音频文件的特点

WAV 格式的波形音频文件表示的是一种数字化声音，在采样频率、数据量和声音重放等方面具有明显的特点。

① 采样频率越高，数字化声音与声源的声音效果越接近，音质越好。
② 采样精度越高（位数越多），数据的表达越精确，音质越好。
③ 可选择数字音频信号的立体声或单声道形式，立体声比单声道的数据量大一倍。
④ 采样频率和采样精度越高，音频信号数据量就越大。
⑤ 声音效果稳定，一致性好。
⑥ 可真实地记录任何一种声源发出的声音，如乐声、人声、鸟鸣、海涛声等。
⑦ 数据记录翔实，音频数据基本上没有经过压缩处理，数据量大。

3.3.2　MIDI 文件

1．MIDI 文件的内容

MIDI 提供了电子乐器与计算机内部之间的连接界面和信息交流方式。MIDI 格式的文件采用 ".mid" 作为扩展名，通常把 MIDI 格式的文件简称为 "MIDI 文件"。

MIDI 文件所描述的信息与 WAV 文件不同，它实际上是一串时序命令，主要用于记录音乐的行为模式，如乐器的特征音色和乐器的属性等。音乐的行为模式包括：按键音符信息、时间长度和 16 个乐器通道的分配信息。其中，按键音符信息包括乐器键盘是否按键、通道占用时间、音量、按键时值长短及按键力度等信息；乐器通道对应单独的乐器；时间长度是指播放 MIDI 音乐的时间长度。

MIDI 文件形成后，可以对文件细节部分进行修改，如音乐节拍、音色等。在改变音乐节拍时，MIDI 音乐不会因为节拍的改变而产生变调。

一般而言，MIDI 文件只与乐器之间发生紧密的信息联系，因此，MIDI 文件不太适合用来表现人声和自然界中的声音。

2．MIDI 文件的特点

MIDI 文件与 WAV 文件相比具有以下优点。

① 生成的文件比较小。由于 WAV 文件记录的是声音数字信号，MIDI 文件记录的是发出声音的命令，因此，MIDI 文件的数据量很小。

② 编辑灵活。在音序器的帮助下，用户可自由地改变音调、音色及乐曲速度等，以达到需要的效果。

③ 可以作为背景音乐，MIDI 音乐可以和其他媒体，如数字电视、图形、动画和语音等，一起播放。

MIDI 文件的缺点如下。

① 使用 MIDI 文件，其声卡上必须含有硬件音序器或者配置有软件音序器。

② 播放效果因软件和硬件而异。

③ 使用媒体播放机可以播放，但如果想得到比较好的播放效果，计算机必须支持波表功能。

3.3.3　MP3 文件

MP3 文件是根据 MPEG-1 视频压缩标准中，对立体声伴音进行三层压缩的方法所得到的声音文件。因其压缩率大，在网络可视电话通信方面应用广泛。

1．基本概念

MP3 的全称是 MPEG-1 Audio Layer 3，是一种在高保真前提下实现的高效压缩技术。它通过对音频数据的有损压缩来实现对文件体积的大幅度缩小，同时也是为数甚少的高音质高压缩率的算法之一。它在运算时剔除了人耳听不到的太高（超过 20kHz）或者太低（低于 20Hz）频率的声音特性，所以一般的用户很难分辨出高比特率的 MP3 和 CD 音质的差别。

2．压缩编码方法

MP3 首先以 44.1kHz 的采样频率对模拟音频信号进行采样，然后用 16 位的数值来量化采样点的信号强度，最后利用可变比特率（VBR，Variable Bit Rate）的编码方式来对整段音乐进行编码。

因为音频信息本身并不是一成不变的，有的部分（如多重声音同时出现和高音等环节）需要比较多的码率来描述，而有的部分（如空白、独唱和相对比较简单的低频信号等）却不需要太多码率来表现。如果采用恒定比特率来对整段音乐进行编码，会造成声音还原不够准确，信息丢失比较多等问题。考虑到这点，MP3 采用了 VBR 编码，智能地用不同的码率来形容复杂程度不同的部分，从而使得音质更加完美。VBR 编码方式可以让 MP3 文件的每一段甚至每一帧都可以有单独的码率，这样做的好处就是在保证音质的前提下最大程度地限制了文件的大小。

目前，市面上出现的 MP4。从技术层面讲，MP4 使用 MPEG-2 AAC 技术，其特点是音质更加完美、压缩比更大（15:1～20:1），增加了多媒体控制、降噪等 MP3 所没有的特性。此外，MP4 是支持 MPEG-4 视频格式的便携式播放器。MP4 流行的使用压缩方式为 DivX 和 XviD，经过以 DivX 或者 XviD 为代表的 MP4 技术处理过的 DVD 节目，图像的视频、音频质量下降不大，但容量缩小到原来的几分之一，可很方便地用两张 650MB 容量的普通

CD-ROM 保存，即用一张盘就可以容纳 100 分钟左右的一部电影，而且画面质量优于 VCD。

3.3.4 其他常见的音频文件格式

1．VOC 文件——*.voc

VOC 是 Creative 公司推出的波形音频文件格式，也是声霸卡（Sound Blaster）使用的音频文件格式。每个 VOC 文件都由文件头块（Header Block）和音频数据块（Data Block）组成。文件头包含一个标识版本号和一个指向数据块起始的指针。数据块分成各种类型的子块，如声音数据、静音标识、ASCII 码文件、重复、结果重复及终止标志，扩展块等。VOC 主要用于 DOS 程序和游戏，它与波形文件结构相似，可方便转换。

2．WMA 文件——*.wma

WMA（Windows Media Audio）格式是 Microsoft 公司针对 Real Networks 公司开发的新一代音频文件格式，压缩比可达到 18:1 左右，音质与 CD 类似，并且可通过数字版权管理加入防复制保护。

3．RealAudio 文件——*.ra/*.rm

RealAudio 文件是 Real Networks 公司推出的一种流式音频文件格式，最大的特点就是可以实时传输音频信息，尤其在网速较慢的情况下，仍然可以较为流畅地传输数据，因此，RealAudio 主要适用于网上在线播放。现在的 RealAudio 格式主要有 RA（RealAudio）、RM（RealMedia、RealAudio G2）和 RMX（RealAudio Secured）3 种。这些文件的共同性在于随着网络带宽的不同而改变声音的质量，在保证大多数人听到流畅声音的前提下，令带宽较大的用户获得较好的音质。

4．AIF 文件——*.aif/*.aiff

AIFF（Audio Interchange File Format）是苹果公司推出的音频交换文件格式。Windows 的 Convert 工具同样可以把 AIF 格式的文件换成 Microsoft 的 WAV 格式的文件。

其他音频文件格式有 MIDI 的几个变通格式：RMI、CMI、CMF。其中，Creative 公司的专用音乐格式 CMF（Creative Musical Format），和 MIDI 差不多，只是音色、效果上有些特色，专用于 FM 声卡，其兼容性也很差。

数字音频给我们的生活带来了前所未有的变化。它以音质优秀，传播无损耗，可进行多种编辑和转换而成为主流，应用于各个方面，如 IP 电话和数字卫星电视等。数字音频将会拥有更真实、更清晰的音质，更小巧的体积，以及更方便的传播和转换功能。

3.4 常用音频处理软件

前面我们说过，之所以要把模拟声音信号转换为数字音频，就是想利用计算机来对声音进行编辑处理。音频编辑在音乐后期合成、多媒体音效制作、视频声音处理等方面发挥着巨大的作用，它是修饰声音素材的最主要途径，能够直接对声音质量起到显著的影响。那些需要与音频操作打交道的用户都希望找到一种简单、实用，且功能齐全的音频编辑解决方案。

随着各种技术的不断发展，为了满足人们对音频编辑的需求，出现了很多音频编辑软件，比较知名的有 GoldWave、Audio Editor、Cool Edit、Sound Forge 和 Cakewalk 等。下面就以 GoldWave 和 Audio Editor 为例，讲述有关音频编辑方面的知识。

3.4.1　GoldWave

GoldWave 是 Chris Craig 先生于 1997 年开发的数字音频处理软件，具有录音、编辑、特效处理和文件格式转换等功能，这个软件在历经数次版本升级之后，如今的最新版本为 5.55 版。

GoldWave 是标准的绿色软件，不需要安装且体积小巧，将压缩包的几个文件释放到硬盘下的任意目录里，直接双击 GoldWave.exe 就开始运行了。GoldWave 5.55 的主界面如图 3.5 所示。

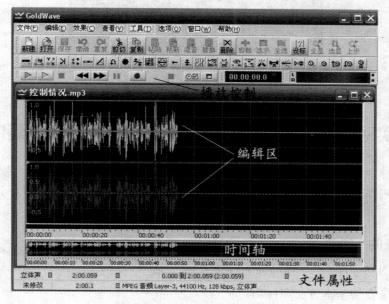

图 3.5　GoldWave 5.55 的主界面

整个主界面从上到下被分为 4 个部分，最上面是菜单命令和快捷工具栏，然后是播放控制器，中间是波形编辑显示区，下面是文件属性区。在波形显示区，如果文件是立体声，则分为上、下两个声道，上面是左声道，下面是右声道，可分别或统一对它们进行操作。

GoldWave 软件的主要功能有声音剪辑、录制、文件管理和特效处理等。除了提供丰富的音频效果制作命令外，GoldWave 还准备了 CD 抓音轨、批量格式转换及多种媒体格式支持等非常实用的功能。

3.4.2　Audio Editor

由 Ulead 公司出品的多媒体影视制作软件 Media Studio，集成了五大功能模块，即视频编辑器、标题生成器、视频画板、视频捕捉器和音频编辑器，可以轻松地对视频和音频进行捕获、编辑及输出。

其中，Audio Editor 是一个专业的音频编辑、处理软件。它具有强大的声音处理能力，具有各种回音、速度及音调调整功能，还拥有各种专业的声音编辑能力，例如消除杂音、查找/

删除静音，以及各种淡入/淡出效果等。

Audio Editor 利用直接的单一界面在计算机系统桌面上进行操作，它的使用方法比较简单，只需用鼠标单击几下就可以编辑音乐文件。该软件最新版本为 7.0 版，安装运行后 Audio Editor 7.0 的操作界面如图 3.6 所示。

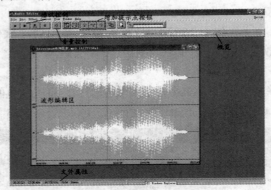

图 3.6   Audio Editor 7.0 主界面

3.5   实验 3——音频数据的采集、使用、编辑和转换

采集（录音）、编辑和播放声音文件是声卡的基本功能，利用声卡及控制软件可实现对多种音源的采集工作。本实验将利用声卡及几种声音处理软件，实现对声音信号的采集、编辑和转换。

要求和目的

（1）了解音频文件和采样频率等的关系。
（2）掌握录音的基本方法和技巧。
（3）学习并掌握基本的音频处理手段。

环境和设备

（1）硬件环境：计算机的处理器配置要求至少为主频 1.5GHz，内存 512MB 以上，50GB 以上的高速硬盘，8 位以上的 DirectX 兼容声卡。

（2）软件环境：Windows XP 操作系统，安装有 Windows 录音机（Windows 系统自带）、Creative Wavestudio（Creative Sotind Blaster 系列声卡自带）、Syntrilllium Cool Edit Pro 音频编辑软件。

（3）学时：课内 2 学时，课外 2 学时。

内容与步骤

1. 硬件与软件的准备

① 声卡准备。
② 麦克风准备。

③ 录音设备选择：在 Windows 的"控制面板"中单击"声音和音频设备"项，从打开的对话框中选择正确的录音和回放设备，并对其进行调试，如图 3.7 所示。

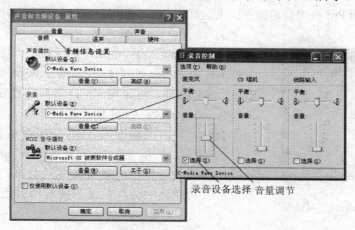

图 3.7　录音设置

2．用 Windows 录音机录制解说词

① 打开录音机：选择"开始|程序|附件|娱乐|录音机"命令，打开 Windows 自带的录音机。

② 录制解说词：单击录音机上的红色录音按钮，开始对着麦克风录制任意一段语音信号作为解说词。

③ 保存文件：录制完毕后，单击方形停止按钮，选择"文件|另存为"命令，把录制的解说词存为 WAV 格式，文件名为"示例 1-1"，然后单击"更改"按钮，打开"声音选定"对话框，进行声道、采样频率、采样精度等属性的设置，如图 3.8 所示。

图 3.8　"声音选定"对话框

3．使用 Cool Edit Pro 录制背景音乐

利用 Cool Edit Pro 将用音箱播放出来的背景音乐，利用麦克风录制到该软件中，然后保存。

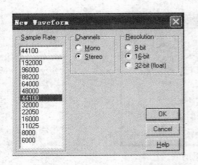

图 3.9 "New Wavefrom" 对话框

① 录音设置：打开 Cool Edit 应用程序，选择"File｜New"命令打开"New Waveform"对话框，如图 3.9 所示。设置 Channels 为 Stereo（立体声），Resolution 为 16 位和 Sample Rate 为 44.1kHz。这是用于 CD 音质的设置，效果很不错。

② 激活录音：Cool Edit 默认有数个空白的音轨，选择一个音轨，单击面板中的"R"按钮激活音轨为录音状态。

③ 录音：利用 Windows 自带的 Windows Media Player 播放一首背景音乐，然后将麦克风对准音箱，单击软件左下角播放功能区中的红色录音按钮，开始录音，如图 3.10 所示。

图 3.10　Cool Edit 录音操作界面

④ 录音完毕：完成录音后，单击播放控制区的 Stop 按钮，此时声波显示于音轨中。要播放它，单击 Play 按钮就可以了。选择"File｜Save"命令，将录制的背景音乐保存为"示例 1-2"。

4．利用 Cool Edit Pro 处理背景音乐

录制后的声音，需要进行美化处理，可以利用该软件提供的效果器。

① 切换显示：选择需要"修剪"的音轨，用鼠标双击或单击常用工具栏中的切换按钮，切换到声波编辑界面。按住鼠标左键不放，然后在波形上拖动选取一段需要处理的音频。

② 回声处理：选择"Effects｜Delay Effects｜Echo"命令，打开回声设置对话框，设置回声幅度为 100%，回声延迟为 300ms，如图 3.11 所示。

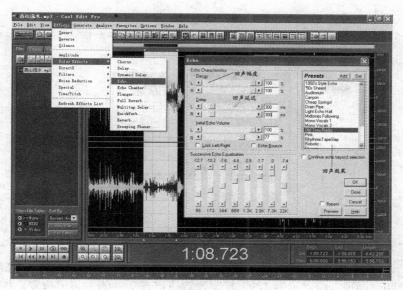

图 3.11　回声设置对话框

③ 淡入/淡出处理：淡入效果就是声音在开始的时候无声，然后声音以线性方式慢慢地增大起来；淡出效果则是在演唱的结尾部分，声音缓缓地低下去。选择"Effects|Amplitude|Amplify"命令，打开音量控制对话框，然后选择 Fade 选项，进行淡入/淡出处理，如图 3.12 所示。

图 3.12　淡入/淡出处理

④ 保存设置：将设置好的效果文件保存为"示例 1-3"。

5．使用 GoldWave 进行混音处理

① 导入素材：打开 GoldWave 应用程序，选择"File|Open"命令，将"示例 1-1"和"示

例 1-3"导入 GoldWave。

②　新建文件：选择"File｜New"命令，打开新建声音设置对话框，设置其声道数为 2（立体声），如图 3.13 所示。

图 3.13　新建声音设置对话框

③　复制、粘贴声音：单击"示例 1-1"窗口，在声音文件起始位置处单击左键，然后在声音结束位置处单击右键，在弹出的快捷菜单中选择"设置结束标志"命令，利用 Ctrl+C 组合键复制该声音文件。单击新建的声音窗口，选择"编辑｜声道｜左声道"命令，然后利用 Ctrl+V 组合键完成复制。同理，将"示例 1-3"复制到新建声音文件的右声道位置，如图 3.14 所示。

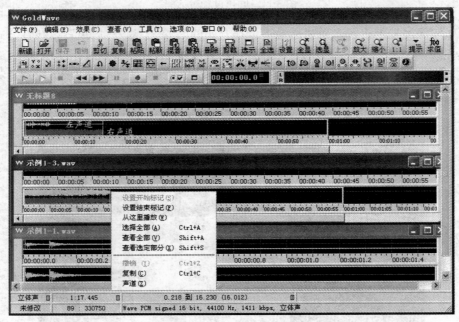

图 3.14　声音编辑

④　播放查看效果：单击新建声音窗口，选择"编辑｜声道｜双声道"命令，然后单击编辑窗口上方播放控制区的播放按钮，可以听到声音效果为左耳为录制的解说，右耳为背景音乐。

小结

音频是多媒体的一个元素，人们获取的外界信息有一部分是声音信息。如何让计算机像人一样能获取外界声音信息，并对其进行处理，产生和谐优美的乐音？本章首先对音频的基本概念进行了阐述，然后重点讲述了音频数据的数字化过程和方法，最后简要介绍了常用音频处理软件的使用方法。通过本章的学习，人们可以利用计算机制作出优美的音频文件。

习题与思考题

1. 声音文件的作用是什么？
2. WAV 格式文件和 MIDI 格式的文件有什么不同？
3. 声音的三要素是什么？
4. 音频文件的数据量与哪些因素有关？
5. 模拟声音文件如何实现数字化？
6. 如何利用 Windows 提供的录音机进行声音录制？
7. 人耳能听到的声音频率范围是多少？
8. 试计算 1 分钟双声道、16 位采样位数、44.1kHz 采样频率声音的不压缩的数据量。
9. 声音是一种波，它的两个基本参数为_____。

    A．采样率、采样位数　　　　　　　B．音色、音高

    C．噪声、音质　　　　　　　　　　D．振幅、频率

10. 什么时候需要使用 MIDI？

（1）没有足够的硬盘存储波形文件时

（2）用音乐伴音，而对音乐质量的要求又不是很高时

（3）想连续播放音乐时

（4）希望音乐质量更好时

    A．仅（1）　　　　　　　　　　　B．（1）（2）

    C．（1）（2）（3）　　　　　　　　D．全部

第 4 章　多媒体视频技术

本章知识点

- 掌握色彩空间、图形、图像、数字视频的概念
- 明确色彩形成的原理
- 掌握几种常见的色彩空间及其转换方法
- 理解视频的数字化过程
- 了解图形与图像的区别
- 了解常用的图像文件格式

人们处理的外界信息 60%左右来自视觉，而视觉信息主要指人眼所见的图像。这里的图像概念是广义的，既包括静态的图形和图像，也包括动态的视频和动画等内容。第 3 章针对多媒体音频素材的制作和编辑进行了介绍，本章将针对图形、图像、视频和动画等多媒体素材进行阐述。本章主要讨论有关色彩的基本概念和常见的色彩空间及其转换方法，以及图形、图像及动画等的基本概念和常见的文件格式，最后就视频的数字化技术进行讨论。

本章内容建议安排 4 个学时，如果学时有限，可考虑将 4.3 节进行简述。学习本章之前，学生应对多媒体和数字化的基本概念有所了解，教学时可参考由容观澳编写，清华大学出版社出版的《计算机图像处理》。

4.1　彩色空间

人所看到的图像都是带颜色的，有黑白的，也有彩色的，那么这些颜色是如何形成的？实际上，颜色是外来的光刺激作用于人的视觉器官而产生的主观感觉，它具有色调、饱和度和亮度 3 个特性。物体的颜色不仅取决于物体本身，还与光源、周围环境的颜色，以及观察者的视觉系统有关系。下面就针对颜色的基本特性、颜色空间等知识进行讲解，让大家对颜色的产生有所了解。

4.1.1　颜色的基本特性

要想详细了解颜色，首先要了解人眼是如何观察到颜色的，人们是如何感受颜色的，然后才是颜色的概念是什么，另外就是颜色有哪些特性。

1. 光与颜色

由于颜色是因外来光刺激而使人产生的某种感觉，因此有必要了解一些光的知识。从根本上讲，光是人的视觉系统能够感知到的电磁波，其波长在 $380\sim780\text{nm}$ 之间。正是这些电磁波使人产生了红、黄、蓝等颜色的感觉。光可由它的光谱能量分布 $p(\lambda)$ 来表示，其中 λ 是

波长。当一束光的各种波长的能量大致相等时，称其为白光；否则，称其为彩色光。若一束光中，只包含一种波长的能量，其他波长都为零，则称其为单色光。人看到的大多数光不是一种波长的光，而是由许多不同波长的光组合成的。

如果光源由单波长组成，则称为单色光源。实际中，只有极少数光源是单色的，大多数光源是由不同波长组成的，每个波长的光都具有自身的强度。

事实上，可以用主波长、纯度和明度来简捷地描述任何光谱分布的视觉效果。但是由实验结果可知，光谱与颜色的对应关系是多对一的，也就是说，具有不同光谱分布的光产生的颜色感觉有可能是一样的。两种光的光谱分布不同而颜色相同的现象称为"异谱同色"。由于这种现象的存在，必须采用其他定义颜色的方法，使光本身与颜色一一对应。

2．色彩的视觉心理特性

色彩是人的眼睛对于不同频率光线的不同感受，也就是说，色彩是一种视觉感受。客观世界通过人的视觉器官形成信息，使人们对它产生认识。所以，视觉是人类认识世界的开端。根据现代科学研究的资料表明，一个正常人从外界接收的信息，80%来自于感觉器官，而其中从视觉器官输入大脑的信息约占 50%。来自外界的一切视觉形象，如物体的形状、空间、位置及它们的界限和区别都由色彩和明暗关系来反映。因此，色彩在人们的社会活动中具有十分重要的意义。

色彩既是一种感受，又是一种信息。在我们生活的这个多姿多彩的世界里，所有的物体都具有自己的色彩，尤其树木和花草，色彩随四季变化。因此，春秋的更换及寒暑的不同，除皮肤可感觉外，自然界还会用美丽的色彩来告诉人们。

3．颜色的基本概念

由上述可知，颜色与光和人的视觉心理有关，它是外界光刺激而使人产生的一种感觉。美国光学学会（Optical Society of America）的色度学委员会曾经把颜色定义为：颜色是除了空间的和时间的不均匀性以外光的一种特性，即光的辐射能刺激视网膜而引起观察者通过视觉获得的景象。

在我国国家标准 GB5698-85 中，把颜色定义为：色是光作用于人眼引起除形象以外的视觉特性。根据这一定义，色是一种物理刺激作用于人眼的视觉特性，而人的视觉特性是受大脑支配的，也是一种心理反映。所以，色彩感觉不仅与物体本来的颜色特性有关，而且还受时间、空间、外表状态及该物体周围环境的影响，同时还受个人的经历、记忆力、看法和视觉灵敏度等各种因素的影响。

同时，颜色与光的波长也有关，不同波长的光呈现不同颜色。自然界中的颜色可以分为非彩色和彩色两大类。非彩色指黑色、白色和各种深浅不一的灰色，而其他所有颜色均属于彩色。

4．颜色的基本特性

依据颜色的心理学和视觉特性，国际照明委员会 CIE（International Commission on Illumination）对颜色的描述给了一个通用的定义，用颜色的 3 个特性来区分颜色。这 3 个特性是：色调（Hue）、饱和度（Saturation）和亮度（Lightness），它们是颜色所固有的并且是截然不同的特性，任一彩色光都是这 3 个特性的综合效果。

（1）色调

色调又称为色相，是指当人眼看到一种或多种波长的光时所产生的彩色感觉，它反映颜色的种类，是决定颜色的基本特性。色调用红、橙、黄、绿、青、蓝、靛、紫等术语来刻画。

不透明物体的色调是指该物体在日光的照射下，所反射的各光谱成分作用于人眼的综合效果；透明物体的色调则是指透过该物体的光谱综合作用的效果。

（2）饱和度

饱和度是指颜色的纯度，即色彩含有某种单色光的纯净程度，它可用来区别颜色的深浅程度。对于同一色调的彩色光，饱和度越深，颜色越鲜明或者说越纯，例如，鲜红色的饱和度高，而粉红色的饱和度低。完全饱和的颜色是指没有渗入白光所呈现的颜色，例如，仅由单一波长组成的光谱色就是完全饱和的颜色。

（3）亮度

亮度是视觉系统对可见物体辐射或者发光多少的感知属性。亮度是光作用于人眼时所引起的明亮程度的感觉，它与被观察物体的发光强度有关。由于其强度的不同，看起来可能会亮一些或暗一些。对于同一物体，照射光越强，反射光也越强，感觉越亮；对于不同的物体，在相同照射情况下，反射越强，看起来越亮。

通常，把色调和饱和度通称为色度。亮度是用来表示某彩色光的明亮程度，而色度则表示颜色的类别与深浅程度。

4.1.2　三基色原理

如前所述，颜色是视觉系统对可见光的感知结果。研究表明，人的视网膜有对红、绿、蓝颜色敏感程度不同的三种锥体细胞。红、绿和蓝三种锥体细胞对不同频率的光的感知程度不同，对不同亮度的感知程度也不同。下面简单介绍有关三色学说的基本知识。

1.　三色学说

在物理学上对光与颜色的研究发现，颜色具有恒常性，也就是说，人们可以根据物体的固有颜色来感知它们，而不会受外界条件变化的影响。颜色之间的对比效应能够使人区分不同的颜色。颜色还具有混合性，牛顿在17世纪后期用棱镜把太阳光分散成光谱上的颜色光带，用实验证明了白光是由很多颜色的光混合而成的。

近代的研究认为，人眼的视网膜中存在着三种锥体细胞，它们包含不同的色素，对光的吸收和反射特性不同，对于不同的光就有不同的颜色感觉。研究发现，第一种锥体细胞专门感受红光，第二种和第三种锥体细胞则分别感受绿光和蓝光，它们三者共同作用，使人们产生了不同的颜色感觉。例如，当黄光刺激眼睛时，将会引起红、绿两种锥体细胞几乎相同的反应，而只引起蓝细胞很小的反应，这三种不同锥体细胞的不同兴奋程度的结果产生了黄色的感觉，这与颜色混合时，等量的红和绿加上极小量的蓝色可以复现黄色是相同的。

三色学说是真实感图形学的生理视觉基础，计算机图形学所采用的 RGB 颜色模型，以及其他颜色模型都是根据这个学说提出来的。我们根据三色学说用 RGB 来定义颜色，三色学说可以认为是颜色视觉中最基础、最根本的理论。

2.　三原色

既然由三种比较特殊的颜色可以产生若干种颜色，那么三色学说中的三种颜色是如何确定的呢？实际上，色光中存在着三种最基本的色光，它们的颜色分别为红色、绿色和蓝色。这三种色光既是白光分解后得到的主要色光，又是混合色光的主要成分，并且能与人眼视网膜细胞的光谱回应区间相匹配，符合人眼的视觉生理效应。这三种色光以不同比例混合，几乎可以得到自然界中的一切色光，混合色域最大；而且这三种色光具有独立性，其中一种原色不能由另外的原色光混合而成，由此，称红、绿、蓝为色光三原色。为了统一认识，1931年国际照明委员会（CIE）规定了三原色的波长 $\lambda_R = 700.0\text{nm}$，$\lambda_G = 546.1\text{nm}$，$\lambda_B = 435.8\text{nm}$。在色彩学研究中，为了便于定性分析，常将白光看成是由红、绿、蓝三原色等量相加而合成的。

3. 色彩的形成

三元色通过一定的方式进行混合就可以得到新的颜色，那么这种混合方式指的是什么呢？实际上，在自然界中，颜色的形成主要有两种形式，一种是色光加色法，另一种是色料减色法。前者一般用于颜色显示，后者常用于出版印刷等场合。

（1）色光加色法

由两种或两种以上的色光相混合时，会同时或者在极短的时间内连续刺激人的视觉器官，使人产生一种新的色彩感觉。这种由两种以上色光相混合，呈现另一种色光的方法称为色光加色法，如图 4.1 所示。

加色法实质是，当不同能量的色光混合时，可以导致混合色光能量的变化。从色光混合的能量角度分析，色光加色法的混色方程为：

$$C = \alpha(R) + \beta(G) + \gamma(B) \qquad (4.1)$$

式中，C 为混合色光总量；(R)、(G)、(B) 为三原色的单位量；α, β, γ 为三原色分量系数。此混色方程十分明确地表达了复色光中的三原色成分。

在自然界和现实生活中，存在很多色光混合加色现象。例如，太阳初升或降落时，一部分色光被较厚的大气层反射到太空中，一部分色光穿透大气层到地面，由于云层厚度及位置不同，人们有时可以看到透射的色光，有时可以看到部分透射和反射的混合色光，使天空出现了丰富的色彩变化。

（2）色料减色法

凡是涂染后能够使无色的物体呈色、有色物体改变颜色的物质，均称为色料。从色料混合实验中，人们发现，能透过（或反射）光谱较宽波长范围的色料青、品红、黄三色，能匹配出更多的色彩。在此实验基础上，人们进一步证明，由青、品红、黄三色料以不同比例相混合，得到的色域最大，而这三色料本身，却不能用其余两种原色料混合而成。因此，我们称青（C）、品红（M）、黄（Y）三色为色料的三原色。

颜色是物体的化学结构所固有的光学特性，一切物体呈色都是通过对光的客观反映而实现的。所谓"减色"，是指加入一种原色色料就会减去入射光中的一种原色色光（补色光）。因此，在色料混合时，从复色光中减去一种或几种单色光，呈现另一种颜色的方法称为色料减色法，如图 4.2 所示。

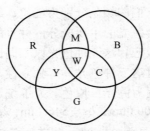

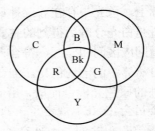

图 4.1　色光加色示意图　　　　　　图 4.2　色料减色示意图

（3）二者关系

它们的联系是：加色法与减色法都是针对色光而言的，加色法指的是色光相加，减色法指的是色光被减弱。

区别是：加色法与减色法又是迥然不同的两种呈色方法。加色法是色光混合呈色的方法。色光混合后，不仅色彩与参加混合的各色光不同，同时亮度也增加了。而减色法是色料混合呈色的方法。色料混合后，不仅形成新的颜色，同时亮度也降低了。加色法是指两种以上的色光同时刺激人的视神经而引起的色效应；而减色法是指从白光或其他复色光中减去某些色光而得到另一种色光刺激的色效应。从互补关系来看，有三对互补色：R-C、G-M、B-Y。在色光加色法中，互补色相加得到白色（W）；在色料减色法中，互补色相加得到黑色（Bk）。有关色光加色法与色料减色法的联系与区别参见表 4.1。

表 4.1　色光加色法与色料减色法的区别与联系

	色光加色法		色料减色法	
三原色	R、G、B		Y、M、C	
呈色基本规律	(R)+(G)=(Y)	(G)+(B)=(C)	(Y)+(M)=(R)	(M)+(C)=(B)
	(R)+(B)=(M)	(R)+(B)+(G)=(W)	(Y)+(C)=(G)	(Y)+(M)+(C)=(Bk)
实质	色光相加，加入原色光，光能量增大		色料混合，减去原色光，光能量减小	
效果	明度增大		明度减小	
呈色方法	视觉器官外空间混合 视觉器官内： 静态混合；动态混合		色料掺合 透明色层选合	
补色关系	补色光相加、越加越亮、形成白色		补色料相加，越加越暗，形成黑色	
主要应用	彩色电影、电视、测色计		彩色绘画、摄影、印刷、印染	

4.1.3　彩色空间及其转换

现在，我们已经知道颜色是怎么形成的了，那么到底怎样去表示颜色呢？人们为了定性定量地描述颜色，提出了彩色空间的概念，进一步，为了适应不同应用场合的需求，人们又创建了多种彩色空间，下面就常用的彩色空间和它们之间的转换方法进行讲解。

1．色彩空间基本概念

"彩色空间"这一单词源于英语"Color Space"，也称为"色域"，是表示颜色的一种数学方法。人们用它来指定和产生颜色，使颜色形象化。色彩学中，人们建立了多种色彩模型，以一维、二维、三维甚至四维空间坐标来表示某一色彩，这种坐标系统所能定义的色彩范围就是彩色空间。实际上，彩色空间就是各种色彩的集合，色彩的种类越多，彩色空间越大，能够表现的色彩范围（即色域）就越广。对于具体的图像设备而言，其彩色空间就是它所能表现的色彩的总和。

颜色空间中的颜色通常使用代表三个参数的三维坐标来指定，这些参数描述的是颜色在颜色空间中的位置，即每一个颜色都有一个对应的空间位置，反过来，在空间中的任何一点都代表一个特定的颜色。彩色空间是三维的，作为彩色空间三维坐标的三个独立参数可以是色彩的心理学属性：色相、明度和饱和度，也可以是其他三个参数如 RGB、Lab 或者 CMY，只要描述色彩的三个参数相互独立，都可以作为彩色空间的三维坐标。

因为人眼对于色彩的观察和处理是一种生理和心理现象，目前对其机理还没有完全了解，所以对于彩色的许多结论都是建立在实验基础之上的。正因为如此，出现了多种不同的颜色描述方法，而不同的颜色描述方法对应于不同的颜色空间。同时，在不同的应用中又需要不同的颜色空间，用来反映不同的色彩范围。从技术角度上区分，颜色空间可分成如下三类。

① RGB 型颜色空间/计算机图形颜色空间。这类颜色空间主要用于电视机和计算机的颜色显示系统。例如，RGB、HIS、HSL 和 HSV 等颜色空间。

② XYZ 型颜色空间/CIE 颜色空间。这类颜色空间是由国际照明委员会定义的颜色空间，通常作为国际性的颜色空间标准，用于颜色的基本度量方法。例如，CIE 1931 XYZ，L*a*b，L*u*v 和 LCH 等颜色空间就可作为过渡性的转换空间。

③ YUV 型颜色空间/电视系统颜色空间。这类颜色空间具有广播电视需求的推动而开发的颜色空间，其主要目的是通过压缩色度信息以有效地播送彩色电视图像。例如，YUV、YIQ、ITU-R BT.601 Y'CbCr、ITU-R BT.709 Y'CbCr 和 SMPTE-240M Y'PbPr 等颜色空间。

2. 色彩空间转换

不同颜色模型可以通过一定的数学关系相互转换。有些颜色空间之间可以直接变换，例如，RGB 和 HSL，RGB 和 HSB，RGB 和 R'G'B'， R'G'B'和 Y'CrCb，CIE XYZ 和 CIE L*a*b* 等。有些颜色空间之间不能直接变换，例如，RGB 和 CIE La*b*，CIE XYZ 和 HSL，HSL 和 Y'C$_b$C$_r$ 等，它们之间的变换需要借助其他颜色空间进行过渡。

（1）RGB 与 CMY 颜色模型之间的转换

RGB 的取值通常是 0～255 之间的整数。从 RGB 颜色模型到 CMY 颜色模型之间的转换方法非常简单，即 $C = 255 - R, M = 255 - G, Y = 255 - B$，反过来也一样。

（2）RGB 与 YUV 颜色模型之间的转换

YUV 与 RGB 相互转换的公式如下（RGB 取值范围均为 0～255）：

$$\begin{cases} Y = 0.299R + 0.587G + 0.114B \\ U = -0.147R - 0.289G + 0.436B \\ V = 0.615R - 0.515G - 0.100B \end{cases} \quad \begin{cases} R = Y + 1.14V \\ G = Y - 0.39U - 0.58V \\ B = Y + 2.03U \end{cases} \tag{4.2}$$

由于各个色彩模型都有其自身的优势，借助这些色彩模型之间的转换，可以将复杂的运算转换为简单的操作。

4.2　图形与图像

在日常生活中，当我们从某点观察某一景象时，物体所发出的光线（发光物的辐射光或物体受光源照射后反射或透射的光）进入人眼，在人眼的视网膜上成像，这就是人眼所看到的客观世界，我们将它称之为景象。这个"象"反映了客观景物的亮度和颜色随空间位置和方向的变化。

图像是对客观存在的物体的一种相似性的生动模仿或描述，按其数据存储形式可分为模拟图像和数字图像。模拟图像是以连续形式存储数据，可用连续函数来描述，其特点为光照位置和光照强度均为连续变化的，如用传统相机拍摄的照片就是模拟图像。数字图像用二进制数值表示资料，可用矩阵或数组描述，如用数码相机拍摄的数字照片。

一般来说，数字图像目前大致可以分为两大类：一类为位图，另一类为描绘类、向量类或面向对象的图形（图像）。位图是以点阵形式描述图形（图像）的，表现的色彩丰富，文件容量一般较大，缩放或旋转变形时会产生失真现象；向量图是以数学方法描述的一种由几何元素组成的图形（图像），对图像的表达细致、真实，文件容量较小，缩放后图形（图像）的分辨率不变，在专业级的图形（图像）处理中运用较多。

这两种类型的图像各具特色，也各有优缺点，并且两者之间具有良好的互补性，因此在图像处理和绘制图形的过程中，将这两种图像交互使用，取长补短，使创作出来的作品更加完美。下面就简单学习这两种类型的图像。

4.2.1　图形

1．基本概念

图形（Graphic）一般指用计算机绘制的画面，是一组描述点、线、面等几何图形的大小、形状及其位置、维数的指令集合，能够描绘出物体的轮廓、形状或外部的界限（边界），如图4.3所示。

你认识图形吗？

在图形文件中只记录生成图的算法和图上的某些特征点，因此也称为向量图。其优点为文档量小，可随意放大而不改变清晰度。由于图形只保存算法和特征点，因此占用的存储空间很小。但显示时需经过重新计算，因而显示速度相对慢些。

图4.3　图形文件示例

2．常用图形文件格式

计算机上常用的向量图形文件格式有：3DS（用于3D造型）、DXF（Document Exchange Format，用于CAD）和WMF（Windows metafile format）（用于桌面出版）等。下面简单说明这几种矢量图形文件格式。

（1）WMF

WMF是Microsoft Windows像素文件格式，是根据位图和矢量图混合而成的图形文件格式，支持24位颜色，具有文件短小、图案造型化的特点。该文件格式最大的特点是可以实现无极变倍（即无论扩大或缩小多少都不会产生锯齿），因而在文字处理等领域应用非常广泛。该类图形比较粗糙，只能在Microsoft Office中调用编辑。

（2）DXF

DXF 是 AutoCAD 中的图形文件格式，它以 ASCII 方式储存图形，在表现图形的大小方面十分精确，可被 CorelDraw、3DS 等大型软件调用编辑。

DXF 文件由标题段、表段、块段、实体段和文件结束段 5 部分组成。

标题段（HEADER）：记录 AutoCAD 系统的所有标题变量的当前值或当前状态。

表段（TABLES）：共包含 4 个表，每个表又包含可变量目的表项。这些表在文件中出现的顺序是线型表（LTYPE）、图层表（LAYER）、字样表（STYLE）和视图表（VIEW）。

块段（BLOCK）：记录了所用块的块名，当前图层层名、块的种类、块的插入基点及组成该块的所有成员。块的种类分为图形块、带有属性的块和无名块三种。

实体段（ENTITIES）：记录了每个实体的名称、所在图层及其名字、线型、颜色等。

文件结束段（EOF OF FILE）：记录 DXF 文件的结束标志。

一个 DXF 文档由若干个组构成，每个组占两行，第一行为组的代码，第二行为组值。组代码相当于数据类型的代码，它由 CAD 图形系统所规定，而组值为具体的数值，二者结合起来表示一个资料的含义和值。

（3）3DS

3D Studio 和 AutoCAD 都是 AutoDesk 公司的产品，3DS 格式是 3D Studio 的动画原始图形文件，除了具有 DXF 格式文件的大部分属性外，还含有纹理、光照和摄像机位置等信息。

3. 典型的向量图形处理软件

目前，流行的平面向量图形设计软件主要有 Corel Draw、Adobe Illustrator 及 Macromedia Freehand 三种，其最新版本分别为 X5、CS4、10。利用它们不仅可以画出各种曲线和图案，还可以进行版面设计等。下面简单介绍这 3 种向量图形处理软件。

（1）CorelDraw

CorelDraw 是目前最流行的向量图形设计软件之一，它是由加拿大知名的专业化图形设计和桌面出版软件开发商 Corel 公司于 1989 年推出的。CorelDraw 绘图设计系统集合了图像编辑、图像抓取、位图转换、动画制作等一系列实用的生活服务程序，构成了一个高级图形设计和编辑的出版软件包。CorelDraw 被广泛用于平面设计、包装装潢、彩色出版与多媒体制作等诸多领域。

（2）Adobe Illustrator

Adobe Illustrator 是出版、多媒体和在线图像的工业标准向量绘图软件。Illustrator 有强大的图形处理功能，允许用户利用它进行复杂的创意，支持所有主要的图像格式，其中包括 PDF 和 EPS。它主要应用于打印的图形和页面设计图样、多媒体及 Web。

（3）Macromedia Freehand

Macromedia Freehand 是一个功能强大的平面图形设计软件，无论是要进行机械制图，要绘制建筑蓝图，还是要制作海报招贴或要实现广告创意，Freehand 都是一件强大、实用而又灵活的利器。

FreeHand 有它自己的优势：体积不像 Illustrator、CorelDraw 那样庞大，运行速度快；与 Macromedia 的其他产品如 Flash、Fireworks 等兼容性极好，被广泛应用于出版印刷、插画制作、网页制作、Flash 动画等方面；同时它的文字处理功能尤其突出，甚至可与一些专业文字处理软件媲美。

4.2.2 静态图像

1．基本概念

图像（Image）是指由输入设备捕捉的实际场景画面，或者以数字化形式存储的任意画面。静止图像是由一些排成行和列的点组成的矩阵，数组中的各项数字用来描述构成图像的各个点（称为像素点，pixel）的强度与颜色等信息，又称为位图（bit-mapped picture）。

2．分辨率

分辨率是指单位长度中，所表达或包含的像素数目。分辨率的高低直接影响图像的质量，一般其数值越大，像素点密度越高，图像对细节的表现能力越强，清晰度越高。

按应用场合不同，可将分辨率分为屏幕分辨率和输出分辨率两种，前者用每英寸行数表示，数值越大，图形（图像）质量越好；后者衡量输出设备的精度，以每英寸的像素点数表示。

（1）图像分辨率

图像分辨率指图像中存储的信息量，通常用"像素每英寸"（Pixel Per Inch，PPI）表示，如某图像的分辨率为120PPI，则该图像的像素点密度为每英寸120个。

在图像尺寸不变的情况下，高分辨率的图像比低分辨率图像包含的像素多，像素点较小，因而图像更清晰，如图 4.4 所示。一般制作的图像如果用在计算机屏幕上显示，图像分辨率只要满足典型的显示器分辨率就可以了。如果用于打印，则必须使用较大的分辨率，不过分辨率太高会增大图像文件的体积并降低图像的打印速度。从输出设备（如打印机）的角度来说，图像的分辨率越高，所打印出来的图像也就越细致与精密。

（a）高分辨率　　　　　　　　　　　　　（b）低分辨率

图 4.4　不同分辨率的图像

（2）显示分辨率

我们通常看到的 CRT 显示器分辨率都是以乘法形式表示的，如 1024×768 像素，其中，1024 和 768 分别表示屏幕上水平方向和垂直方向显示的像素点数。显示器的分辨率就是指画面由多少像素构成，数值越大，图像也就越清晰。显示器的最大分辨率与显示区域的大小、显像管点距（屏幕上两个相邻同色荧光点之间的距离）、视频带宽等因素有关，可以通过下面的公式计算：

最大分辨率=显示区域的宽或高÷点距

（3）打印机分辨率

打印机分辨率又叫做输出分辨率，通常以点每英寸（Dot Per Inch，dpi）表示，它决定了打印机打印图像时所能表现的精细程度，也称打印精度。

目前，一般激光打印机的分辨率在 600×600dpi 以上，一般喷墨打印机的分辨率在 1200×600dpi 以上。一般的家庭用户和中小型办公用户使用的打印机的分辨率应至少达到 300～720dpi，但 dpi 指标不是越大越好。

打印机的打印尺寸与图像分辨率有很大的关系，只要图像分辨率改变了，打印的尺寸便会跟着发生改变。换言之，打印的尺寸无法客观地描述图像的大小。想要描述图像的大小，最好的方法还是用该图像的"宽×高"的像素值加以表示，如：320×240 像素。打印尺寸、图像大小与分辨率之间的关系可以利用下列的计算公式加以表示：

$$图像的大小=图像的分辨率×打印的尺寸$$
$$图像的大小÷图像的分辨率=打印的尺寸$$

针对特定的图像而言，图像的大小是固定的，所以，分辨率和打印尺寸成反比的关系。

3．图像颜色

自然界中的图像具有丰富多彩的颜色，那么在计算机中，数字图像是如何表示色彩的呢？数字位图图像中每个像素上用于表示颜色的二进制数字位数称为图像深度（也称图像灰度、颜色深度），用 n 表示，那么它能描述的色彩数 $C = 2^n$。根据颜色深度的不同，可以将图像分为以下 3 种模式，如图 4.5 所示。

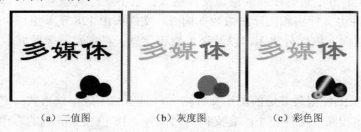

（a）二值图　　　　　（b）灰度图　　　　　（c）彩色图

图 4.5　三种位图模式

（1）黑白图像

黑白图像是指图像的每个像素只能是黑色或者白色，没有中间的过渡，故又称为二值图像。二值图像的像素值为 0 和 1，颜色深度为 1。

（2）灰度图像

灰度图像是指每个像素的信息由一个量化的灰度级来描述的图像，没有彩色信息，只有 256 级的明暗变化，颜色深度为 8。

（3）彩色图像

彩色图像是指每个像素的信息由 RGB 三原色构成的图像，其中 RBG 是由不同的灰度级来描述的，颜色深度为 24。

图像文件大小与组成图像的像素数量和颜色深度有关，若用字节表示，则可由下式计算

$$图像数据量大小=像素总数×图像深度÷8 \qquad (4.3)$$

一幅 640×480 的 256 色图像大小为 640×480×8÷8=307 200B。

4．常用图像文件格式

图像的文件格式一直是图像处理的重要依据。对于同一幅图像，采用不同的文档格式保

存时，会在图像的颜色和层次的还原方面产生不同的效果，这是因为不同的文档格式采用不同的压缩算法。

图像文件在计算机中的存储格式有多种，如 BMP（Bit Map Picture）、DIB、PCP、DIF、WMF、GIF（Graphics Interchange Format）、JPG（Joint Photographic Experts Group）、TIF（Tag Image File Format）、EPS、PSD（Photoshop Standard）、CDR、IFF（Image File Format）、TGA（Tagged Graphic）、PCD（Kodak PhotoCD）、MPT、PNG（Portable Network Graphics）等；每种图像文件格式对应一种特定的扩展名。下面我们逐一认识当前最常见的图像文件格式。

（1）BMP 格式

BMP 是标准的 Windows 和 OS/2 的图形与图像的基本位图格式，它采用位映像存储格式，有压缩（RLE）和非压缩之分。BMP 格式支持黑白图像、16 色和 256 色的伪彩色图像及 RGB 真彩色图像。

典型的 BMP 图像文件由三部分组成：① 位图文件头数据结构，它包含 BMP 图像文件的类型、显示内容等信息；② 位图信息数据结构，它包含 BMP 图像的宽、高、压缩方法；③ 定义颜色信息。

（2）PCX 格式

PCX 是最早支持彩色图像的一种文件格式，现在最高可以支持 256 种彩色。PCX 是使用游程长编码（RLE）方法进行压缩的图像文件格式，它不支持真彩色。

PCX 图像文件由文件头和实际图像数据构成。文件头由 128 字节组成，描述版本信息和图像显示设备的横向、纵向分辨率，以及调色板等信息；在实际图像数据中，表示图像数据类型和彩色类型。

（3）GIF 格式

GIF 是 Web 页上使用最普通的图形文件格式，是压缩图像存储格式，它使用 LZW 无损压缩方法，压缩比较高，文件较小。它支持黑白图像、16 色和 256 色的彩色图像。

（4）TIFF 格式

TIFF 是由 Aldus 和 Microsoft 公司为桌上出版系统研制开发的一种较为通用的图像文件格式，它支持所有图像类型，分成压缩和非压缩两大类。TIFF 最大颜色深度为 32bit，支持多种编码方法，其中包括 RGB 无压缩、RLE 压缩及 JPEG 压缩等。它具有扩展性、方便性及可改性，可以提供给 IBM PC 环境下运行的图像编辑程序。

TIFF 图像文件由三个数据结构组成，分别为文件头、一个或多个称为 IFD 的包含标记指针的目录及数据本身。TIFF 图像文件中的第一个数据结构称为图像文件头或 IFH。这个结构是 TIFF 文件中唯一的、有固定位置的部分。IFD 图像文件目录是一个位组长度可变的信息块，Tag 标记是 TIFF 文件的核心部分，在图像文件目录中定义了要用的所有图像参数，目录中的每一个目录条目就包含图像的一个参数。

（5）JPG 和 PIC 格式

JPG 和 PIC 都使用 JPEG 方法进行图像数据压缩。这两种格式的最大特点是文件非常小。它是一种有损压缩的静态图像文件存储格式，支持灰度图像、RGB 真彩色图像和 CMYK（用于印染）真彩色图像。

（6）PCD 格式

PCD 格式是 Photo-CD 的专用存储格式，能把 5 个不同分辨率的图形复制放在一个文件中，极大地方便了图形使用者。文件中含有从专业摄影照片到普通显示用的多种分辨率的图像，所以数据量都非常大。

（7）PNG 格式

PNG 格式是一种新兴的网络图形格式，结合了 GIF 和 JPEG 的优点，具有存储形式丰富的特点。PNG 最大颜色深度为 48bit，采用无损压缩方案存储。

（8）TGA 格式

TGA 是 True Vision 公司为其显示卡开发的图形文件格式，创建时期较早，最高色彩数可达 32 位。VDA、PIX、WIN、BPX、ICB 等均属其旁系。

（9）PSD 格式

Photoshop 中的标准文件格式，是专门为 Photoshop 而优化的格式，可以支持图层、通道、蒙版和不同色彩模式的各种图像特征，是一种非压缩的原始文件保存格式。

（10）IFF 格式

IFF 格式用于大型超级图形处理平台，如 AMIGA 机。好莱坞的特技大片多采用该图形格式处理。当然，该格式耗用的内存、外存的计算机资源也十分巨大。

当然，还有其他很多位图文件格式，这里就不一一赘述了。

5．典型图像处理软件

当我们通过某些专用的设备，把外界真实存在的物体的影像存储到计算机中后，就可以对其进行编辑处理。现在用于图像处理的软件很多，其中比较知名的有如下几个：

（1）Adobe Photoshop

Adobe Photoshop 是 Adobe 公司的图形和图像处理软件，功能强大，主要用于照片等位图形的处理，专业性较强，操作复杂。目前，最新版本为 Adobe Photoshop CS4。

（2）PhotoImpact

PhotoImpact 是 Ulead 公司的位图处理软件，也属于专业级的软件。与 Photoshop 相比，它更倾向于易用性和功能集成。PhotoImpact 包含网页影像设计、影像特效制作、3D 字形效果、立体对象制作、拟真笔触彩绘、GIF 动画制作及多媒体档案管理等功能，利用它可以对网页进行美化。目前，最新版本为 PhotoImpact 13。

（3）Paint Shop Pro

Paint Shop Pro 是 JASC 公司出品的一款功能完善，使用简便的专业级数码图像编辑软件，体积小巧而功能却不弱，适合于日常图形的处理，可与 Photoshop 相媲美。除了支持超过 30 种文件格式外，它也提供图层功能，另外，还提供了多种特殊效果及制作网页按钮等功能，以及内建的画面截取功能。目前，最新版本为 Paint Shop Pro X3 13。

（4）Fractal Design's Painter

Painter 以 Fractal Design 最具代表性的自然彩绘技术丰富了影像编辑的领域，可作为 Internet 出版品的设计工具，协助我们设计丰富的网页内容。如果说 Photoshop 为位图格式图形的编辑软件定义了标准的话，Painter 则为位图格式图形的创建软件定义了标准。它可以实现用模拟自然绘画的各种工具创建丰富多彩的图形。目前最新版本为 Fractal Design 7。

以上 4 种软件属于专业性较强的图形处理软件，需要经过相当时间的学习才能掌握好。但是只要你熟悉了它们，就能真正为所欲为了。而下面 3 种则属于家用消费型的图形处理软件，它们非常易用，甚至几分钟内就能用它们做出一些精彩的效果，当然它们的功能也很有限。此外它们还附有图像制作贺卡、电子相册等有趣的功能。

（5）Ulead iPhoto Express

Ulead 公司的 iPhoto Express（我行我速）采用的是全中文界面，操作简单，虽然感觉上图形质量（特别是转化为 JPEG 压缩格式时）比 Photoshop 有所逊色，但仍不失为一款优秀的图形处理软件。目前，最新版本为 Ulead iPhoto Express 6。

（6）Adobe PhotoDeluxe

Adobe PhotoDeluxe 是最快捷的照片制作与专业文档创作的工具，分为商用版和家庭版。家庭版为图像爱好者提供最佳的技术和工具以编辑和制作出有趣的图像作品。目前，最新版本为 Adobe PhotoDeluxe 4。

（7）Microsoft Picture It! Express

图形编辑软件，利用它可制作出各类精彩的相片和影像，如设计相片索引、制作年历、相框及贺卡，甚至图文并茂地报道生活近况等。

虽然目前几大图形处理软件的功能都非常强大，但这些软件一来难于使用，二来对于某些特殊场合，例如网页图形处理，用起来并不是很顺手，所以很多专门性的位图格式图形处理软件应运而生。

4.2.3　动态图像

前面所讲的是静态图像的相关知识，而动态图像，主要包括动画和视频信息，是连续渐变的静态图像或图形序列，沿时间轴顺次更换显示，从而构成运动视觉感受的媒体。如果序列中的相互关联的若干帧静止图像是由人工或计算机产生的，这些静止图像连续播放便形成一组动画，通常用来完成简单的动态过程演示。当序列中每帧图像是通过实时摄取自然景象或活动对象的，则称为影像视频，或简称为视频。下面简单介绍有关动画技术的一些基础知识。

1．动画的发展史

动画的发展最早可追溯到 1831 年，法国人 Joseph Antoine Plateau 把画好的图片按顺序放在一部机器的圆盘上，机器带动圆盘旋转，从观察窗看过去，图片似乎动了起来，形成动的画面，这就是原始动画的雏形。

1906 年，美国人 J Steward 制作出一部接近现代动画概念的影片，片名叫"滑稽面孔的幽默形象"（Humorous Phase of a Funny Face）。

1908 年，法国人 Emile Cohl 首创用负片制作动画影片，这从概念上解决了影片载体的问题，为今后动画片的发展奠定了基础。所谓负片，就是影像与实际色彩恰好相反的胶片，如普通胶卷底片。

1909 年，美国人 Winsor McCay 用 1 万张图片表现一段动画故事，这是迄今为止世界上公认的第一部真正的动画短片。从此以后，动画片的创作和制作水平日趋成熟，人们已经开始有意识地制作表现各种内容的动画片。

1915 年，美国人 Eerl Hurd 创造了新的动画制作工艺，他先在塑料胶片上画动画片，然后再把这些图片拍摄成动画电影，这种动画制作工艺一直被沿用至今。

从 1928 年开始，世人皆知的 Walt Disney 逐渐把动画影片推向了颠峰。他在完善了动画体系和制作工艺的同时，把动画片的制作与商业价值联系了起来，被人们誉为商业动画之父。直到如今，他创办的 Disneg（迪士尼）公司还在为全世界的人们创造丰富多彩的动画片。

动画发展至今，其本质没有多大变化，主要是制作手段的不断更新。

2．动画的基本原理

动画对于我们大家来说都不会陌生，像"米老鼠"、"唐老鸭"等动画形象给人们留下了极其深刻的印象。动画有着悠久的历史，像我国民间的走马灯和皮影戏，就可以说是动画的一种古老形式。当然，真正意义的动画，是在电影摄影机出现以后才发展起来的，而现代科学技术的发展，又不断为它注入了新的活力。

动画，就是通过以每秒 15～20 帧的速度顺序地播放静止图像帧以产生运动的错觉。英国动画大师 John Halas 曾说"动作的变化是动画的本质"。

医学已证明，人类具有"视觉暂留"的特性，即眼睛能足够长时间地保留图像以允许大脑以连续的序列把帧连接起来，从而产生运动的错觉。动画就是通过连续播放一系列画面，给视觉造成连续变化的图画。它的基本原理与电影、电视一样，都是视觉原理。就是说，人的眼睛看到一幅画或一个物体后，在 1/24 秒内不会消失。利用这一原理，在一幅画还没有消失前播放出下一幅画，就会给人造成一种流畅的视觉变化效果。

因此，电影采用每秒 24 幅画面的速度拍摄和播放，电视采用每秒 25 幅（PAL 制）（中央电视台的动画就是 PAL 制式）或每秒 30 幅（NSTC 制式）画面的速度拍摄和播放。如果以每秒低于 24 幅画面的速度拍摄播放，就会出现停顿现象。

3．动画的分类

动画的分类并没有固定的规则，可以从以下几个方面来考虑。

（1）从制作技术和手段看，动画可分为传统动画和计算机动画。传统动画以手工绘制为主，计算机动画以计算机绘制为主。

而计算机设计动画又有两种形式：一种是帧动画，一种是造型动画。

帧动画是由一幅幅位图组成的连续的画面，就如电影胶片或视频画面一样要分别设计每屏幕显示的画面。其主要用于广告片制作、电影特技制作及传统动画片制作等方面。

造型动画对每一个运动的物体分别进行设计，赋予每个动作单元一些特征，然后用这些动作单元构成完整的帧画面。动作单元的表演和行为是由制作表组成的脚本来控制的。其主要用于影视人物、场景变换等场合。

（2）按动作的表现形式来区分，动画大致分为完善动画和局限动画两类。前者接近自然动作，如动画电视；后者采用简化、夸张的手段，如幻灯片动画。

（3）从空间的视觉效果上看，又可分为平面动画和三维动画。平面动画又叫二维动画，是从传统动画演进而来的，具有灵活多变的特点；三维动画又叫空间动画，主要表现三维物体和空间运动，真实感较强。

（4）从播放效果上看，还可以分为顺序动画和交互式动画。顺序动画是按照事物的发展变化顺序来设计的，具有连续动作的特性。交互式动画是依据响应人工交互控制来设计的，具有反复动作的特点。

（5）从每秒播放的幅数来讲，还有全动画和半动画之分。全动画是按照每秒播放 24 幅画面的数量制作的，比如迪士尼动画；半动画又叫有限动画，采用每秒少于 24 幅画面来制作动画，中国的动画公司为了节省资金往往采用半动画制作电视片。

不管以何种方式来分类，动画的本质都是不变的，就是画面的连续播放。动画的连续播放既指时间上的连续，也指图像内容上的连续。

4．动画文档格式

动画文档格式主要用于保存动画框架中包含的图形信息。计算机动画现在应用得比较广泛，由于应用领域不同，其动画文档也存在着不同类型的存储格式，如 3DS 是 DOS 系统平台下 3D Studio 的文档格式，U3D 是 Ulead COOL 3D 文档格式。下面介绍几种目前应用最广泛的动画格式。

（1）FLIC 动画

FLIC 是 Autodesk 公司在其出品的 Autodesk Animator/Animator Pro/3D Studio 等二维/三维动画制作软件中采用的彩色动画档格式。FLIC 是 FLC 和 FLI 的统称，其中，FLI 是最初的基于 320×200 像素的 256 色动画文件格式，而 FLC 则是 FLI 的扩展格式，采用了更高效的数据压缩技术，其分辨率和颜色数都有所提高，最大的图像分辨率是 64 000×64 000 像素。

FLIC 文件采用行程编码（RLE）算法和 Delta 算法进行无损数据压缩。首先压缩并保存整个动画序列中的第一幅图像，然后逐帧计算前后两幅相邻图像的差异或改变部分，并对这部分数据进行 RLE 压缩。由于动画序列中前后相邻图像的差别通常不大，因此可以得到相当高的数据压缩率，画面效果十分清晰，但本身不能存储同步声音。它被广泛用于动画图形中的动画序列、计算机辅助设计和计算机游戏应用程序。它不大适合制作真实世界图像动画。

（2）MOV 动画

MOV、QT 都是 QuickTime 的文档格式。该格式支持 256 位色彩，支持 RLE、JPEG 等领先的集成压缩技术，提供了 150 多种视频效果及 200 多种 MIDI 兼容音响和设备的声音效果，能够通过 Internet 提供实时的数字化信息流、工作流与文档回放。

（3）GIF 动画

GIF 是 CompuServe 公司开发的动画档格式，采用 LZW 无损压缩算法，文件尺寸较小，可以同时存储若干幅静止图像并进而形成连续的动画，广泛应用在 Internet 上。

（4）3DS 动画

3DS 是 Autodesk 公司的 3D Studio 文档格式，是一种向量格式，是 3D Studio 的动画原始图形文件，含有纹理和光照等信息。

（5）SWF 格式

SWF 是 Micromedia 公司的产品 Flash 的向量动画格式，它采用曲线方程描述其内容，而不是由点阵组成内容，因此这种格式的动画在缩放时不会失真，非常适合描述由几何图形组成的动画，如教学演示等。由于这种格式的动画可以与 HTML 文档充分结合，并能添加 MP3音乐，因此被广泛地应用于网页上，成为一种"准"流式媒体文件。

动画文档格式还有很多，这里就不再详细说明。

4.3 数字视频技术

由 4.2 节分析可知，动态图像是由多幅连续的图像序列构成的，有动画和视频两种形式。

动画由人工绘制或计算机产生的图像组成，而视频通过实时获取自然对象获得。视频信号有模拟信号和数字信号之分，模拟视频信号就是常见的电视信号和录像机信号，采用模拟方式对图像进行还原处理，这种图像被称为"视频模拟图像（Analog Video）"。

4.3.1 模拟视频电视信号

电视系统是采用电子学的方法来传送和显示活动景物或静止图像的设备，按显示色彩可分为黑白和彩色两种，按视频信号的形式可分为模拟和数字两种。数字彩色电视是电视的发展趋势。

1．黑白电视信号

（1）工作原理

电视同动画一样，也是采用视觉原理构造而成的，其基本原理为顺序扫描和传输图像信号，然后在接收端同步再现。电视图像扫描由隔行扫描组成场，由场组成帧，一帧为一幅图像。定义每秒扫描多少帧为帧频，每秒扫描多少场为场频，每秒扫描多少行为行频。

（2）分解率

电视的清晰度一般用垂直方向和水平方向的分解率来表示。垂直分解率与扫描行数密切相关。扫描行数越多越清晰，分解率越高。我国电视图像的垂直分解率为575行或称575线。这是一个理论值，实际分解率与扫描的有效区间有关。根据统计，电视接收机实际垂直分解率约为400线。

水平方向的分解率或像素数决定电视信号的上限频率。我国目前规定的电视图像信号的标称频带宽度为6MHz，根据带宽，可以反推出理论上电视信号的水平分解率约为630线。

2．彩色电视信号

（1）彩色与黑白电视信号的兼容

黑白电视只传送一个反映景物亮度的电信号，而彩色电视除了传送亮度信号以外还要传送色度信号。所谓黑白电视与彩色电视的兼容，是指黑白电视机接收彩色电视信号时能够产生相应的黑白图像，而彩色电视机在接收黑白电视信号时也能产生相应的黑白电视图像，也就是说，电视台发射一种彩色电视信号，黑白和彩色电视都能正常工作。

（2）彩色电视的制式

电视信号的标准也称为电视的制式。目前各国的电视制式不尽相同，制式的区分主要在于其帧频（场频）的不同、分解率的不同、信号带宽及载频的不同、色彩空间的转换关系不同等。世界上现行的彩色电视制式有三种：NTSC（National Television Systems Committee）制式、PAL（Phase-Alternative Line）制式和SECAM（法文：Sequential Coleur Avec Memoire）制式。这里不包括高清晰度彩色电视HDTV（High-Definition Television）。

① NTSC制式

NTSC彩色电视制是1952年美国国家电视标准委员会定义的彩色电视广播标准，它采用正交平衡调幅的技术方式，故也称为正交平衡调幅制。美国、加拿大等大部分西半球国家，以及日本、韩国、菲律宾等和中国台湾都采用这种制式。

在NTSC制式下，一帧图像的总行数为525行，分两场扫描。行扫描频率为15 750Hz，周期为 63.5μs；场扫描频率为 60Hz，周期为 16.67ms；帧频为 30Hz，周期为 33.33ms。每一场的扫描行数为 525/2=262.5 行。除了两场的场回扫外，实际传送图像的行数为 480 行。

② PAL 制式

由于 NTSC 制存在相位敏感造成彩色失真的缺点，因此德国（当时的西德）于 1962 年制定了 PAL 制彩色电视广播标准，它采用逐行倒相正交平衡调幅的技术方法，故也称为逐行倒相正交平衡调幅制。德国、英国等一些西欧国家，新加坡、中国内地及香港地区，澳大利亚、新西兰等也采用这种制式。PAL 制式中根据不同的参数细节，又可以进一步划分为 G、I、D 等制式，其中 PAL－D 制式是中国大陆采用的制式。NTSC 制式和 PAC 制式的扫描特性见表 4.2。

表 4.2 NTSC 制式和 PAL 制式的扫描特性

名　　　称	NTSC 制式	PAL 制式
速度	525 行/帧，30 帧/秒（29.97 帧/秒，33.37 毫秒/帧）	625 行（扫描线）/帧，25 帧/秒（40 毫秒/帧）
长宽比	电视为 4：3；电影为 3：2；高清晰度电视为 16：9	4：3
隔行扫描	一帧分成 2 场（field），262.5 线/场	2 场/帧，312.5 行/场
颜色模型	YIQ	YUV

③ SECAM（法文：）制式

SECAM 制式又称顺序传送彩色信号与存储恢复彩色信号制式,是由法国于 1956 年提出，1966 年制定的一种新的彩色电视制式。它也克服了 NTSC 制式相位失真的缺点，但采用时间分隔法来传送两个色差信号。法国、俄罗斯、东欧和中东等约 65 个地区和国家使用这种制式。

这种制式与 PAL 制式类似，其区别是，SECAM 制式中的色度信号是频率调制（FM），而且它的两个色差信号：红色差（R'-Y'）和蓝色差（B'-Y'）信号，是按行的顺序传输的。图像格式为 4：3，625 线，50Hz，6MHz 电视信号带宽，总带宽 8MHz。

4.3.2　视频信号数字化

模拟视频信号需要专门的视频编辑设备进行处理，计算机无法对其进行编辑，要想让计算机对视频信号进行处理，必须把视频模拟信号转换成数字化的信号。

1. 数字视频基本概念

数字视频就是先用摄像机之类的视频捕捉设备，将外界影像的颜色和亮度信息转变为电信号，再记录到存储介质（如摄像机的磁带）中，然后再通过传输线，利用 A/D 转换器经过采样量化，转变为数字的 0 或 1，存储到计算机中。简单地说，数字视频就是将模拟信号表示视频信息用数字表示，从而能够在计算机中对其进行操作。

为了在计算机中存储视频信息，模拟视频信号必须通过视频捕捉卡等设备实现 D/A 转换。这个转变过程就是我们所说的视频捕捉（或采集过程）。如果要在电视机或计算机上观看数字视频，则需要一个从数字到模拟（D/A）的转换器将二进制信息译码成模拟信号，才能进行播放。播放时，视频信号被转变为帧信息，并以每秒约 30 幅的速度投影到显示器上，使人眼认为它是连续不间断地运动着的。电影播放的帧率大约是每秒 24 帧。数字视频能使多媒体作品变得更加生动、完美，而其制作难度一般低于动画创作。

未经过压缩的数字视频文件是非常大的（参见例 4.1），极大地妨碍了人们的使用，因此，压缩是必然的选择。如何压缩将在后面章节中进行介绍。

【例 4.1】 试计算 2 分钟 NTSC 制式，120×90 像素分辨率，24 位真彩色数字视频的不压缩的数据量。

未压缩视频文件的每秒数据量的计算公式如下：

$$每秒数据量=\frac{（视频水平方向分辨率×视频垂直方向分辨率×颜色深度×帧率）}{8}B/s$$

根据上述公式可计算得到 2 分钟该视频文件的实际数据量为：

$$实际数据量=\frac{2×60×(120×90×24×30)}{8×(1024×1024)}≈111.24MB$$

2．模拟视频的数字化

模拟视频的数字化存在不少技术问题，如：电视信号具有不同的制式而且采用复合的 YUV 信号方式，而计算机工作在 RGB 空间；电视机是隔行扫描的，而计算机显示器大多逐行扫描；电视图像的分辨率与显示器的分辨率也不尽相同等。因此，模拟视频的数字化主要包括色彩空间的转换、光栅扫描的转换及分辨率的统一。

模拟视频一般采用分量数字化方式，先把复合视频信号中的亮度和色度分离，得到 YUV 或 YIQ 分量，然后用三个 A/D 转换器对三个分量分别进行数字化，最后再转换成 RGB 空间。

（1）数字视频的采样格式

根据电视信号的特征，亮度信号的带宽是色度信号带宽的 2 倍。因此，其数字化时可采用幅色采样法，即对信号的色差分量的采样率低于对亮度分量的采样率。用 $Y:U:V$ 来表示 YUV 三分量的采样比例，则数字视频的采样格式分别有 4∶1∶1、4∶2∶2 和 4∶4∶4 三种。电视图像既是空间的函数，也是时间的函数，而且又是隔行扫描，所以其采样方式比扫描仪扫描图像的方式要复杂得多。分量采样时采集到的是隔行样本点，要把隔行样本组合成逐行样本，然后进行样本点的量化，以及 YUV 到 RGB 色彩空间的转换等，最后才能得到数字视频数据。

（2）数字视频标准

为了在 PAL、NTSC 和 SECAM 制式之间确定共同的数字化参数，国家无线电咨询委员会（CCIR）制定了广播级质量的数字电视编码标准，称为 CCIR 601 标准。在该标准中，对采样频率、采样结构、色彩空间转换等都进行了严格的规定。

① 采样频率为 f_s =13.5MHz。

② 分辨率与帧率见表 4.3。

表 4.3　不同制式的视频标准

电 视 制 式	分 辨 率	帧 率
NTSC	640×480	30
PAL、SECAM	768×576	25

③ 根据 f_s 的采样频率，在不同的采样格式下计算出数字视频的数据量，见表 4.4。

表 4.4 不同采样格式下的数据量

采样格式（$Y:U:V$）	数据量（Mb/s）
4:2:2	27
4:4:4	40

这种未压缩的数字视频数据量对于目前的计算机和网络来说，无论存储或传输都是不现实的，因此在多媒体中应用数字视频的关键问题是数字视频的压缩技术。

（3）视频序列的 SMPTE 编码表示

通常用时间码来识别和记录视频数据流中的每一帧，从一段视频的起始帧到终止帧，其间的每一帧都有一个唯一的时间码地址。根据动画和电视工程师协会 SMPTE（Society of Motion Picture and Television Engineers）使用的时间码标准，其格式是：小时:分钟:秒:帧，（hours:minutes:seconds:frames）。一段长度为 00:02:31:15 的视频片段的播放时间为 2 分 31 秒 15 帧，如果以每秒 30 帧的速率播放，则播放时间为 2 分 31.5 秒。

根据电影、录像和电视行业中使用的帧率的不同，各有其对应的 SMPTE 标准。由于技术的原因，NTSC 制式实际使用的帧率是 29.97fps（帧/秒）而不是 30fps，因此在时间码与实际播放时间之间有 0.1%的误差。为了解决这个误差问题，设计出丢帧（Drop-frame）格式，也就是说，在播放时，每分要丢 2 帧（实际上是有 2 帧不显示而不是从文件中删除），这样可以保证时间码与实际播放时间的一致。与丢帧格式对应的是不丢帧（Nondrop-frame）格式，它忽略时间码与实际播放帧之间的误差。

4.3.3 常用视频文件

1. 常用的视频格式

视频格式又分为影像格式（Video Format）和流格式（Stream Video format）：MPEG（Motion Picture Experts Group）和 AVI（Audio Video Interleaved）是常见的影像格式，而 RM、MOV（Movie digital video technology）、ASF（Advanced Streaming Format）和 WMV 是常见的流格式。接下来详细介绍这几种视频文件格式。

（1）MPEG 格式

MPEG 格式是运动图像压缩算法的国际标准，它采用有损压缩方法减少运动图像中的冗余信息，同时保证每秒 30 帧的图像动态刷新率，已被几乎所有的计算机平台共同支持。MPEG 标准包括 MPEG 视频、MPEG 音频和 MPEG 系统（视频、音频同步）三个部分，MP3 音频档就是 MPEG 音频的一个典型应用，视频方面则包括 MPEG-1、MPEG-2 和 MPEG-4，而 Video CD（VCD）、Super VCD（SVCD）、DVD（Digital Versatile Disk）则是全面采用 MPEG 技术所产生出来的新型消费类电子产品。

MPEG 压缩标准是针对运动图像而设计的，其基本原理是：在单位时间内采集并保存第一帧信息，然后只存储其余帧相对第一帧发生变化的部分，从而达到压缩的目的。它主要采用两个基本压缩技术：运动补偿技术（预测编码和插补码）实现时间上的压缩，变换域（离散余弦变换 DCT）压缩技术实现空间上的压缩。MPEG 的平均压缩比为 50:1，最高可达 200:1，压缩效率非常高，同时图像和音响的质量也非常好，并且在 PC 上有统一的标准格式，兼容性相当好。

MPEG-1 被广泛应用在 VCD 的制作和一些视频片段下载方面，几乎所有 VCD 都是使用 MPEG-1 格式压缩的（如*.dat 格式的文件）。

MPEG-2 则应用在 DVD 的制作（如*.vob 格式的文件）方面，同时也在一些 HDTV 高清晰电视广播和高要求视频编辑、处理方面有相当的应用。其图像质量是 MPEG-1 所无法比拟的。

MPEG-4 标准主要应用于可视电话（videophone）、可视电子邮件和电子新闻等，其传输速率要求较低，在 4800～64 000b/s 之间，分辨率为 176×144 像素。MPEG-4 利用很窄的带宽，通过帧重建技术压缩和传输数据，力求以最少的数据获得最佳的图像质量。与 MPEG-1 和 MPEG-2 相比，MPEG-4 的特点使其更适于交互 AV 服务及远程监控。

（2）AVI 格式

AVI 是 1992 年 Microsoft 公司推出的 AVI 技术标准。它是一种音、视频交插记录的数字视频格式。AVI 格式允许视频和音频交错在一起同步播放，支持 256 色和 RLE 压缩，但 AVI 格式并未限定压缩标准，因此，AVI 格式只是作为控制接口上的标准，不具有兼容性，用不同压缩算法生成的 AVI 文件，必须使用相应的解压缩算法才能播放出来。

AVI 格式的优点是它采用帧内压缩编码，使得图像清晰，易于编辑软件对其编辑；缺点是所需存储空间较大。也正因为这一点，才有了 MPEG-1 和 MPEG-4 的诞生。根据不同的应用要求，AVI 的分辨率可以随意调整。窗口越大，文件的数据量也就越大。降低分辨率可以大幅减低它的体积，但图像质量就必然受损。与 MPEG-2 格式文件体积差不多的情况下，AVI 格式的视频质量比 MPEG-2 格式要差不少，但制作起来对计算机的配置要求不高，因此经常有人先录制好了 AVI 格式的视频，再转换为其他格式。

AVI 文件目前主要应用在多媒体光盘上，用来保存电影、电视等各种影像信息，有时也出现在 Internet 上，供用户下载、欣赏新影片的精彩片段。

（3）RM 格式

RealVideo 是 Real Networks 公司开发的一种新型流式视频文件格式，主要用来在低速率的广域网上实时传输活动视频影像，可以根据网络数据传输速率的不同而采用不同的压缩比率，从而实现影像数据的实时传送和实时播放。它是 Real 公司对多媒体世界的一大贡献，也是对在线影视推广的贡献。

RealVideo 除了可以以普通的视频文件形式播放之外，还可以与 RealServer 服务器相配合实现实时播放，即先从服务器中下载一部分视频文件，形成视频流缓冲区后实时播放，同时继续下载，为接下来的播放做好准备。这种"边传边播"的方法避免了用户必须等待整个文件从 Internet 上全部下载完毕才能观看的缺点，因而特别适合在线观看影视。

RM 是主要用于在低速率的网上实时传输视频的压缩格式，它同样具有体积小而又比较清晰的特点。RM 文件的大小完全取决于制作时选择的压缩率，这也是为什么有时我们会看到 1 小时的影像大小有的只有 200MB，而有的却有 500MB 之多。

（4）ASF 和 WMV 格式

ASF 和 WMV 分别是以.asf 和.wmv 为后缀名的视频文件，是针对 RM 文档的缺点而提出的。ASF 是一个可以在网络上实时观赏的"视频流"格式。WMV 格式，也是一种独立于编码方式的在 Internet 上实时传播多媒体的技术标准。它们的共同特点是采用 MPEG-4 压缩算法，所以压缩率和图像的质量都很不错（只比 VCD 差一点点，优于 RM 格式）。与绝大多数的视频格式一样，画面质量同文件尺寸成正比关系。也就是说，画质越好，文件越大；相反，文件越小，画质就越差。在制作 ASF 档时，推荐采用 320×240 像素的分辨率和 30 帧/秒的帧速，可以兼顾到清晰度和文件体积，这时的 2 小时影像大小约为 1GB 左右。

（5）MOV 格式

QuickTime（MOV）是 Apple（苹果）公司创立的一种音频和视频文件格式，用于保存音频和视频信息，具有先进的视频和音频功能，被包括 Apple Mac OS、Microsoft Windows 95/98/NT 在内的所有主流计算机平台支持。

QuickTime 文件格式支持 25 位元彩色，支持 RLE、JPEG 等领先的集成压缩技术，提供 150 多种视频效果，并配有提供了 200 多种 MIDI 兼容音响和设备的声音装置。新版的 QuickTime 进一步扩展了原有功能，包含了基于 Internet 应用的关键特性，能够通过 Internet 提供实时的数字化信息流、工作流与文件回放功能。此外，QuickTime 还采用了一种称为 QuickTime VR（简称 QTVR）技术的虚拟现实（Virtual Reality，VR）技术，用户通过鼠标或键盘的交互式控制，可以观察某一地点周围 360°的景象，或者从空间任何角度观察某一物体。

QuickTime 以其领先的多媒体技术和跨平台特性、较小的存储空间要求、技术细节的独立性及系统的高度开放性，得到业界的广泛认可，目前已成为数字媒体软件技术领域的事实上的工业标准。而采用了有损压缩方式的 MOV 格式，画面效果较 AVI 格式要稍微好一些。

（6）DivX 格式（DVDrip）

DivX 视频编码技术是由 MPEG-4 修改而来的，它使用 MPEG-4 技术压缩视频图像，使用 MP3 或 AC3 技术压缩音频。DivX 视频编码技术可以说是针对 DVD 而产生的，同时它也是为了打破 ASF 的种种约束而发展起来的。而且，播放这种编码，对机器的要求也不高，只要 CPU 300MHz 以上、64MB 的内存和 4MB 显存的显卡，就可以流畅地播放了。

（7）RMVB 格式

RMVB 格式是由 RM 视频格式升级而延伸出的新型视频格式，利用平均压缩采样，在保证压缩比的基础上，提高了运动画面质量。与 DVDrip 格式相比，RMVB 视频格式文件小，并具有内置字幕和无须外挂插件支持等优点。

2．常用的视频编辑软件

上面介绍了常用的一些视频文件格式，要想得到这些视频文件，就要用到视频编辑软件。影视制作与计算机技术的联姻是电影发展史上的一座里程碑。数字化的视频编辑技术不仅让人们体验到了前所未有的视觉冲击效果，也为人们的日常生活带来了无穷的乐趣。随着 PC 和数码摄像机的普及，数字视频编辑正在褪去神秘的光环。其实，充分利用数码相机、摄像机、视频采集卡或者数码化的视频文件素材，再配合一套视频编辑软件，差不多任何一台计算机都可以制作出完美的视频作品。数字视频的编辑和制作已经开始慢慢融入人们的日常生活。

目前，在 PC 平台上流行的视频编辑软件有微软公司的 Windows Movie Maker、Adobe 公司的 Adobe Premiere、Ulead 公司的 Ulead Video Studio，以及 Pinnacle 公司的 Pinnacle Studio 8 和 Pinnacle Edition。其中，Windows Movie Maker、Ulead Video Studio 和 Pinnacle Studio 定位于普通家庭用户，Adobe Premiere 和 Pinnacle Edition 定位于中高端商业用户。还有其他很

多视频编辑软件，下面就简单介绍几种常用的视频编辑软件。

（1）Adobe Premiere

Adobe 公司推出的基于非线性编辑设备的视/音频编辑软件 Premiere 已经在影视制作领域取得了巨大的成功。现在被广泛地应用于电视台、广告制作、电影剪辑等领域，成为 PC 和 Mac 平台上应用最为广泛的视频编辑软件。

将 Premiere 7.0 与 Adobe 公司的 After Effects 5 配合使用，可使二者发挥最大功能。After Effects 是 Premiere 的自然延伸，主要用于将静止的图像推向视频、声音综合编辑的新境界。它集创建、编辑、模拟、合成动画及视频于一体，综合了影像、声音及视频的文档格式，可以说，在掌握了一定的技能的情况下，想得到的东西都能够实现。

（2）Ulead Media Studio Pro

Ulead 公司开发的多媒体影视制作软件 Media Studio Pro（最新版本为 7.0 版）涵盖了视频编辑、影片特效、二维动画制作等功能，是一套整合性完备、面面俱到的套餐式视频编辑软件。它集成了五大功能模块，即 Video Editor（视频编辑器）、Audio Editor（音效编辑器）、CG Infinity（标题生成器）、Video Paint（视频画板）和 Video Capture（视频捕获器），可以轻松对视频、音频进行捕获、编辑及输出。其独特之处在于 Video Paint，可以对视频片段中任一帧或者连续帧进行画面处理，而且它内置了 MPEG 编码器，可以不需借助任何插件轻松制作 VCD 影片。

① 视频编辑器：Video Editor 是 Media Studio Pro 中最强大的视频处理模块。它可以为视频片段加上视频滤镜、音频滤镜及设计转场方式，可以用路径工具使画面或字幕动起来，可以把多重片段进行各种叠加，可以制作漂亮的字幕等。即使没有 Media Studio Pro 的其他模块，Video Editor 也能独立工作，并且它可以把 CG Infinity、Video Paint 中生成好的项目直接拖放到工作区中进行多种方式的编辑和合并。

它和 Premiere 一样，也采用缩略图的形式显示视频和音频，在时间轴中对视频和音频的长度、定位点进行直观的显示，也能预览处理后的图像效果和音频。所以，熟悉 Premiere 的人应该能够很快接受 Video Editor 的接口设置。

② 标题生成器：CG Infinity 是一套基于向量的二维平面动画制作软件，主要用来制作标题字幕。它的功能非常强大，提供了大量的简单图形、字符风格及运动方式等，方便用户运用这些现成的模式制作出漂亮的效果。例如，移动路径工具、对象样式面板、色彩特性、阴影特色等。除了制作字幕，在 CG Infinity 中，还可以处理画面。因为它提供了功能强大的绘图工具和图形渲染工具。

③ 视频画板：Video Paint 的使用流程和一般二维软件非常类似，它是一个创作与修改型的工具，能对视频中的每一帧进行创作和加工，使视频效果达到一种亦真亦幻的效果。它提供大量的绘图工具和修改工具，可以对源图像随心所欲地进行加工。而且，它有超级复制命令，能对多帧图像进行编辑，大大方便了视频图像的加工处理。

④ 音频编辑器：Audio Editor 主要用于对音频进行各种处理和编辑。

⑤ 视频捕捉器：Video Capture 担任视频采集的任务。

（3）Ulead Video Studio（绘声绘影）

Media Studio Pro 虽然功能比较强大，但它太过专业，上手比较难。而 Ulead 的另一套编辑软件——绘声绘影，是完全针对家庭娱乐、个人纪录片制作开发的简便型视频编辑软件，非常适合家庭或个人使用。

绘声绘影共分为"开始→捕获→故事板→效果→覆叠→标题→音频→完成"8 大步骤，并提供在线帮助文档，从而能快速学习每一个流程的操作方法。它提供了 12 类 114 个转场效果，可以用拖曳的方式应用，并且每个效果都可以做进一步的控制。另外还具有字幕、旁白或动态标题的文字编辑功能。绘声绘影提供了多种输出方式，它可输出传统的多媒体电影文件，如 AVI、FLC 动画、MPEG 电影文档，也可将制作完成的视频嵌入贺卡，生成一个.exe 可执行文件。通过内置的 Internet 发送功能，可以将做好的视频通过电子邮件发送出去或者自动将它作为网页发布。如果有相关的视频捕获卡还可将 MPEG 电影文档转录到家用录像带上。

（4）Ulead DVD PictureShow（Ulead DVD 拍拍烧）

Ulead DVD PictureShow 是 Ulead 公司最新推出的 DVD/VCD 相册制作软件，该软件可以让用户将图像制作成电子相册在电视上播放并刻录在 CD 和 DVD 上。它具有以下一些特点。

DVD 拍拍烧可以创建分辨率达 704×576 像素的 DVD 质量的电子相册，并允许在一张光盘中加入多达 30 个相册（每个相册 36 张相片）；通过简易的、向导式的工作流程，拖放相片自由排序和随取即用的菜单模板，可以轻松创建个性化的电子相册；制作出来的电子相册与大多数的家用 VCD/DVD 播放机兼容，可在任何地方播放自带音乐和自定义背景菜单的精彩电子相册。

（5）Ulead DVD MovieFactory（Ulead DVD 制片家）

Ulead DVD 制片家是针对那些希望得到简单实用、快捷方便的高质量保存和分享解决方案的家庭和商业用户而设计的。它具备简单的向导式制作流程，可以快速将用户的影片刻录到 VCD 或 DVD 上。内置的 DV-to-MPEG 技术可以直接把视频捕获为 MPEG 格式，然后马上进行 VCD/DVD 光盘的刻录。成批转换功能可以不受视频格式的限制。它还包含了一个简单的视频编辑模块，让用户对影片进行快速剪裁。制作有趣的场景选择菜单可以为用户的 DVD 增加互动性，支持多层菜单，可以选择预制的专业化模板或用自己的相片作为背景。最终可以将您的影片刻录到 DVD、VCD 或 SVCD 上，在家用 DVD/VCD 播放机或计算机上欣赏。

（6）Windows Movie Maker

Windows Movie Maker（简称 WMM），是 Windows XP 的一个标准组件，其功能是将用户自己录制的视频素材，经过剪辑、配音等编辑加工，制作成富有艺术魅力的个人电影。它也可以将大量照片，进行巧妙的编排，配上背景音乐，还可以加上自己录制的解说词和一些精巧特技，加工制作成电影式的电子相册。而 Windows Movie Maker 最大的特点就是操作简单，使用方便，并且用它制作的电影体积小巧，非常适合通过 E-mail 发送给亲朋好友，或者上传到网络上供大家下载观看。

小结

本章针对多媒体视频技术进行了探讨，主要讲述了彩色形成的三基色原理，以及 RGB、HSV、HUV、YC_bC_r 等颜色空间及其转换方法；然后，对静态图像和动态视频的基本概念及常见的文件格式进行了阐述；最后，针对数字视频技术进行了讨论。通过本章的学习，人们可以对计算机内色彩的形成过程有个深入的认识，同时对图形、图像及视频等多媒体元素的基本原理，以及文件格式也有所了解。

习题与思考题

1. 什么是三基色原理？

2. 常用的色彩空间有哪些？分别用于什么用途？

3. 图像文件的容量指的是什么？如何计算？

4. 全动画与半动画的区别是什么？

5. 常用的动画文件格式有哪些？

6. 视频与动画的区别是什么？

7. 阐述矢量图形与位图图像的区别？

8. 在多媒体系统中，由于涉及大量的声音、图像甚至影像视频，数据量是巨大和惊人的。一幅中等分辨率的图像（分辨率为 640×480 像素，256 色）需多少 MB 存储空间？而一幅同样分辨率的真彩图像（24 位真彩色），又需多少 MB 存储空间？

9. 下列处理功能中哪些是对静态图像的处理技术？

（1）旋转　　（2）录音　　（3）浮雕效应　　（4）斜体字

第 5 章 多媒体数据压缩技术

本章知识点

- 了解多媒体数据压缩的必要性和可能性
- 掌握数据冗余的概念和冗余的种类
- 了解多媒体数据压缩编码的内涵
- 掌握霍夫曼（Huffman）编码的原理和方法
- 了解多媒体数据压缩编码的国际标准

多媒体数据的一个重要特征就是数字化后的信息量巨大，从而带来了如何存储、如何传输、如何保证计算速度等问题，实际上这些问题已经成为人们有效获取和利用多媒体数据的瓶颈问题。在目前数据存储技术、网络传输技术和计算机计算速度的发展水平上，数据压缩技术仍然是解决上述问题的最佳选择。

本章首先介绍多媒体数据为什么需要压缩，然后阐述为什么能够压缩，最后介绍常用的压缩编码方法及标准。建议本章 4 学时，重点讲述 5.1 节、5.3 节，而对 5.2 节、5.4 节中的部分内容灵活掌握，可以略讲。由于多媒体压缩技术涉及高深的现代数学思想和艰深的推导过程，因此本书不能详细阐述这些过程，建议学生课后查阅相关技术文献。

5.1 多媒体数据压缩的必要性和可能性

5.1.1 必要性

多媒体数据包含文字、数字、图形、图像、动画、音频及视频等各种单媒体。如果计算机要处理这些媒体数据，必须先进行离散化处理，也就是说，将这些数据转换成计算机能够处理的 0、1 序列编码，这就是前面第 3、4 章介绍的数字化技术。然而，数字化后的数据量又如何呢？这是多媒体技术推广应用时必须考虑的一个问题。下面就以文本、图像、视频、音频等为例进行介绍。

1. 文本

假设显示分辨率为 800×600 像素，屏幕上的字符采用 16 点阵，每个字符占 4B，则显示一满屏字符需要的存储空间为：

$$(800/16) \times (600/16) \times 4/1024 \approx 7.3\text{KB}$$

2. 图像

假设存在一幅显示分辨率为 1024×768 像素、由 24 位真彩色构成的图像，则未经压缩的满屏显示这幅图像所需要的存储空间为：

$$(1024×768×24) / (8×1024)=2.25MB$$

又如，有一个监测卫星，采集到上述分辨率的图像，采用 4 波段，按照每天 30 幅的频率发送回总部，则可以计算出未经压缩的每天的数据量所占用的存储空间为：

$$2.25×4×30=270MB$$

而 1 年的数据量就为：

$$270×365≈96GB$$

如果需要提高监测质量，要求达到分辨率 2340×3240 像素，则 1 天的数据量剧增为 20 GB，1 年的数据量剧增为 7300 GB。

3．视频

假设有一段 1 分钟的 24 位真彩色、320×240 像素分辨率、25 帧/秒的 PAL 制式的电视节目信号，根据下式：

$$视频数据量= (行分辨率×列分辨率×颜色深度×频率) / 8B/s$$

可以计算出未经压缩的 1 分钟电视节目所占用的存储空间为：

$$(320×240×24×25) × 60 / 8≈329.6MB$$

如果采用 CD-ROM 光盘存储，650/329.6≈2，1 张光盘只能存储约 2 分钟的电视节目。

4．音频

假设有一段 1 分钟立体声音频，采样频率为 22.05kHz，采样精度为 8 位，根据式（3.1），可以计算出未经压缩的此音频所占用的存储空间为：

$$60×(22.05×1000×8×2) /8≈2.5MB$$

由上述例子不难看出，未经压缩的多媒体数据量是多么巨大。如果不对如此巨大的数据量进行压缩处理，无疑将给存储器的存储、网络的传输、数据的携带和计算机的计算速度等带来极大的压力。在多媒体技术发展初期，面对如此巨大的数据流，受当时（20 世纪 80 年代末期）总线速度和外围设备传输数据速度的限制，一般计算机几乎无法对这些多媒体进行存取、计算、传递处理。这是多媒体技术发展过程中非常棘手的难题，也是必须要解决的问题，否则将极大影响多媒体技术的推广应用。

解决这一问题，如果单纯依靠扩大存储器的容量、增加网络带宽和传输速度及提高计算机的计算速度等，在目前技术条件下，想有数量级的改变，这是不切合实际的。而数据压缩技术却是一个可行的解决途径，这是因为，经过压缩处理后的多媒体数据的数据量降低，以压缩形式存储、传输、携带，既节约存储空间，降低对通信带宽的要求，还能使计算机实时播放多媒体数据成为可能。因此，压缩是必须的，但压缩是否可行呢？这个问题留待下节讲述。

5.1.2 可能性

压缩不仅必要，而且也是可行的。分析多媒体声音、文字、图形及视频等单媒体，可以发现它们之中存在极强的相关性，同时还可以根据人的感知生理、心理规律，利用人对某些数据或属性的不敏感性进行压缩。具体说明如下。

1. 人类不敏感的因素

就是利用人的感知生理、心理规律，实现多媒体数据的压缩。例如，人类的听觉系统对超声波、亚声波是感觉不出来的，因此除去这些数据就实现了压缩，而且解压再现时人类也感觉不出这些变化。又如人类的眼睛对颜色的分辨，不可能达到真彩色 224=16 777 216 种颜色，因此除去那些人眼不敏感的数据也能实现压缩，且解压再现时人眼觉察不出这些变化。所以说，针对人类感觉系统对多媒体数据中存在不敏感的信息这样的事实，采取除去这些不敏感信息的方法可以实现压缩，降低数据量。

2. 数据冗余

由于多媒体数据存在极强的相关性，实际上这个相关性就是冗余信息。所谓冗余信息，是指信息中包含的多余的无用的信息，其刻画多余程度的度量叫冗余度。实际上，在多媒体数据中，信息量 I、数据量 D 和冗余量 r 三者之间存在如下关系：

$$D = I + r \tag{5.1}$$

下面举例说明。例如，录制 1 个人的讲话，讲话速度为 100 字/分，计算机内通常用 2B 存储 1 个汉字，显然此人 1 分钟的讲稿存储在计算机中仅需要 200B（约 2Kb）的空间，但是，如果采样频率 8kHz、以 8B 为采样精度，那么，此人 1 分钟的讲话录音需要的数据量就为：

$$8 \times 1000 \times 8 \times 60 \div 8 = 480\ 000 \approx 468\text{Kb}$$

比较一下两个数据量的差别，相差 2300 多倍，两者表现的内容是相同的，但是音频信号中的数据量冗余现象就特别严重。

数据压缩就是将这些数据中存在的巨大冗余信息去掉（即去除数据之间的相关性），保留相对独立的分量。例如，静态图像的像素点在空间域中的灰度和色差值，除了边界轮廓外，变化都是缓慢的，比如一幅人头像，背景、人脸、头发等处的灰度、颜色都是平缓改变的，且相邻像素点的灰度和色差都比较接近，也就是具有极强相关性，如果直接采用采样数据来表示灰度和色差，将产生较大冗余。而运动图像的相邻帧之间，常常只有 1%左右的像素点存在色差变化，而灰度值几乎就没有改变，也就是说，相邻帧之间的灰度和色差具有极强的相关性，那么，如果去除这些相关性，在传输或存储时，只需要那些变化部分信息，而其他信息可由邻帧推导出来，显然，这样的处理可以极大降低数据量，这就实现了压缩。

以上简单的事例说明，声音源数据、静态和动态图像数据都存在极强的相关性，也就是存在大量冗余信息。数据压缩的实质就是去掉这些冗余信息，减少各种相关性。因此，研究多媒体数据存在的关联性种类，也即是冗余种类，就是研究压缩数据前需要首先解决的问题之一。通过深入的研究知道，多媒体数据中存在冗余，且冗余种类也是多种多样的，但归纳起来主要有如下 6 种类型。

① 空间冗余。即规则物体的表面存在物理的相关性的冗余。例如，以墙壁为背景的一幅挂图，显然白色墙壁的颜色是相同的，从统计角度来看是冗余的。

② 时间冗余。在时间序列中，相邻图像之间存在部分变化，也存在相当部分没有变化，这没有变化的部分就称为时间冗余。例如，一段视频或动画的前后画面，这些画面之间就存在极大的相关性，其中许多景物、画面变化不大，相邻图像之间的数据重复现象严重，表现出极强的时间冗余。

③ 结构冗余。即多媒体数据中存在大范围的相同，或相近，或规则有序的结构的冗余。例如，以鼠标图案作为基元，采用行列规则排列的背景图像，产生的冗余就是结构冗余。实际上处理此图像时，只需要处理鼠标基元，其余部分采用坐标描述即可。这样获得的数据量将极大减少，而图像的质量损失却不大。

④ 视觉冗余。指人类视觉不敏感的图像的微小颜色变化或亮度层次细微变化所产生的冗余。比如，人类的眼睛一般只能识别 2^6 种灰度级别的图像，而普通的一幅图像却具有 2^8 灰度等级，显然，人类的眼睛对其中许多种灰度色彩是无法辨别的，因此采用 2^8 灰度等级来描述图像，是存在较大视觉冗余的。

⑤ 知识冗余。指凭借经验、知识就可以识别对象，无须进行全面的比较和鉴别。例如，在人脸的识别中，对图像的理解就与一些具体的知识密切相关，因为人脸有固定的结构，有鼻、眼、嘴及口等，并且这些器官也是有规则的，因此就可以按照这些器官的特点建立一些特征图像库，从而在保存人脸图像时就只保存一些特征参数，这样可以极大减少数据量。

⑥ 其他冗余。指除了前面讲述的若干冗余外的冗余，这主要是指多媒体数据存在的非定常特性而产生的冗余。实际上，随着人类对多媒体数据的深入研究，会发现更多的冗余种类，从而推动压缩技术的进一步发展。

综上所述，由于多媒体数据中存在多种冗余，且去除这些冗余也是可行的，从而为多媒体数据的压缩提供了实现的可能性。

5.1.3 压缩编码方法的分类

去除多媒体中的冗余是可行的，也就是说，实现多媒体数据的压缩是可能的，但是，如何实现压缩呢？这个问题的答案就是下面开始介绍的多媒体数据压缩方法。

多媒体数据压缩方法的本质是算法，即在多媒体数据的源码和编码后的码字（也称目标码）之间建立了一个映射。如果采用了不同的映射，就是采用了不同的算法，其结果就是产生了不同形式的压缩编码。所以，常常也将多媒体数据压缩方法称为多媒体数据压缩算法，或多媒体数据压缩编码方法，有时也分别简称为压缩方法、压缩算法及压缩编码方法。多媒体压缩技术就是指以多媒体压缩编码方法为核心，和实现这些方法的硬件或软件及其相关技术。本书重点介绍压缩编码方法，而对实现这些方法的大规模集成电路等硬件或软件技术，就不进行介绍，需要了解这些内容的读者，可以翻阅相关书籍。

衡量一种压缩编码方法的优劣主要有如下指标：压缩比，压缩算法实现复杂程度，压缩和解压缩速度，解压后恢复的效果。显然，一个优秀的压缩编码方法要尽量达到压缩比高，压缩算法实现简单，压缩和解压缩速度快，并尽可能达到实时解压，解压后的恢复效果好，尽可能地恢复原始数据。但要全部达到或实现上述目标，是比较困难的，有时甚至是不可能的，因此，常常需要权衡其中各种因素，进行取舍。

经过几十年的多媒体数据的压缩研究，已经产生了各种各样针对不同用途的压缩算法、压缩手段，并逐渐趋于成熟，走向市场和应用。按照不同的分类方法，也可以将多媒体压缩编码方法划分成不同的类。例如，从基本原理来划分，压缩编码方法可以分为基于像素或波形的编码方法和依赖于对人类感知特性的研究的压缩编码方法两大类。又如，按照压缩后的质量是否存在损失来划分，压缩编码方法可以分为有损压缩编码和无损压缩编码。如图 5.1 所示为这种分类方法的简图。

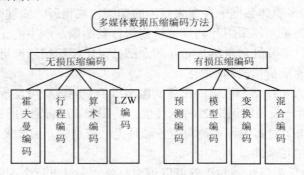

图 5.1　常用压缩编码方法的分类图

1．无损压缩编码

无损压缩编码，也称熵编码，是指使用压缩后的数据进行还原后，得到的数据与原数据完全相同，不存在数据丢失的压缩编码。无损压缩编码是可逆的。因此，无损压缩具有可逆性和可恢复性，不存在任何误差。

典型的无损压缩编码有霍夫曼编码、算术编码、行程编码、LZW（Lempel Ziv Welch）编码。其中，霍夫曼编码、算术编码、行程编码都属于统计编码。

统计编码就是利用信源符号出现的不等概率特点，给各信源符号以不同长度的编码，出现概率大的符号码字短，出现概率小的符号码字长，从而获得较低的平均码长。

无损压缩编码一般用于要求严格、不允许丢失数据的场合，如医疗诊断中的图像系统、卫星通信系统、传真及军事等应用领域。

2．有损压缩编码

有损压缩编码是指使用压缩后的数据进行还原后，得到的数据存在与原数据不同的地方，存在数据丢失的压缩编码。有损压缩编码是不可逆的。因此，有损压缩不具有可逆性和可恢复性，与原始数据存在误差。有损压缩编码主要有预测编码、变换编码、模型编码及混合编码等。

预测编码就是根据信号间具有强相关的特点，通过相邻信号预测信号的数值，存储预测误差或对预测误差进行处理，从而降低数据存储量。

变换编码就是把时域（如时间波形）和空域（如图像像素采样值）信号通过某种变换，变为另一个信号空间（如频域），以消除信号间的相关性，然后对变换后的信号进行处理。它包括离散余弦变换 DCT 和小波变换等。

模型编码就是通过对信号建立模型，抽取特性参数，只存储和传输这些参数。解码时根据同一模型，由这些参数重建原始信号数据。

混合编码是指使用两种以上的上述方法进行编码。大多数压缩编码国际标准都使用了多项压缩技术，一般属于混合编码。

5.2 量化

5.2.1 量化的原理

正如前面第 3、4 章所讲述的，数字视频和音频技术中实现 A/D 转换的关键是将时间上连续变化的模拟信号转变成时间上离散的数字信号。在这个转换过程中，主要包括采样、量化及编码三个步骤。其中，量化是指把某一幅度范围内的模拟信号用一个数字表示，而编码是指把量化数据写成计算机的数据格式，即二进制数格式。

在数据压缩编码中所指的量化，不是指上述 A/D 转换中的量化，而是指以均匀量化码（PCM）作为输入，经正交变换、差分或预测处理后，在熵编码之前，对正交变换系数、差分值或预测误差值的量化处理。

由于量化是在模拟信号到数字信号之间建立的映射，而模拟信号是连续的，数字信号是离散的，因此在这个离散化处理过程中，实质上是用有限的离散数字信号代替了无限的连续的模拟量，具体做法是将量化输出级设定为一个有限整数，即在多个或无限个量化输入值构成的集合 A 与单个或有限个量化输出值（即量化级）构成的集合 B 之间建立一个映射 f：

$$f: A=\{a_i|\ i=1,\ 2,\ \cdots,\ n\} \rightarrow B=\{b_j|j=1,\ 2,\ \cdots,\ m\} \tag{5.2}$$

显然，这个映射 f 是一个多对一的，是不可逆的，所以，在量化处理中必然存在信息的丢失，并且丢失的信息还是不可找回的，这样就产生了量化误差（也称量化噪声）。但不可否认的是，量化处理是降低数据比特率的一个强有力的技术手段，只要能控制量化误差，就能达到需要的压缩目标。所以说，如何降低量化误差就是量化需要研究的主要问题。

5.2.2 量化器的设计

量化器的设计主要就是围绕"如何降低量化误差"这个主要问题展开的。在数据压缩中，为了降低数据量，总是设法减少量化等级，而现实中为了更真实反映客观世界，又需要较多的量化级别，因此，在量化器的设计中总是会出现如下需求。

① 给定量化分层级数，使量化误差最小。

② 限定量化误差，确定分层级数，达到尽量小的平均比特数的输出（即较少的输出数据量）。

显然，这是一对"矛盾"，不能同时满足这两个需求，在设计中只能根据不同需要，设计不同的量化器，并求得上述问题的折中处理。

量化的方法包括矢量量化方法和标量量化方法，其中标量量化方法又分为均匀量化、非均匀量化和自适应量化。

均匀量化是指将量化输入值的振幅进行等值均分，其优点是计算处理简单，缺点是量化误差大。非均匀量化就是将输入数据的振幅，按照其变化曲线的曲率大小进行不等值划分，其优点是量化误差大，缺点是计算处理复杂，需要较多的比特数。所谓自适应量化就是按照输入数据的变化曲线的局部区域的特点，自适应地修改和调整量化器的箱宽，其优点是量化误差小，缺点是计算处理复杂。

下面用一个图形来示意标量量化的过程。图 5.2 中的①是待量化的图像灰度差值函数的图像，此图像的灰度范围为 0～255，灰度差的范围为–255～255，因此此图像的一个输入就需要 $\log_2 512=9bit$。如果限定量化输出等级为 $n=8$，那么量化输出只需要 $\log_2 8=3bit$ 即可表示。

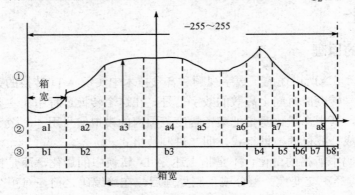

图 5.2　量化过程示意简图

图 5.2 中的②是按照 8 个等级绘制的一个等分量化器示意图，即均匀量化，图中的 a1，a2，…，a8 是 8 个等宽的量化箱，每个量化箱就用此箱的中心值作为其量化值，这样就把原图灰度差范围–255～255 用 8 个量化值代替了。

在图 5.2 中的①图形，其变化是不均匀的，因此如果采用上面的均匀量化方法，在量化等级不改变的情况下，其产生的量化误差将会比较大。如果不改变量化等级数 n，只是根据图像曲率变化的大小而适当调整各个箱宽 a_i 的宽度为 b_i，即采取非均匀量化方法进行量化，如图 5.2 中的③所示，这种方法产生的量化误差将比均匀量化方法产生的量化误差低。

上述非均匀量化方法尽管可以适当降低，但是调整箱宽是件麻烦的事情，并且其中人为因素比较大，因此采用自适应量化方法是一个比较好的选择。但是采用自适应量化方法的算法设计的硬件实现难度大，成本也高，因此在没有特别要求时，通常还是采用其他两种量化方法。

实际上，量化器的设计和量化特性的选择，也是数据压缩技术中的一个关键问题。因为量化是存在信息丢失的不可逆的过程，量化器设计的好坏，不仅影响到数据压缩的效率，量化误差对解压缩后的恢复图像的质量也有非常大的影响，如斜率过载、假轮廓现象等。当然，如果不考虑实现复杂性和难度，甚至成本的话，选择自适应量化器可以弥补上述缺点。

5.3　多媒体数据压缩编码方法

5.3.1　统计编码

在介绍统计编码方法之前，先介绍几个相关的概念。

1．信息量与熵

信息是可以度量的。在信息论中，一般采用熵作为测试信息多少的定量计量方法，是信息论的基础。熵概念最先在 1864 年首先由克劳修斯提出，并应用在热力学中，后来在 1948

年由克劳德·艾尔伍德·香农第一次引入到信息论中来。信息量的定义如下：

如果有一个信源 E 内存在 n 个事件（也称符号），定义 E={E_1, E_2, $\cdots$, E_n}，每个事件的概率分布 P = {p_1, p_2, $\cdots$, p_n}，则事件 E_i 信息量的比特数（bit）为：

$$H_{E_i} = -\log_2 p_i \tag{5.3}$$

显然，事件或符号 E_i 的比特数 H_{E_i} 就是 E_i 所需要的存储位数。例如，英语有 26 个字母，假如每个字母在文章中出现的频率相同，则每个字母需要的位数为：

$$H_E = -\log_2(1/26) \approx 4.7\text{bit}$$

又如，常用汉字有 2500 个，假如每个汉字在文章中出现的频率相同，则每个汉字需要的位数为：

$$H_E = -\log_2(1/2500) \approx 11.3\text{bit}$$

所谓熵就是信息量的度量方法，它表示某一事件出现的消息越多，时间发生的可能性，即概率就越大。在信息论中，对信源 S 的熵定义如下。假如信源 S 由 n 个符号组成，即：

$$S=\{s_i | i = 1, 2, \cdots, n\} \tag{5.4}$$

则信源 S 的熵为：

$$H(S) = \sum_{i=1}^{n} p_i \log_2(1/p_i) \tag{5.5}$$

式中，p_i 是符号 s_i 在信源 S 中出现的概率，$\log_2(1/p_i)$ 表示包含在 s_i 中的信息量，即符号 s_i 所需要的位数。

比如，一幅 256 色的图像，如果每一种颜色的概率为 1/256，则编码每一个像素点需要 8 位。

【例 5.1】 假设有一幅 40 个像素组成的灰度图像，灰度共有 5 级，分别用符号 a1、a2、a3、a4 和 a5 表示，40 个像素中出现灰度 a1 的像素有 15 个，出现灰度 a2 的像素有 7 个，出现灰度 a3 的像素有 7 个，出现灰度 a4 的像素有 6 个，出现灰度 a5 的像素有 5 个。如果用 3 位表示 5 个等级的灰度值，即每个像素采用 3 位表示，则编码这幅图像总共需要 120 位。试求此图像的熵？

解：按照熵的定义，设信源 S={a1, a2, a3, a4, a5}，则可得信源 S 的熵为：

$$H(S) = (15/40) \times \log_2(15/40) + (70/40) \times \log_2(7/40) + (70/40) \times$$
$$\log_2(7/40) + (60/40) \times \log_2(60/40) + (5/40) \times \log_2(5/40)$$
$$= 2.196$$

因此，这幅图像每个符号需要 2.196 位表示，40 个像素总共就需 87.84 位。

2. 统计编码概述

可以进行数学证明，按照式（5.5）计算的信源 S 的熵 $H(S)$，只有在信源符号 S_i 出现的概率相等时，即 $p_1 = p_2 = \cdots = p_n$，才达到最大值 $H(S)_{\max}$。即使信源符号 S_i 之间不存在相关性，

只要各信源符号 s_i 出现的概率不等，那么熵 $H(S)$ 必然小于最大值 $H(S)_{max}$，即有冗余信息的存在。既然有冗余信息存在，对这样的信源就可以采用一定的方法进行压缩。

统计编码就是根据消息出现概率的分布特性来实施压缩编码。这种编码的宗旨在于，在源码和压缩后的码字之间找到一一对应关系，以便在恢复时能够准确无误地恢复源码，或者至少是极相似地找到相当的一一对应关系，并把由此产生的失真或不对应概率控制在可容忍的范围内。所以，采用统计编码方法，无论采用什么具体手段，总是以达到平均码长或码率最低为主要目标。

统计编码方法中最常用的方法是变长码，这种码的原始思想可追溯到电报码及速记法中。例如，英文电报码中字母 e 是最常出现的，编码为 "."；而字母 q 是最少出现的，故编码为 "..--"。变长编码的源码与压缩后的码字之间是一一对应关系，因此，再现也是准确无误的。它在编译码的过程中并不损失任何信息，属于无损压缩法。

实际使用的变长码必须是唯一可译码。而且，对任意码字来说，它不能是其他码字的前缀，即必须是即时码（非延长码）。检验变长码是否是唯一可译的即时码，可以用码树图的方法。只要一个码组的所有码字都选在终节点上，且一个终节点只安排一个码字，即为唯一可译的即时码。如果有中间节点选作码字的，那么必然是延长码。

【例 5.2】 对信源数据 S，存在下列两种变长码 S_1 和 S_2。

信源符号 s_i	概率 p_i	S_1	S_2
s_1	1/2	0	0
s_2	1/4	10	01
s_3	1/8	110	011
s_4	1/8	111	0111

用码树图（见图 5.3）可检验出 S_1 为即时码，S_2 为延长码。显然 S_2 不适合实际应用，因为在它收到一个码字后可能无法译出，例如，收到串 011 是译成 s_1 还是 s_2 还是 s_3？

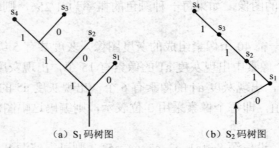

(a) S_1 码树图   (b) S_2 码树图

图 5.3 码树图

统计编码应用十分广泛，根据其具体编码手段的不同，它又有许多类型，常见的编码有霍夫曼编码、行程编码和算术编码。本节主要介绍前面两种编码方法。

3. 霍夫曼（Huffman）编码

1952 年 Huffman 提出了对统计独立信源能达到最小平均码长的编码方法，即后来的霍夫曼（Huffman）编码。霍夫曼编码是一种应用十分广泛的压缩算法，其理论依据是变字长编码理论。霍夫曼编码是无损压缩编码，属于统计类编码，具有即时性和唯一可译性。其编码的具体步骤如下：

① 对信源 S={s_1, s_2, …, s_n}的 n 个符号，分别计算其概率（一般为了计算简便，采用频率代替），求得 n 个不同的概率。

② 将 n 个概率按概率递减顺序排列。

③ 把 n 个概率中两个最小概率相加，并作为一个新符号的概率，构成 $n-1$ 个概率。

④ 重复步骤①、②直到概率和达到 1 为止（实际上进行 $n-2$ 次后，就可以得到只有两个概率的序列）。

⑤ 在每次合并概率时，将被合并的消息赋以 1 和 0 或 0 和 1。

⑥ 寻找从每个个信源符号到概率 1 处的路径，记录路径上的 1 和 0。

⑦ 对每个符号写出 1、0 序列（从码树的根到终节点）。

最后，获得了一棵用于编码和译码的**霍夫曼树**。

霍夫曼编码具有如下特点：

- 编码长度可变，压缩与解压缩较慢；
- 硬件实现困难；
- 编码效率取决于信号源的数据出现概率；
- 属于无损压缩。

它是一种不等长格式的编码方案。在各编码输入信息符号出现的频率不均匀的情况下，给输出码字分配不同的字长，如用最短的二进制位表示出现频率最高的码字，用较长的位表示出现频率低的码字，并且按照概率递减顺序排列，如此编码方案，可以进行数学推导证明。这样输出码字的平均码长最短，与信源熵值接近，编码方案最佳。

【例 5.3】信源 S 的 7 个信源符号及其概率分布如下：

信源符号	s_1	s_2	s_3	s_4	s_5	s_6	s_7
输入概率	0.35	0.2	0.15	0.1	0.1	0.7	0.3

说明至少需要多少位来表示此信源 S，构造信源 S 的霍夫曼树，并计算信源 S 的平均码长。

解：假设信源 S={s_1, s_2, s_3, s_4, s_5, s_6, s_7}，按照熵的定义可知，信源 S 至少需要多少位的数值实际就是信源 S 的熵值 $H(S)$，即：

$$-(0.35 \times \log_2 0.35 + 0.20 \times \log_2 0.20 + 0.15 \times \log_2 0.15 + (0.10 \times \log_2 0.10) \times 2 +$$
$$0.07 \times \log_2 0.07 + 0.03 \times \log_2 0.03) \approx 2.23$$

根据霍夫曼编码的定义，可以按照如图 5.4 所示的步骤构造出信源 S 的霍夫曼编码树（见图 5.5）。

首先，计算出概率和达到 1 的路径如图 5.4 所示：

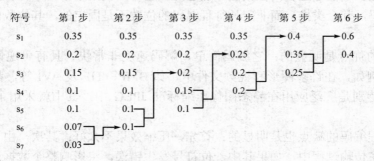

图 5.4 霍夫曼编码过程图

其次，绘制每个信源符号送到 1 的路径如图 5.5 所示：

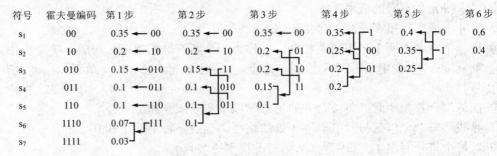

图 5.5　霍夫曼编码树

最后，根据霍夫曼树求得各信源符号的编码和码长见表 5.1。

表 5.1　霍夫曼树的编码和码长

信源符号	s_1	s_2	s_3	s_4	s_5	s_6	s_7
编　　码	00	10	010	011	110	1110	1111
码　　长	2	2	3	3	3	4	4

所以，根据平均码长的定义，可以计算出信源 S 的平均码长为：

$$(0.35+0.20)\times2 + (0.15+0.10+0.10)\times2 + (0.07+0.03)\times4= 2.55$$

从此例可知，信源 S 的平均码长 2.55 大于信源 S 的熵 $H(S)$（≈2.33），同时需要注意信源 S 的霍夫曼编码中短码不会构成长码的前缀，从而保证了压缩解码时的唯一性。

4．行程编码

行程编码（Run Length Coding，RLC 编码，也称游程编码）是一种十分简单的统计编码方法，属于无损压缩编码。其基本思想是：针对数据流中出现的行程（即由连续的重复符号串构成的一段连续的字符串），采用单一的符号值或重复符号串的长度代替这样的行程，从而使得符号长度少于原始字符串的长度。

例如，数据流 abacccbbaaaa 中，存在 3 个行程，可以用 aba3c2b4a 来代替原数据流，显然数据流的长度减少了 3。

行程编码可以分为定长行程编码和非定长行程编码两种类型。定长行程编码采用编码位数固定，当行程长度值超过编码位数能够表达的长度时，就采用下一个行程重新对剩余的部分行程进行编码，其余类推；而非定长行程编码的位数不是固定的，其位数由行程本身的长度来确定。

行程编码的优点是明显的：它编码简单、解码速度非常快、具有可逆性，因此，得到广泛的应用。例如，在许多图形和视频文件中，如 BMP、TIF 及 AVI 等，都使用了这种压缩编码方法。特别是广泛应用在静态图像压缩标准 JPEG 中，其中就采用了行程编码（5.4 节将介绍）。

但是，行程编码的缺点也是明显的：首先，压缩效果不太好；其次，由于行程编码是连续精确编码，在传输过程中，如果其中一位符号发生错误，将影响整个数据流，从而使行程编码无法还原。

5.3.2 预测编码

1. 预测编码的基本思想

预测编码是数据压缩理论的一个重要分支，属于有损压缩编码。该方法在图像数据压缩和语音信号的数据压缩中都得到了广泛的应用和研究。

预测编码的基本思想是：根据离散信号之间存在着一定关联性的特点，利用前面的一个或多个信号对下一个信号进行预测，然后对实际值和预测值的差值（预测误差）进行编码。如果预测比较准确，预测误差就会很小。这样一来，在同等精度要求的条件下，就可以用比较少的码位进行编码，达到压缩数据的目的。而解压缩时也使用同样的预测算法得到预测值，加上在压缩时保存的预测误差的差值，就可以计算出该点实际值。

为了说明预测编码的基本原理，下面举例说明。

【例 5.4】假设 $x(n)$ 是一段数字化波形声音采样序列值，且预测器的预测值为前一个样值，并假设 $\tilde{x}(0)=0$，即第一个点的预测初始值为 0，$\Delta(i)$（$i=0, 1, \cdots, 9$）为预测误差。试用预测编码方法对此波形进行压缩编码。

n	0	1	2	3	4	5	6	7	8	9
$x(n)$	5	6	7	6	6	7	8	8	9	9

解：由于预测器的预测值与采样值之间存在如下关系：

$$\tilde{x}(i) = x(i-1)\ (i=1, 2, \cdots, 9)，且 \tilde{x}(0) = 0 \qquad (5.6)$$

因此，预测误差 $\Delta(i) = x(i) - \tilde{x}(i)(i = 0,1,2\cdots,9)$，见表 5.2。

表 5.2　信源 S 的预测输出

n	0	1	2	3	4	5	6	7	8	9	码　位	说　　明
$x(n)$	5	6	7	6	6	7	8	8	9	9	4	源码
$\Delta(n)$	5	1	1	−1	0	1	1	0	1	0	2	预测误差
$\tilde{x}(n)$	0	5	6	7	6	6	7	8	8	9		预测器输出

式（5.6）是一个线性表达式，属于最简单的线性预测器。根据此预测器的初值 $\tilde{x}(0) = 0$ 和 $x(0) = \tilde{x}(0) + \Delta(0)$，可以很容易恢复源码 $x(0)=5$。同样的方法，可以计算出其他点的预测值，参见表 5.2。而在存储时，仅仅需要存储预测器，预测误差 $\Delta(i)(i = 0,1,\cdots,9)$ 和预测器的初始值 $\tilde{x}(0)$，显然存储源码值需要 4 位，而存储预测误差仅仅需要 2 位（不包含起始点，即其他位只需要 1 个符号位和 1 个数字位，共计 16 位，也即 2 字节），因此达到了数据压缩编码的目的。

从此例可知，采用预测编码压缩算法后，数据能否被压缩的关键是预测误差的差值很小。当然，如果预测非常准确，即预测误差几乎没有，那压缩的效果就非常明显。这个思想在完成计算机动画过程中被广泛使用，从而极大降低了计算机动画的存储数据量。这个实例的解答过程体现了预测编码的基本思想。

如果能够准确地预测作为时间函数的数据源的下一个输出将是什么，如例 5.4 中的式（5.6），或者数据源可以准确地用一个数学模型表示，输出数据总是和模型的输出保持一致，就可以准确地预测某个输出数据。然而，在现实生活中，构造出这样的预测或预测模型是非常困难的，甚至是不可能的，因为信号源是不可能满足或同时满足这两个条件的。因此，只能设计一个预测器，预测出一个样值，样值与实测值之间存在误差，但这个误差必须是可以控制的。

因为实际的信号模型非常复杂，而且是时变的，为了提高计算速度和减少复杂性，预测器通常设计成用前面的几个信号的样本值来预测下一个信号的样本值，而不会利用整个数据信源模型。

预测可以是线性预测（如例 5.4）或非线性预测，但绝大多数使用的是线性预测，这主要是因为基于线性预测的预测器设计结构简单，计算软件与硬件的实现性价比高。

线性预测的基本问题是：已知实际值和预测值之间差值的误差函数和一个时序样本值集合，然后对每一个样本值求出加权常数因子，以使建立在加权样本值线性和之上的预测能使误差函数最小。此处，通常采用的误差函数是均方误差（MSE）：

$$MSE = E[(S_0 - \tilde{S}_0)^2] \tag{5.7}$$

式中，E 是数学期望，S_0 是下一样值的实际值，$\tilde{S}_0$ 是下一样值的预测值。

上式只是一种常用的误差函数，在某些场合下可能其他的误差函数更适用。

预测编码中典型的压缩方法有差分脉冲编码调制算法（Differential Pulse Code Modulation，DPCM）和自适应差分脉冲编码调制算法（Adptiveself Differential Pulse Code Modulation，ADPCM）等，它们比较适用于声音和图像数据的压缩。其中，PCM 是未经压缩，直接进行量化的信号采样。因为在多媒体系统中，声、文、图、视频等多媒体信号的原始信号均为连续量，比较适合由采样得到，相邻样值之间的差不是很大，可以用较少的位数来表示差值。将连续的模拟量经过 A/D 变换后（其中包含离散化、数值化和量化等过程），得到二进制编码，这个过程就是所谓的 PCM（Pulse Code modulation）编码过程。

2．DPCM 预测编码

（1）DPCM 预测编码方法的分类

DPCM 预测编码主要应用于对图像像素的预测。DPCM 预测编码方法分为可逆的无失真的 DPCM 编码方法和不可逆的有失真的 DPCM 编码方法。

不可逆的有失真的 DPCM 编码是指：如果包含量化器，而量化器可能导致不可逆的信息损失，这时接收端经解码恢复出的灰度信号存在失真。可见，引入量化器会造成一定程度的信息损失，使图像质量受损。但是，为了压缩比特数，利用人眼的视觉特性，对图像信息丢失不易觉察的特点，带有量化器有失真的 DPCM 编码系统还是普遍被采用。

可逆的无失真的 DPCM 编码是指：如果不包含量化器，这时接收端经解码恢复出的灰度信号不存在失真。可逆的无失真的 DPCM 编码的基本工作原理图如图 5.6 所示。

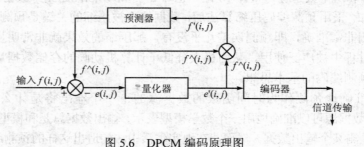

图 5.6　DPCM 编码原理图

图 5.6 中，$f(i,j)$ 表示输入信号，是时间 t_n 的样本采样值。

$f^\wedge(i,j)$ 表示预测值，是根据时间 t_n 时之前的采样值 $f_1(i,j)$，$f_2(i,j)$，$\cdots$，$f_{n-1}(i,j)$ 预测获得的。

$e(i,j)$ 是 $f(i,j)$ 和 $f'(i,j)$ 的差值。

$e'(i,j)$ 是 $e(i,j)$ 经过图中量化器量化后的输入信号。

图 5.6 中，量化误差

$$w_n(i,j) = f(i,j) - f'(i,j) = f(i,j) - (f'(i,j) + f'(i,j)) = (f(i,j) - f'(i,j)) - f'(i,j)$$
$$= e(i,j) - e'(i,j)$$

图 5.6 包括发送端和信道传输（也可以是文件存储）两个部分。发送端由编码器、量化器、预测器和加/减法器组成。这里的量化器不是指 A/D 变换后的量化，而是指把多个输入等级的一批输入量化到一个输出值上，以进一步压缩数据。信道传输用虚线表示，就是将获得的编码记录下来，并保存为文件，以备调用，如解压。由图 5.6 可见，DPCM 具有结构简单、容易由硬件实现的优点。

（2）预测器的设计

从前面的讨论可知，预测器的准确性对预测编码的压缩效果影响最大。理论上，应该采用线性或非线性的数学模型来设计预测器，以达到最佳效果。但实际上，这是非常困难甚至无法实现的。因此，DPCM 的预测器设计只能退一步采用准最佳设计，其基本思想就是，设法将预测误差控制在预期范围内。下面简单介绍这个设计思想。

假设信源 $S=\{s_i | i=1, 2, \cdots, n\}$ 不存在或不用量化器，那么信源 S 的预测输入与源码相等，即 $s_i = \tilde{s}_i$（$i=1,2,\cdots,n$）。

假设信源 S 采用如下的线性预测器，即采用前面样值 s_1，s_2，$\cdots$，s_n 来预测样值 $\tilde{s}_j$（$2 \leqslant j \leqslant n$）：

$$\tilde{s}_j = a_1 s_1 + \cdots + a_{j-1} s_{j-1} \quad (2 \leqslant j \leqslant n) \tag{5.8}$$

令 $e_j = s_j - \tilde{s}_j$（其中 $2 \leqslant j \leqslant n$）和初值 $\tilde{s}_1 = \tilde{s}_0$。

$\tilde{s}_j$（$2 \leqslant j \leqslant n$）的最佳估计是能使误差 e_j 平方的期望值最小的 $\tilde{s}_0$。为求出这一最小值，需计算偏导数，并令偏导数为 0，即：

$$\partial E[(s_j - \tilde{s})^2] / \partial a_j = 0 \tag{5.9}$$

由协方差的定义可得一联立方程组

$$R_{0i} = a_1 R_{1i} + a_2 R_{2i} + \cdots + a_n R_{ni}, \quad i=1,2,\cdots,n \tag{5.10}$$

解方程从中就求出 $a_1, a_2, \cdots, a_n$，此时 $\tilde{s}_0$ 最小，即这组解 $\{a_i | i=1, 2, \cdots, n\}$ 可以使得均方误差 MSE 最小。

预测器的复杂性和线性预测中使用的样本个数 n 有关。而 n 又依赖于原始信号的协方差特性。最简单的预测器只用前面的一个样值（如例 5.4），对于这种情况，有：

$$a_1 = R_{01}/\sigma^2$$
$$\tilde{s}_0 = R_{01} s_1/\sigma^2 \tag{5.11}$$

式中，σ^2 为信号的方差。

显然，按照上述设计思想设计的准最佳预测器，尽管能够解决问题，并且保证预测误差在可控制范围，但是其中的预测系数需要依赖于原始数据的统计特性，这对实际应用带来了极大不便。为了使 DPCM 系统能做到实时压缩，还必须简化预测器，在实际应用中，常常采用固定的预测参数来代替上述的最佳系数 $\{a_i|i=1, 2, \cdots, n\}$。例如，选择前一样值作为下一样值的预测值，正如例 5.4 中所采用的方法一样，尽管在误差上有差别，但执行速度、效率却大大提高了。因此，在后面将介绍的 JPEG 标准中，量化器中的系数就是采用固定的量化表来说明的，实践证明，这些量化表在大多数情况下，得到的效果都是比较好，能够较好满足需要。

（3）DPCM 编解码过程

一幅二维静止图像，假设像素点 (i, j) 的实际灰度（或某个颜色分量）为 $f(i, j)$，$\tilde{f}(i, j)$ 是根据以前出现的像素点灰度值 $f(i', j')$（其中 $i'<i$，$j'<j$）对该点 (i, j) 灰度的预测值，也称为预测值或估计值。i' 和 j' 可以是同一扫描行或列的前几个像素点的行或列值，或者是前几行或列的像素点的行或列值，甚至是前几帧的邻近像素点的行或列值。实际值和预测之间的差值，采用式（5.12）表示：

$$e(i, j) = f(i, j) - \tilde{f}(i, j) \tag{5.12}$$

DPCM 解码过程如图 5.7 所示，图中包括接收端，由解码器、预测器和加/减法器组成。假如图 5.6 中的发送端不带量化器，直接对误差 $e(i, j)$ 编码、传送，接收端可以无误差地恢复 $f(i, j)$。这就是可逆的无失真的 DPCM 编码。但是，如果包含了量化器，这时编码器对 $e'(i, j)$ 编码，量化器导致了不可逆的信息损失，这时接收端经解码恢复出的灰度信号不是真正的 $f(i, j)$，以 $f'(i, j)$ 表示这时的输出。可见，引入量化器会引起一定程度的信息损失，使图像质量受损。需要注意的是，为了保证解码时预测器的输出与编码时一致，预测器输入使用恢复值 $f'(i, j)=f^\wedge(i, j)+e'(i, j)$，而不是实际值 $f(i, j)$。

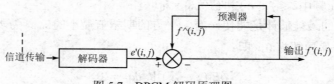

图 5.7　DPCM 解码原理图

但是，在实际使用中，为了降低压缩后的比特数，利用人眼的视觉特性和预测误差的分布规律，通常还是要使用量化器处理，只要对图像信息的丢失不易被察觉或可以达到能够接收的程度就行，所以带有量化器的有失真的 DPCM 编码方法还是被广泛采用。

5.3.3　变换编码

1. 变换编码的基本思想

从 5.3.2 节可知，当信源具有较强相关性时，通过预测编码，可以去除一些相关性，从而达到数据压缩的目的。但是预测编码的压缩能力是有限的，因此需要寻找其他的除去信源相关性的手段，而变换编码就能达到这个目的，能够实现更高的压缩效率。

变换编码的基本思想是，先对信号进行某种函数变换，将信号的表示方法或模型从一种信号空间变换到另一种正交矢量空间，从而产生一批变换系数，然后再对这些系数进行编码。例如，将时域信号变到频域信号，因为声音、图像大部分信号都是低频信号，在频域中，信号的能量较集中，再进行采样、编码，实现压缩数据的目标。

显然，变换编码不是直接对信号的源文件进行编码，而是首先通过建立映射，将源文件映射到一个正交矢量空间（如变换域、频域等），从中将产生一些变换系数，然后再对这些变换系数进行编码。因此，变换编码的实现包含三个重要步骤：变换、变换域采样和量化编码，如图 5.8 所示。其中变换是可逆的变换，变换本身并不进行数据压缩，它仅仅把源文件映射到另一个域，使信号在变换域里更容易进行压缩处理，变换后的样值更独立和有序。但是，在变换域采样和量化步骤中存在数据丢失现象，例如，量化操作是通过比特分配实现压缩数据的，并且这里的丢失是不可恢复的，其中的映射是多对一的映射，因此变换编码属于有损压缩编码类型。

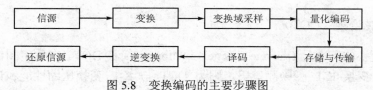

图 5.8　变换编码的主要步骤图

变换可以用矩阵表示。假设信源 S 由一个 n 行 m 列矩阵 $X=(x_{ij})_{n\times m}$ 表示，令向量

$$X_i=(x_{i1}, x_{i2}, \cdots, x_{im}),\ i=1, 2, \cdots, n$$

这样就构成了 n 个 m 维向量组 $(x_1, x_2, \cdots, x_n)$。

如果采用一维变换 A，变换后输出向量组设为 Y，则它们之间的关系为：

$$Y=AX \tag{5.13}$$

如果矩阵 A 是正交变换矩阵，即满足 $A^TA=A^{-1}A=I$，其中 A^T 为 A 的转置矩阵，T^{-1} 为 T 的逆矩阵，I 为单位矩阵，那么，在接收端用变换矩阵的转置矩阵 A^T 与接收序列 Y 相乘便可恢复信源 X，即

$$X=A^TY$$

采用变换编码进行数据压缩的主要目的之一就是去除信源的相关性。若考虑到信号存在于无限区间上，而变换区域又是有限的，那么表示相关性的统计特性就是协方差矩阵，其定义为：

$$C_X =\{\sigma^2_{ij}\} \tag{5.14}$$

式中，$\sigma^2_{ij} = E[(x_i - x'_i)(x_j - x'_j)^T]$, $i, j=0, 1, \cdots, n-1$。E 为数学期望，x' 为 x 的均值。根据矩阵论可知，协方差矩阵主对角线上各元素就是变量的方差，其余元素就是变量的协方差，并且是一个对称的矩阵。

当协方差矩阵中除对角线上元素之外的各元素都为零时，就等效于相关性为零。所以，为了有效地进行数据压缩，常常希望变换后的协方差矩阵为一对角矩阵，同时也希望主对角线上的元素随 i, j 的增大而很快衰减。因此，变换编码的关键在于：在已知 X 的条件下，根据它的协方差矩阵去寻找一种正交变换 A，使变换后的协方差矩阵满足或接近为一对角矩阵。

当经过正交变换后的协方差矩阵为一对角矩阵，且具有最小均方误差时，该变换称最佳变换。Karhunen-loeve（简称 K-L 变换）就是一种最佳变换。如果变换后的协方差矩阵接近对角矩阵，则该类变换称准最佳变换，如傅里叶（Fouries）变换、沃尔什（Walsh）变换、正交正弦变换和正交余弦变换等。

决定变换后的编码压缩比大小的关键在于选择什么方法对变换矩阵 A 进行处理。通常按照两个需求进行决策：一是要求还原误差最小，即失真小、压缩比也小；二是除去源文相关性最大，即压缩比最大。根据这两个不同的需求，可以采用上面不同侧重点的变换编码方法。变换编码技术迄今已有 30 年的发展历史，技术上比较成熟，理论上也较完备，广泛应用于各种图像数据压缩，如单色图像、彩色图像、静止图像、运动图像，以及多媒体计算机技术中的电视帧内图像和帧间图像的压缩等，其中在国际编码标准中使用最广泛的是离散余弦变换（DCT）。

2．离散余弦变换（DCT）

离散余弦变换的英文是 Discrete Cosine Transform，简称 DCT。在数字图像压缩编码技术中，它可与最佳变换 K-L 变换相媲美。因为 DCT 与 K-L 变换压缩性能和误差很接近，而DCT 计算复杂度适中，又具有可分离特性和快速运算等特点，所以在图像数据压缩中，采用DCT 编码方案很多，特别是 20 世纪 90 年代研制的 JPEG、MPEG、H.261 等压缩标准，都用到了 DCT。

余弦变换是傅里叶变换的一种特殊情况。从高等数学知识可知，在傅里叶级数展开式中，当被展开的函数是实偶函数时，其傅里叶级数中就只包含余弦项，由此可导出余弦变换公式，称为离散余弦变换 DCT（Discrete Cosine Transform）。

假如已知某函数 $f(x)(x{\geqslant}0)$ 不是实偶函数，但是可以人为地扩大其函数的定义区域，把 $f(x)$ 对称地扩展为实偶函数 $F(x)$，如式（5.15）和图 5.9 所示，那么 $F(x)$ 的傅里叶变换的正弦项被抵消，余弦项是 $f(x)$ 傅里叶变换中余弦项的两倍。

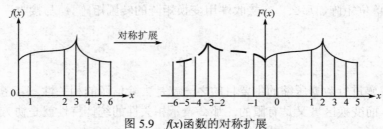

图 5.9　$f(x)$函数的对称扩展

$$F(x)=\text{iif}(x{\geqslant}0, f(x), f(-x))（x \text{ 为任意实数}）\tag{5.15}$$

说明：$F(x)=\text{iif}(x{\geqslant}0, f(x), f(-x))$ 的定义是当 $x{\geqslant}0$ 为真时，$F(x)=f(x)$，否则，即当 $x<0$ 时，$F(x)=f(-x)$。

（1）一维余弦变换[①]

假设存在一维离散函数 $f(x)$（其中 $x=0, 1, 2\cdots, N-1$），把 $f(x)$ 按式（5.15）所介绍的方法

---

① 参见文献[8]。

扩展为如下实偶函数 $F(x)$，其对称轴定义在 $x=-1/2$ 处，因此采样点增加到 $2N$：

$$F(x) = iif(0 \leqslant x \leqslant N-1, f(x), f(-x-1)) \quad (-N \leqslant x \leqslant N-1) \tag{5.16}$$

由傅里叶变换定义出发，对式（5.16）进行傅里叶变换，以 $F(u)$ 表示，则得：

$$F(u) = \frac{1}{2N} \sum_{x=-N}^{N-1} F(x) e^{\frac{2\pi}{2N}u(x+\frac{1}{2})} = \frac{1}{2N} \sum_{x=-N}^{N-1} F(x) e^{\frac{(2x+1)}{2N}u\pi} = \frac{1}{2N} \sum_{x=-N}^{N-1} F(x) \cos\left(\frac{2x+1}{2N}u\pi\right) \tag{5.17}$$

$$= \frac{1}{N} \sum_{x=0}^{N-1} f(x) \cos\left(\frac{2x+1}{2N}u\pi\right) \quad (u = -N, \cdots, -1, 0, 1, \cdots, N-1)$$

考虑到正变换与逆变换公式的对称性，令一维余弦变换的公式为：

$$C(u) = E(u)\sqrt{\frac{2}{N}} \sum_{x=0}^{N-1} f(x) \cos\left(\frac{2x+1}{2N}u\pi\right) \tag{5.18}$$

式中，当 $u=0$ 时，$E(u) = \frac{1}{\sqrt{2}}$，即 $C(0) = \sqrt{\frac{1}{N} \sum_{x=0}^{N-1} f(x)}$。

当 $u=1, 2, \cdots, N-1$ 时，$E(u)=1$，即 $C(u) = \sqrt{\frac{2}{N}} \sum_{x=0}^{N-1} f(x) \cos\left(\frac{2x+1}{2N}u\pi\right)$。

所以，一维余弦变换的逆变换公式为：

$$f(x) = \sqrt{\frac{1}{N}}C(0) + \sqrt{\frac{2}{N}} \sum_{x=0}^{N-1} C(u) \cos\left(\frac{2x+1}{2N}u\pi\right) \tag{5.19}$$

式中，$x=0, 1, 2, \cdots, N-1$。

用矩阵形式表示为：

$$\begin{aligned}
\boldsymbol{T}_{DC} &= \{T_{ux}\} \\
T_{ux} &= E(u)(2/N)^{1/2}\cos[(2x+1)u\pi/2N] \\
[C(u)] &= \boldsymbol{T}_{DC}[f(x)] \\
[f(x)] &= \boldsymbol{T}_{DC}^{T}[C(u)]
\end{aligned} \tag{5.20}$$

式中，$u = 0, 1, \cdots, N-1$。

（2）二维余弦变换[①]

上述一维余弦变换是将信源构成一个列向量 $f(x)$ 来进行计算处理的。在自然界中，许多信源本身是一维的，即使本质上是二维或更高维的图像或其他信号源，也是可以一维化的。因此，上述一维余弦变换的讨论具有普遍意义。但是，对于二维信息来讲，也可以直接使用二维变换。

假设信源是一个 $N \times N$ 的方阵 $f(x, y,)$，空域变量的取值范围为：

---

① 参见文献[8]。

$$x=0, 1, \cdots, N-1, \quad y=0, 1, \cdots, N-1$$

频域信号也变成了一个 $N \times N$ 方阵 $C(u, v)$，变量取值范围为：

$$u=0, 1, \cdots, N-1, \quad v=0, 1, \cdots, N-1$$

那么，二维离散余弦变换为：

$$C(u,v) = E(u)E(v)\frac{2}{N}\sum_{x=0}^{N-1}\sum_{y=0}^{N-1}f(x,y)\cos\left(\frac{2x+1}{2N}u\pi\right)\cos\left(\frac{2y+1}{2N}v\pi\right) \tag{5.21}$$

式中，$u=0, 1, \cdots, N-1, v=0, 1, \cdots, N-1$。

其中，当 $u,v=0$ 时，$E(0) = \frac{1}{\sqrt{2}}$。

当 $u, v=1, 2, \cdots, N-1$ 时，$E(u)=1$ 和 $E(v)=1$，则二维离散余弦变换的逆变换公式为：

$$f(x,y) = \frac{2}{N}\sum_{u=0}^{N-1}\sum_{v=0}^{N-1}E(u)E(v)C(u,v)\cos\left(\frac{2x+1}{2N}u\pi\right)\cos\left(\frac{2y+1}{2N}v\pi\right) \tag{5.22}$$

式中，$x, y=0, 1, 2, \cdots, N-1$。

二维离散余弦变换也可以表示成矩阵形式：

$$\{C(u, v)\} = \boldsymbol{T}_{\text{DC}}\{f(x, y)\}\, \boldsymbol{T}_{\text{DC}}{}^{\text{T}} \tag{5.23}$$

式中，$\boldsymbol{T}_{\text{DC}}$ 的定义与一维变换相同。当 $N=8$ 时，上述公式常被用于图像数据的压缩编码。

二维余弦变换具有可分离特性，所以，其正变换和逆变换均可将二维变换分解成一系列一维变换（行、列）进行计算。

5.4 多媒体数据压缩编码的国际标准

国际标准化组织（ISO）和国际电报电话咨询委员会（CCITT）联合成立的"联合照片专家组"JPEG 经过 5 年艰苦细致工作后，于 20 世纪 90 年代领导并制定了三个重要的多媒体国际标准：JPEG 标准、H.261 标准和 MPEG 标准。它们为推动多媒体影视技术的发展和应用起到了十分重要的作用。本节对它们的产生背景、基本原理进行简单介绍。

5.4.1 JPEG 标准

1. 概述

JPEG 是联合图像专家组英文名称 Joint Photographic Experts Group 的缩写，联合是指国际电报电话咨询委员会 CCITT 和国际标准化组织 ISO 联合组成的专家小组。JPEG 多年来一直致力于标准化工作，他们开发研制出连续色调、多级灰度、静止图像的数字图像压缩编码方法，这个压缩编码方法就是 JPEG 算法，也称 JPEG 压缩编码方法。

JPEG 标准委员会完成了详尽的技术评估、测试、选择、有效化和文档编制等工作，形成了完整的标准，后来被确定为 JPEG 国际标准。它是国际上彩色、灰度和静止图像的第一个国际标准，目前已经商品化。JPEG 国际标准适用范围非常广泛，不仅适用于彩色和单色多灰度或连续色调的静止数字图像的压缩，也适用于彩色和单色多灰度或连续色调的电视图像序列的帧内图像的压缩，特别适用于不太复杂或取自真实景象的图像的压缩。因此，人们也称 JPEG 算法为 JPEG 压缩标准，简称 JPEG 标准。JPEG 标准经受了质量和时间的检验，随着各种各样的图像应用在开放的网络化计算机系统中的应用和发展，JPEG 数字图像压缩文件作为一种数据类型，如同文本和图形文件一样地存储和传输。

为了适应不同的应用需求，JPEG 标准提供了以下 4 种不同的工作模式，用户可以根据自身需要进行选择。

① 顺序编码模式。每个图像分量从左到右、从上到下扫描，一次扫描完成编码。

② 累进编码模式，也称递增编码模式。图形编码在多次扫描中完成。累进编码传输时间长，接收端收到的图像是多次扫描由粗糙到清晰的累进过程。

③ 无失真编码模式。无失真编码方法，保证解码后，完全精确地恢复源图像采样值，其压缩比低于有失真的编码方法。

④ 分层编码模式。图像在多个空间分辨率进行编码。在信道传送速率慢、接收端显示器分辨率也不高的情况下，只需进行低分辨率图像解码，不必进行高分辨率解码。

2．JPEG 标准的基本思想

为了提高压缩比，JPEG 标准对同一帧图像采用了两种或两种以上的编码方法，属于有损压缩类型。它主要包括了以预测技术为基础的无损压缩（如差分脉冲编码调制方法）和有损压缩（如离散余弦变换编码方法、行程编码等）两个部分。前者不会产生失真，但压缩比很小，一般不会超过 10∶1，例如，采用线性预测编码，压缩比只有 2∶1。后者算法进行图像压缩时，信息有损失但压缩比可以很大，例如，采用离散余弦变换编码技术，压缩比能达到 40∶1。解压还原时，不是重新建立原始图像，而是生成类似的图像，但与源图像比较，人眼基本上看不出失真，非图像专家是难于找出它们之间的区别的。在 JPEG 标准中的有损压缩部分又包含了普通型和增强型两种类型，增强型编码方法就是在普通型基础上再利用霍夫曼编码或自适应算术编码等压缩方法，即进行再次压缩，以进一步提高压缩比。

（1）JPEG 标准的实现目标

JPEG 标准的实现目标是给出一个适用于连续色调图像的压缩方法，并使之满足以下具体需求。

- 达到或接近当前压缩比与图形保真度的技术水平，能覆盖一个较宽的图形质量等级范围，能达到"很好"或"极好"的评估，与原始图像相比，人的视觉难以区分。
- 能适用于任何种类连续色调图像，且长宽比都不受限制，同时也不受限于景物内容、图形复杂程度和统计特性。
- 计算的复杂性是可控制的，其软件可在各种 CPU 上实现，算法也可用硬件实现。

（2）JPEG 标准的特点

- 对图像进行帧内编码，每帧色调连续，随机存取。
- 可在较宽范围内调节图像的压缩比和失真度，解码器可以参数化。
- 对图像进行压缩时，根据不同压缩质量的的需求，可选择期望的压缩比值。
- 对硬件性能要求不高，一般 CPU 也能满足计算需要。
- 压缩算法的复杂度是可控制的，根据用户的不同需要，提供多种不同工作模式（如上述的 4 种工作模式）供用户选择。

（3）JPEG几个衡量压缩编码效果的准则
- 0.25～0.5 位/像素：中到好，足以满足一些应用。
- 0.5～0.75 位/像素：好到很好，足以满足许多应用。
- 0.75～1.5 位/像素：优秀，足以满足大多数应用。
- 1.5～2.0 位/像素：难以与原图像区别，足以满足绝大多数应用。

说明：位/像素（bit/pixel）=压缩图像总位数/亮度分量的样本数

（4）无失真的 JPEG 压缩编码

JPEG 压缩编码方法是一种混合压缩编码方法，其中包含无损压缩编码方法。在这个无损压缩编码方法中，JPEG 压缩编码方法选择了简单的硬件实现容易的差分脉冲编码调制方法（即线性预测编码方法）或霍夫曼编码方法，其压缩比能达到 2：1，还原后的图像质量与原始图像比较基本无差别。其实现流程图如图 5.10 所示。

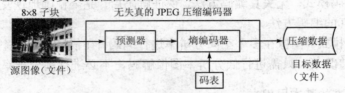

图 5.10　无失真的 JPEG 编码流程图

（5）有失真的 JPEG 压缩编码

有失真的 JPEG 压缩编码方法是基于离散余弦变换的编码方法。该方法包含两个不同的应用层次，即普通型和增强型。其中，普通型采用顺序编码工作模式，一般只采用霍夫曼编码方法；而增强型是普通型的扩充和增强，采用累进编码工作模式，既使用了霍夫曼编码方法，还要采用其他编码方法，如具有自适应能力的算术编码方法。其实现流程图如图 5.11 所示。

3．基于 DCT 的 JPEG 编码

基于离散余弦变换 DCT 的编码方法是 JPEG 算法的核心内容。图 5.11 给出了基于 DCT 编码和解码方法的关键处理步骤和核心内容。图中，编码过程包括源图像数据输入及以 8×8 子块为特征的采样数据流（或文件）、编码器和压缩图像数据输出流（文件）3 个步骤，其中编码器包括正向 DCT 变换、量化器和熵编码器等部分，以及依附于编码器的量化表和熵编码表（如 Huffman 表）。图中解码器包括从信道接收到压缩图像数据输出流（或从文件中读出），解码器和重建的数字目标图像（文件）。解码过程是编码过程的逆过程，其中的量化表和熵编码表与编码器所采用的完全一致。

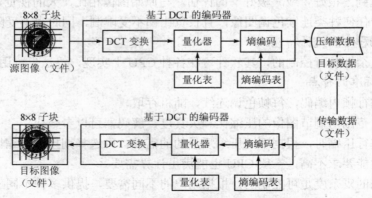

图 5.11　基于 DCT 的有失真的 JPEG 处理步骤

图 5.11 中，源图像数据的输入是进行离散处理后所形成的采样数据流，数据流中的数据可以是单色图像的灰度值，也可以是彩色图像的亮度分量或色差分量信号，编码器就是对采样数据流进行变换压缩处理。其采样的方式可以是对一幅图像从左到右，或从上到下，或一块一块（8×8 子块）地变换压缩，或者对多帧图像交替地对每帧轮流进行 8×8 采样并压缩。注意，解码时需要按照编码时的压缩数据流顺序（比如分块顺序），进行重建处理，才能得到恢复的数字图像。同时，8×8 采样方式是 JPEG 编码中比较常用的采样方式，下面将会进一步介绍。

（1）8×8 采样子块

在编码器的输入端，原始图像被分割成一系列的 8×8 子块，此时可以对图像的不同构成元素分别进行采样，如亮度、色度等。例如，对一帧图像的亮度分量进行采样，如果采样精度为 p 位，这采样数据的范围是$[0, 2^p-1]$内的无符号整数，采用移位方式，将无符号整数变成$[-2^{p-1}, 2^{p-1}-1]$范围内的的有符号整数，以此作为离散余弦变换的输入，因此在解码器将输出一系列 8×8 数据子块，用以重建图像。

按照式（5.23），用矩阵形式将离散余弦变换表示为：

$$\{C(u, v)\} = T_{DC}\{f(x, y)\}\, T_{DC}^{\ T}$$

式中，T_{DC} 是 8×8 的变换矩阵，$f(x, y)$是图像分量的输入，$C(u, v)$是变换输出系数。

DCT 可以看做一个谐波分析仪，把 DCT 的逆变换看做一个谐波合成器。每个 8×8 二维源图像采样数据块，实际上是 64 个离散点的信号量，该信号量是空间二维坐标 x 和 y 的函数 $f(x,y)$。DCT 把这些信号作为输入，然后把它分解成 64 个正交基信号量，每个正交基信号量对应于 64 个独立二维空间频域中的一个空间频率，这些空间频率是由输入信号的频谱组成的。DCT 的输出是 64 个基信号的幅值，或称 DCT 系数，每个系数由 64 个输入信号唯一地确定，即 DCT 的变换系数。显然，在频域上，变换系数是二维频域变量 u 和 v 的函数 $C(u, v)$。其中，对应于 $u=0$ 和 $v=0$ 的系数，称为直流分量，即 DC 系数；其余 63 个系数称为交流分量，即 AC 系数。因为在一幅图像中像素之间的灰度或色差信号变化缓慢，在 8×8 子块中像素之间通常是具有很强相关性的，所以通过离散余弦变换处理后，在空间频率低频范围内集中了数值大的系数，这样为数据压缩提供了可能，例如，其中远离直流系数 DC 的高频交流系数大多数为零或趋于零。

解码过程中的离散余弦变换是 DCT 的逆过程。假如对变换系数不进行量化处理，那么将 64 个 DCT 变换系数经逆变换，重建 64 点的图像数值，与源图像输入值完全一致。也就是说，如果 DCT 变换和逆变换计算中计算精度足够高，并且 DCT 系数没有被量化，那么原始的 64 点信号就能精确地恢复。理论上，DCT 变换不会使源图像信息丢失，它仅仅是把图像变换到一个更有效编码的域中。

计算 DCT 的方法很多，如借助于快速傅里叶变换（FFT）计算，对结果取实部；或者利用离散余弦变换的可分离特性，将 8×8 二维子块直接采用快速离散余弦变换的算法来计算。JPEG 没有规定唯一的 DCT 算法。但是，JPEG 标准提出，把精度测试作为基于 DCT 编码器和解码器一致性测试要求，这样来保证克服使图像质量降低的余弦变换的误差。

对于每一个基于 DCT 的操作方式，JPEG 对 8bit/pixel 和 12bit/pixel 的采样源图像都规定独立的编解码器，以适应不同类型的应用范围的需要。

（2）量化

为了达到压缩数据目的，对变换中的 DCT 系数需进行量化处理。量化处理是一个多到一的映射，它是造成 DCT 编码信息损失的根源。在 JPEG 标准中，采用线性均匀量化器，量化定义为，对 64 个 DCT 系数，除以量化步长 $Q(u, v)$，并按照四舍五入方法取整，得

$$C^Q(u, v) = \text{Int}(\text{Round}(C(u, v/Q(u, v))))\qquad（5.24）$$

式中，量化器步长 $Q(u, v)$ 来源于量化表，量化表中的元素值为 1～255 之间的任意整数。量化表的尺寸也是 64，与 64 个 DCT 系数一一对应，其值规定了对于位置变换系数的量化器步长 $Q(u, v)$ 的数值。显然，量化表将随 DCT 系数的位置而改变，是 u、v 的函数。需要注意，同一像素点的亮度量化表和色差量化表通常是不同的，并且量化表通常是由用户规定的，但在 JPEG 标准中给出了参考值。由此可知，量化表的制定将直接影响 DCT 的压缩比率和质量。

在接收端要进行逆量化，逆量化计算公式为：

$$C(u,v) =C^Q(u,v)\times Q(u,v)\qquad（5.25）$$

量化处理是指在一定主观保真度图像质量的前提下，丢掉那些对视觉效果影响不大的信息。不同频率的余弦函数对视觉影响不同，可以根据不同频率的视觉阈值来选择量化表中的元素的大小。这样通过心理视觉实验，可确定对应于不同频率的视觉阈值，以确定不同频率的量化器步长，即量化表。表 5.3 是一个根据心理视觉加权函数而得出的亮度分量量化矩阵，即亮度量化表，它们是 JPEG 标准给出的参考值。

表 5.3　亮度量化表

x, y 坐标	0	1	2	3	4	5	6	7
0	16	11	10	16	24	40	51	61
1	12	12	14	19	26	58	60	55
2	14	13	16	24	40	57	69	56
3	14	17	22	29	51	87	80	62
4	18	22	37	56	68	109	103	77
5	24	35	55	64	81	104	113	92
6	49	64	78	87	103	121	120	101
7	72	92	95	98	112	100	103	99

表 5.4 是 JPEG 给出的色度分量量化表。DCT 系数 $C(u, v)$ 除以量化表中对应位置的量化步长，其幅值下降，动态范围变窄，高频系数的零值数目增加。

表 5.4　色度量化表

x, y 坐标	0	1	2	3	4	5	6	7
0	17	18	24	7	99	99	99	99
1	18	21	26	66	99	99	99	99
2	24	26	56	99	99	99	99	99
3	47	66	99	99	99	99	99	99
4	99	99	99	99	99	99	99	99
5	99	99	99	99	99	99	99	99
6	99	99	99	99	99	99	99	99
7	99	99	99	99	99	99	99	99

（3）DC 系数编码和 AC 系数"Z"字形扫描

根据式（5.23）可知，64 个变换系数经量化后，坐标 $u=0$ 和 $v=0$ 时，DCT 的直流分量，即 DC 系数是 64 个图像采样的平均值。它包含了整块图像的能量的主要部分，因为相邻的 8×8 块之间有极强的相关性，因此相邻块 DC 系数的值很接近，如果对量化后前、后两块之间的 DC 系数的差值进行编码，则所用编码的比特数较少，编码顺序采用如图 5.12 所示的"Z"字形编码。

量化 AC 系数的特点是，系数中包含许多数值 0 系数，并且许多 0 还是连续的，因此一般会首先使用非常简单和直观的行程长度编码对它们进行编码。

JPEG 使用了 1 个字节的高 4 位来表示连续数值 0 的个数,而且使用了它的低 4 位来表示编码下一个非数值 0 系数所需要的位数，跟在它后面的是量化 AC 系数的数值。其余 63 个交流分量（AC 系数）使用行程编码。从左上角开始沿对角线方向，以"Z"字形进行扫描直至结束。编码时，从左上方 $AC_{01}(u=0, v=1)$ 开始，沿箭头方向，以"Z"字形行程扫描，直到 $u=7$ 和 $v=7$ 时，即 AC_{77}，扫描结束。

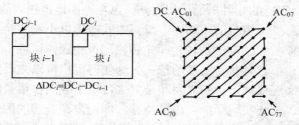

图 5.12　差分 DC 编码和 AC 系数"Z"字形行程编码图

沿"Z"字形路径行进的优点是能提高使用行程编码方法的压缩比。因为量化后待编码的 AC 系数通常有许多数值 0，而且数值 0 通常分布在从左上角开始到右下角的对角线附近，而采用沿"Z"字形路径行进可有效地增加连续出现的数值 0 的个数，从而提高行程编码的压缩比。

（4）熵编码

为了进一步压缩数据，需对量化后的 DC 系数和行程编码后的 AC 系数再进行基于统计特性的熵编码。JPEG 标准建议使用的熵码方法为霍夫曼编码和自适应算术编码。例如，在 JPEG 有损压缩算法中，使用霍夫曼编码器来减少熵的理由是，可以使用很简单的查表（Lookup table）方法进行编码，并且压缩数据时，霍夫曼编码器对出现频度比较高的符号分配比较短的代码，而对出现频度较低的符号分配比较长的代码,这种可变长度的霍夫曼码表可以事先进行定义。

4. 基于 DCT 的累进操作方式的 JPEG 编码

基于 DCT 的累进操作方式和顺序方式操作编码基本一致，它们的不同之处是：在累进操作方式中，每个图像分量要经过多次扫描才完成编码，而顺序方式是从左到右、从上到下一次扫描完成编码。在累进操作方式中，第一次扫描只进行一次粗糙的压缩，以相对于总的传输时间快得多的时间传输粗糙图像，据此粗糙的压缩数据，先重建一幅质量较低的可识别图像，在随后的扫描中再传送增加的信息，可重建出一幅质量提高了的图像，如此不断累进，直到达到满意的图像质量为止。

为了达到累进目的，需要在量化器的输出端，即熵编码器输入之前，增加一个图像缓冲存储区。这个缓冲存储区必须具有足够大的存储空间，以便能足够存储量化后的 DCT 系数,在多次存储扫描中，对这些系数分批地进行编码。

有两种方法来实现累进编码，一个叫做"频谱选择累进"编码方法，另一个叫做"逐位逼近累进"编码法。它们是对量化的 DCT 系数块进行编码：首先，在一次扫描中，只对块中被选择的某几个频带系数进行编码，这个过程叫"频谱选择"，因为每一个频带都代表 8×8 块中空间频谱的一个低频或高频段中的一个频带；其次，在一次扫描中，对当前频带中的系数不是对量化后的全部有效位（满精度）进行编码，而是对一个系数的有效位数分段进行编码。例如，在第一次扫描中，只取它的最有效的 N 位进行编码，这个 N 是可选择项。而在随后的扫描中，仅对剩余的位数进行编码，这个过程叫"逐位逼近"。这两种方法可以独立地使用，也可以采用不同的组合方式混合使用。

累进方式编码与顺序方式编码不同之处就是：对于 8×8 的块，顺序编码一次扫描即完成编码；而累进编码不管采用频谱选择累进方法还是采用逐位逼近累进编码方法，都要经过多次扫描后才能完成编码。

JPEG 是目前应用广泛的一种压缩编码方法，也在不断地改进。例如，与以往 JPEG 标准相比，JPEG-2000 提高了约 30%的压缩比，编码方式改为以小波变换为主的多分辨率编码方式。特别是 JPEG-2000 实现了渐进传输，即先传输图像轮廓，再逐步传输数据，不断提高图像质量，这在网络传输中具有非常重要的意义。这使得用户可以先看到轮廓或缩影，然后再决定是否下载，从而实现根据用户的需要和带宽来决定下载图像质量的好坏和控制传输的数据量。此外，JPEG-2000 还实现了感兴趣区特性，即用户在处理的图像中，可以指定感兴趣的区域，对这些区域进行压缩时还可以提出压缩/解压的质量要求，从而部分实现了基于用户的交互式压缩。

5.4.2 MPEG

1. 概述

MPEG 是运动图像的数字图像压缩编码方法，是英文 Moving Picture Experts Group（运动图像专家小组）的缩写。

MPEG 的活动开始于 1988 年，其目标是要在 1990 年建立一个标准草案。MPEG 和 JPEG 都是在 ISO 领导下的专家小组，其小组成员也有很大的交叠。JPEG 的目标是针对静止图像压缩，MPEG 的目标是针对全屏幕活动视频图像的数据压缩，但是，静止图像与活动图像之间有密切关系。一个视频序列图像，可以看做独立编码的静止图像序列，只是以视频速度顺序地显示。

MPEG 专家组的研究内容不仅仅限于数字视频压缩，音频及音频和视频的同步问题都不能脱离视频压缩独立进行，MPEG 视频是面向位率大约为 1.5Mb/s 的视频信号的压缩，MPEG 音频是面向每通道速率为 64kb/s、128kb/s 和 192kb/s 的数字音频信号的压缩，MPEG 的最终目标还是解决数字视频和数字音频等多样压缩数据流的复合和同步的问题。所以，MPEG 是将数字视频信号和与其伴随的音频信号在一个可以接收的质量下，能被压缩到位率约 1.5Mb/s 的一个 MPEG 单一位流。

MPEG 专家小组承担制定了一个可用于数字存储介质上的视频及其关联音频的国际标准，这个国际标准简称为 MPEG 标准。数字存储介质的概念包括传统的存储设备、CD-ROM、数字音频磁带（DAT）、磁带设备、硬盘、可写光盘，以及电信通道，如综合服务网（ISDN）

和局域网等。

2．MPEG 的类型与版本

目前，针对不同研究内容和适用对象，MPEG 已经产生了许多版本。

- MPEG-1：数字电视标准。
- MPEG-2：数字电视标准。
- MPEG-3：1992 年合并到高清晰度电视工作组 HDTV。
- MPEG-4：多媒体应用标准。
- MPEG-5、MPEG-6：还未定义。
- MPEG-7：多媒体内容描述接口标准，用于信息语义表示。
- MPEG-21：支持用户使用异构网络和设备多媒体资源的标准，正在研制。

其中，由于 MPEG-2 的出色性能已能满足 HDTV 需要，因此，使得原打算为 HDTV 设计的 MPEG-3，还没出世就被抛弃了。

根据应用对象的不同，MPEG 标准包括了三个类型：MPEG 视频、MPEG 音频和视频/音频。如图 5.13 所示为 MPEG 标准的压缩流程简图。

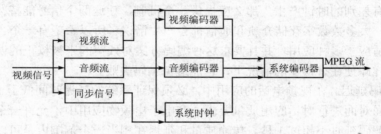

图 5.13　MPEG 标准的压缩流程简图

MPEG 音频在前面已经讨论，因此本节主要讨论 MPEG 视频部分，并且针对 MPEG 标准的诸多版本，主要介绍其中常用和比较成熟的几个版本。

MPEG-1 视频压缩技术是对分辨率为 352×240、帧速 30fps 的电视图像的，传输速率目标 1.5Mb/s。MPEG-2 目标是位率高达 10Mb/s，以及高分辨率的视频图像数字信号。MPEG-4 则针对极低码率（<64kb/s）视频压缩。

MPEG 标准分成两个阶段：第一个阶段（MPEG-1）是针对传输速率为 1～15Mb/s 的普通电视质量的视频信号的压缩，第二个阶段（MPEG-2）目标则是对每秒 30 帧的 720×572 分辨率的视频信号进行压缩。另外，在扩展模式下，MPEG-2 可以对分辨率达 1440×1152 高清晰度的电视信号进行压缩。

3．MPEG-1

MPEG-1 是针对传输速率为 1～15Mb/s、分辨率为 352×240、帧速 30fps 的普通视频信号的压缩。

MPEG-1 视频的压缩方法通常采用对称和非对称两种不同压缩方法，适用于不同的应用领域。非对称压缩应用是指那些需要频繁适应解压缩过程的应用，压缩过程只需进行一次，主要应用于需要一次性完成制作过程的电视节目，播放时再进行解压缩。当然在其他领域也得到应用，如电子出版物、游戏娱乐、导游、教育和训练等。而对称应用要求同时使用压缩和解压缩过程。在对称应用中，通过摄像机产生视频信号，或者通过编辑以前记录材料来获取视频信息，同时播放所摄制的节目。对称应用主要应用在实时性要求比较高的地方，如交互式电视、可视电话、视频会议等。

（1）MPEG-1 的实现目标

- 随机存取。随机存取是存储媒介上视频信息必不可少的特性。随机存取要求能在被压缩的视频位流中间进行存取，并且能在限定的时间内对视频的任一帧进行解码。随机存取意味着存在可随机存取的单元，即某段信息编码的结果仅与该段自身的信息有关。在质量不下降的前提下，随机存取时间大约为 0.5 秒。

- 快速正向/逆向搜索。根据存储媒介的特点，对压缩数据流可进行扫描（可借助于应用规定的目录结构），并利用合适的存取点来显示所选择的图像，以实现正向快速搜索和逆向快速搜索。

- 逆向重播。交互式的应用有时需要视频信号能够逆向重播，但并非所有的应用都需要在逆向重播时保持完好的画面质量。

- 视听同步。视频信号应该准确地与相关的音频信号同步。如果音频和视频信号分别由两个稍有差别的时钟产生，那么应提供一个机制，使这两个信号能持久地重新同步。

- 容错性。大多数数字存储介质和通信都会产生错误。所以希望有一个合适的信道编码方案能适应于多种应用，并且要求这种编码方案对残留的未被校正的误差有强的鲁棒性，这样即使在有误差的情况下，也能避免编码失败。

- 编码/解码延迟。在视频电话的应用中，必须保证系统的延迟时间低于 150ms，以便保证这种面对面进行对话应用质量要求。在电子出版物应用中，允许一个较长的延时，如编、解码延时不超过 1 秒。传输质量和延迟在相当一个范围内是可以折中考虑的，因此，压缩算法应在可接受的延迟范围内可充分地被执行。

（2）MPEG-1 使用的压缩技术

MPEG-1 使用的压缩技术的基本思想是：由于运动图像中每一帧静态图像和帧间图像均存在极强的相关性这个特点，例如，有统计数据表明，相邻帧间只有 1%的像素有颜色变化。10%的像素有亮度变化，因此，为了提高压缩比，帧内图像数据压缩和帧间图像压缩技术常常被同时使用。帧内压缩算法与 JPEG 压缩算法大致相同，采用基于 DCT 的变换编码技术，用以减少空域冗余信息。帧间压缩算法通常采用预测法和插补法。预测法有因果预测器（纯粹的预测编码）和非因果预测，即插补编码。预测误差可再通过 DCT 变换编码处理，进一步进行压缩。帧间技术可减少时间轴方向的冗余信息。

（3）时间冗余量的减少

由于 MPEG 对视频信号进行随机存取的重要要求和通过帧间运动补偿可有效地压缩数据比特数，MPEG 采用了三种类型的图像：帧内图（Intrapictures I）、预测图（Predicted Pictures P）和插补图（Bidirectional Prediction B）。帧内图可提供随机存取的存取位置，但压缩比不大；帧间插补可减少时域的冗余信息。帧间预测编码时，要用到先前（过去）的图（帧内图或预测图），当前的预测图通常又作为后面（将来）预测图的参考值；双向预测图的数据压缩效果最显著，但是它在预测时需要先前和后续的信息，另外，双向预测图不能作为其他图的预测参考图。帧内图（I）和预测图（P）及双向预测图（B）沿时间轴上的顺序排列，如图 5.14 所示。每 8 帧图像内，有 1 幅帧内图，1 幅预测图，6 幅插补图。MPEG 中这些图的组织结构十分灵活，它们的组合可以由应用规定的参数决定，如随机存取和编码延迟等。

① 运动补偿

运动补偿是减少帧序列冗余信息的有效办法。运动补偿是基于 16×16 子块的算法，每个子块可作为一个二维的运动矢量处理。运动补偿实际上是一种广义的预测技术，它适用于单纯性预测（因果预测）和非因果预测（插补）。运动补偿预测是指以 16×16 子块为预测单元，把当前子块认为是先前某一时刻图像子块的位移，位移的内容包括运动方向和运动幅度。所以运动补偿预测是用先前（过去）的局部图像，预测当前的局部图像的。16×16 的运动矢量块是预测误差，它必须进行编码、传送，供解码时恢复图像用。

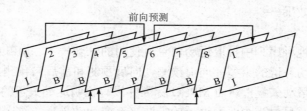

图 5.14　帧内图、预测图及双向图预测图沿时间轴上的顺序排列图

运动补偿中的非因果性预测，即插补编码是基于时间轴上的多分辨率技术，是对时间轴方向上低分辨率的子信号进行编码。例如，通常仅对帧率为 1/2（15 帧/秒）或帧率为 1/3（10 帧/秒）的低分辨率图像进行编码，然后进行图像插值及附加校正，最后得到满分辨率的图像信号。

运动补偿插补编码，也叫双向预测编码。通过双向预测编码，可以获得一个高的压缩比。在一个电视图像的帧序列中，不能全部都是插补图 B，B 图必须由参考图进行插补，参考图可以是 I 图或 P 图，但 B 图不能作为参考图。在两个参考图之间出现双向预测图 B 的频度是可选择的。如果增加参考图之间 B 图的数目，将会减少 B 图与参考图之间的相关性。B 图数目的选择与被编码的图像景物有依赖性。对大多数景物来说，参考图以大约十分之一秒的间隔隔开较为合适。

由于 I 图、P 图和 B 图三者之间存在因果关系，如第 4 帧的 P 图是由第 1 帧的 I 图预测，第 1 帧的 I 图和第 4 帧 P 图共同预测出它们之间的双向预测 B 图。

② 运动表示

在 MPEG 标准中，运动补偿估算是基于 16×16 的块为单元表示的，这样的补偿单元称为宏块。宏块有不同的类型。例如，双向预测图 B 的每个 16×16 的宏块，可以是帧内型的、前向预测型的、后向预测型的或者是平均型的。表 5.5 给出了 B 图中宏块的预测方式。对于一个给定的宏块，其预测器的表达式取决于参考图（前向和后向）和运动矢量。用 X 向量代表宏块中像素点的坐标，mV_{01} 代表宏块相对于（前）参考图 I_0 的运动矢量（块位移），mV_{21} 代表宏块相对于（后）参考图 I_2 的运动矢量（块位移）。

表 5.5　B 图中宏块的预测方式列表

宏块类型	预测器	预测误差
帧内	$I^{\wedge}_1(X)=128$	$I_1(X)-I^{\wedge}_1(X)$
向前预测	$I^{\wedge}_1(X)=I^{\wedge}_0(X+mV_{01})$	$I_1(X)-I^{\wedge}_1(X)$
向后预测	$I^{\wedge}_1(X)=I^{\wedge}_2(X+mV_{21})$	$I_1(X)-I^{\wedge}_1(X)$
前后平均	$I^{\wedge}_1(X)=1/2[I^{\wedge}_0(X+mV_{01})+I^{\wedge}_2(X+mV_{21})]$	$I_1(X)-I^{\wedge}_1(X)$

由预测公式看出，B 图中每个 16×16 宏块的预测值，是由前向和后向参考图的预测值产生（考虑运动矢量 mV_{01} 和 mV_{21} 附加信息）的。向前预测时，取决于一个运动矢量 mV_{01}；向后预测时，取决于运动矢量 mV_{21}。

不同区域宏块的运动矢量，可有不同的选择。运动矢量的选择范围是基于帧间图像的时间分辨率和块内图像的空间分辨率，以及帧序列图像的性质而选定的。当两个 16×16 宏块所包含的画面内容在待送中完全静止不动时，那么宏块的运动矢量为零（宏块坐标没有改变）。

对于每个 16×16 宏块的运动信息与其相邻块之间可进行不同的编码处理。采用宏块运动补偿方法，可减少电视图像帧间完整图像的传送帧数，去除冗余信息，获得高压缩比和良好重建图像质量的压缩效果。

③ 运动估算

运动估算涉及从视频序列中抽取运动信息所使用的一套技术。MPEG 标准说明了怎样表示运动信息，根据运动补偿的类型：向前预测、向后预测和前后向预测，每个 16×16 的宏块中可包含一个或两个运动矢量，然而 MPEG 标准并没有说明运动矢量的求取方法。基于块的运动表示算法，可按照尽量减少匹配误差的方法来获取运动矢量。这个匹配误差可由一个表示该块与每个预测的候选块之间的不匹配程度的代价函数来测量。设 M_i 是当前帧图像 Ic 中的一个宏块，v 是相对于参考图 Ir 的位移量，那么由最佳匹配获得的运动矢量表达式由式（5.26）给出：

$$v_i = \min \sum D[Ic(X) - Ir(X+v)] \quad \text{对 } X \in M_i,\ v \in V\ (V \text{ 是一个 } v \text{ 变量的集合}) \quad (5.26)$$

其中，运动矢量的可能范围和匹配误差函数 D 的选择，可在实现过程中完成。穷举搜索对全部可能的运动矢量都进行了考虑，结果比较好，但这个结果是以非常大的计算复杂性为代价得来的，所以在实现过程中，必须对运动矢量的质量与运动估算过程的计算复杂性折中考虑。

（4）空域冗余量的减少

电视图像的帧内图像和预测误差信号都有很高的空域冗余信息，能够用于减少这些空域冗余信息的技术非常多，MPEG 优先考虑了基于块的技术。

在基于块的空间冗余技术中，变换编码技术和矢量量化编码技术是两种可供选择的方法。离散余弦变换（DCT）编码有明显的优点和相对简单的实现方法，采用由 DCT 技术与视觉加权标量量化及行程编码和熵编码技术的组合方式，是被优先考虑的变换编码技术。基于 DCT 的变换编码技术在 JPEG 标准中已讨论过，该技术在 MPEG 中的使用与在 JPEG 中使用的基本相同，因此，下面针对 MPEG 运动图像的特点，主要阐述以下不同点。

① 视觉加权量化

DCT 系数的量化是一步关键的操作，因为量化器结合行程编码，可以使大部分数据得以压缩。量化误差的主观感觉随 DCT 系数的频率不同有很大的变化，这种主观感觉在静态和动态观察条件下是不一样的。所以，MPEG 有自己的一套特别的量化表。

② 帧内块和非帧内块量化，需要采用不同的处理方式

帧内编码的块包含所有频率的能量。如果量化太粗的话，很有可能产生块效应。而预测误差类型的块主要包含高频，可进行更粗的量化处理。假设编码过程可以精确地预测低频，那么预测误差信号的低频分量一定是很小的。假如不是这样，在编码时就需要采用帧内块类型。帧内块类型与差分编码块类型的差别导致使用两种不同的量化器结构，虽然两种量化器都是接近均匀步长的量化器，但是它们在零附近的特性是不一样的。帧内块量化器没有死区

（即量化为零值的区域比步长要小），而非帧内块量化器有一个大的死区。

③ 可调量化器

不是所有的空间信息都能使人眼视觉系统产生同等的感觉。对于那些信号变化梯度平稳的块，如果有一个非常小的误差，人眼就会觉察到块的边界（块效应或称假轮廓）；而对信号变化剧烈（包括边界）的块，视觉对误差的敏感察觉被掩盖。为了适应块之间信号的不均匀性，可在块与块的基础上对量化器步长进行调节。这个机制也可用于对特定位率提供非常平滑的自适应调整（速率控制）。

4．MPEG-2

MPEG-2 是为了解决日益增长的多媒体技术、数字电视技术、多媒体分辨率和传输速率等方面的技术要求缺陷而提出的。MPEG-2 标准视频体系要求必须与 MPEG-1 向下兼容，并同时应力求满足数字存储媒体、会议电视/可视电话、数字电视、高清晰度电视（HDTV）、广播、通信及网络等应用领域，覆盖分辨率低（352×288）、中（720×480）、次高（1440×1080）及高（1920×1080）不同的档次，压缩编码方法也要求有从简单到复杂的不同等级。

MPEG-2 标准包括视频、音频、系统和一致性 4 部分，其系统功能可将一个或更多的音频、视频或其他的基本数据流合成单个或多个数据流，以适应存储和传送。符合 MPEG-2 标准的编码数据流，可以在一个很宽的恢复和接收条件下进行同步解码。

（1）MPEG-2 标准的框架与级别

为了解决通用性与特殊性的矛盾，并适应广泛的应用范围，MPEG-2 针对不同的应用需求，规定了若干框架（Profile，即档次、类），并且在每一框架中又进一步划分为若干个等级（Level，即级别）。框架规定了某类应用的编码方法，如可分级性。在信噪比分级中，随着接收条件变差，图像质量可以"逐渐适度地降级"，以避免数字广播的"邻户"突变现象，即在广播的覆盖边沿附近突然一点儿也没有信号。给定某框架所规定的语法范围后，比特流参数的取值仍然要影响编解码过程，级别就是一个对比特流各参数进行限定的集合。例如，以帧宽、帧高和帧速的乘积作为约束分辨率等级的参数。框架和级别限定之后，解码器的设计和解校验就可针对限定的框架在限定的级别中进行。同时以框架和级别的形式定义规范，使不同的应用领域之间的数据交互方便和可行。MPEG-2 规定的框架和级别见表 5.6。

表 5.6　MPEG-2 规定的框架和级别

框架 等级	简　　单	主　　要	信噪比分级	空域分级	高
高 1920×1152	—	80Mb/s	—	—	100Mb/s
高 1440×1152		60Mb/s	—	60Mb/s	80Mb/s
主要 720×576	15Mb/s	15Mb/s	15Mb/s		20Mb/s
低　352×288	—	4Mb/s	4Mb/s	—	

① 空域分级

高层图像只传送高层与低层（普通电视）图像之间的差值。需要高层图像时，就将经重新取样的低层相应的块与高层的差值相加，实现 HDTV 与普通电视相兼容。

② 时域分级

时域分级的目的在于实现不同帧频的视频服务。低层图像直接作为高层图像的部分帧，而高层可以没有帧内编码图像，可以由最近解出的低层或高层图像来预测。低层中的 B 图像也可作为参考图像。

③ 信噪比分级

信噪比分级的主要目的在于实现不同质量的视频服务。随着接收条件的变差，图像质量将自动降低。可用分级改变 DCT 的量化步长来实现。

（2）MPEG-2 标准使用的压缩技术

MPEG-2 使用的压缩技术基本上与 MPEG-1 相同，即在时间域中采用运动补偿和差分编码，同样把帧分为 I 图、P 图和 B 图三种类型，如图 5.16 所示，并分别进行不同处理。在空间域中，对 I 图的原始采样或 B、P 图的差分使用基于块的 DCT 变换、量化压缩技术。

5．MPEG-4

（1）MPEG-4 基本情况

开发新的适应极低码率的音频/视频编码系统国际标准的建议始于 1992 年 11 月。对于学术界来说，极低码率（<64b/s）是视频压缩标准的最后一个比特率范围。同时，它在应用中的巨大潜力也日益被人们认识。例如，在 PSTN 传送可视电话及监控，在移动网上各种可能的视/听业务，以及多媒体电子邮件、电子报纸及交互式多媒体数据库等。1995—1996 年对 MPEG-4 进行了第一轮视频压缩测试，在 1996 年后，MPEG-4 的研究取得了重大进展，一些算法在竞争中逐渐成熟，编码的基本框架也形成了，最后在 1999 年形成了 MPEG-4 国际标准。

MPEG-4 与 MPEG-1 和 MPEG-2 标准的最根本的区别在于：MPEG-4 是基于内容的压缩编码方法。它突破了过去 MPEG-1 和 MPEG-2 以矩形/方形块处理图像的方法。在这些方法中，将整幅图分割成固定尺寸、固定开头的子块进行处理。MPEG-4 标准则将一幅图像按内容进行分块，如图像场景、画面上的物体（物体 1、物体 2……），被分割成不同的子块，将感兴趣的物体从场景中截取出来，分别进行编码处理。这时的子块开头和尺寸取决于所截物体的形状和尺寸，用固定开头和固定尺寸的子块描述不会取得满意的效果。同时，基于内容或物体截取的子块内信息相关性强，可以产生更高的压缩比。另外，基于物体的子块，其运动的估计和表示就有可能使用物体的刚性运动或非刚性运动模型来描述，它比基于宏块的描述要高效得多。

MPEG-4 具有高效压缩、基于内容交互（操作、编辑、访问）及基于内容分级扩展（空域分级、时域分级）等特点，并且 MPEG-4 具有基于内容方式表示的视频数据，为此，MPEG-4 中引入了视频物体（Video Object，VO）和视频物体平面（VO Plane，VOP）等概念来实现基于内容的表示。VO 的构成依赖于具体应用和系统实际所处的环境。对于低要求应用情况下，VO 可以是一个矩形帧（即传统 MPEG-1 中的矩形帧），从而与原来的标准兼容；对基于内容的表示要求较高的应用来说，VO 可能是场景中某一物体或某一层面，也可能是计算机产生的二维、三维图像等。当 VO 被定义为场景中截取出来的不同物体时，每个 VO 都用 3 类信息来描述：运动信息、形状信息和彩色纹理信息。所以，MPEG-4 标准的视频编码是针对这 3 种信息的编码技术。

（2）MPEG-4 中基于内容的视频编码过程

在 MPEG-4 中，基于内容的视频编码过程包含了 3 个实现步骤。

① VO 的形成。首先从原始视频流中分割出 VO。

② VO 的编码。对各 VO 分别独立编码，即对不同 VO 的 3 类信息（运动信息、形状信

息和彩色纹理信息）分别编码，分配不同的码字。

③ VO 的复合。将各个 VO 的码流复合成一个符合 MPEG-4 标准的位流。

在编码和复合阶段可以加入用户的交互控制或由智能化算法进行控制。MPEG-4 标准提供灵活的框架和开放的工具集，它通过工具集和句法描述语言（MSDL）不同的组合，支持功能不同的组合。

（3）基于 VOP 的编码

VO 是场景中的某个物体，它由时间上连续的帧画面序列构成。VOP 是某一时刻某一帧画面的 VO，VOP 编码即针对某一时刻帧画面 VO 的形状、运动及纹理 3 类信息进行编码。

① 形状编码

一个场景中截取的 VOP 如图 5.16 所示。由图可见，物体（VOP）不是一个规则形状的物体。VOP 的开头可用二值图表示，或者用灰度图描述，或者用二维行程编码算法描述。假如用二值图表示，二值图形状只需 1 位表示，即 0 或 1。MPEG 标准约定 0 表示非 VOP 区域（背景），1 表示 VOP 区域。以灰度表示 VOP 形状时，物体与背景的边界轮廓线比二值图表示的要柔和。

MPEG-4 标准形状编码方法是位图法。如图 5.15 所示，VOP 被一个边框"框住"，边框长、宽均为 16 的整数倍，同时保证边框最小。位图表示法实际上就是一个边框矩阵，矩阵元素为 0 或 1（或 0～255），边界信息包含在块中。位图法不是 VOP 编码的唯一方法，例如将 VOP 用梯度图表示，形状边界被抽出，用边界跟踪方法进行编码也很方便。可以断定，将来的标准中将会引入其他基于几何轮廓的编码技术。

② 运动补偿和运动估计。

MPEG-4 标准中的 VOP 运动估计和运动补偿与以前的压缩标准（MPEG-1、MPEG-2）一样。类似于这些标准的 3 种帧格式，MPEG-4 中 VOP 也分为 3 种相应的帧格式，即 I-VOP、P-VOP 和 B-VOP，如图 5.16 所示，以表示运动补偿类型的不同。

VOP 也如形状编码那样，外加了边框，边框分成 16×16 的宏块，宏块由 8×8 的块构成，运动估计和补偿可基于宏块，也可基于块。

MPEG-4 的运动估计与后面将介绍的补偿 H.263 非常接近，采用了所谓"半像素搜索"（Half pixel searching）技术和"重叠补偿"（Over lapped motion Compensation）技术。为了使算法适应于任意形状的 VOP 区域，还引入"重复填充"（Repetitive padding）和"修改的块（多边形）匹配"（Modified block(polygon) matching）技术。

当然，MPEG-4 目前的标准尚未突破块的技术，但 VOP 概念的引入，为将来引入新的基于模型的运动估计与补偿技术，如非刚性物体运动模型，留了充分的余地。

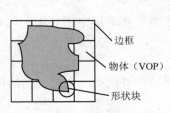

图 5.15　物体（VOP）形状编码图

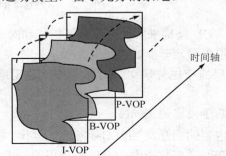

图 5.16　VOP 帧编码类型图

③ 纹理编码

纹理信息有两种，一是内部编码的 I-VOP 的像素值，二是帧间编码的 P-VOP、B-VOP 的运动估计残差值。为了达到简单、高性能、容错性好的目的，仍采用基于分块的纹理编码。VOP 边框仍被分成 16×16 的宏块，宏块由 8×8 的块组成，如图 5.17 所示为 VOP 的基于宏块的纹理编码图。DCT 变换基于 8×8 的块，有 3 种不同的情况，分别处理：VOP 外、边框内的块，不编码；VOP 内的块，传统 DCT 方法编码；部分在 VOP 内、部分在 VOP 外的块，先用"重复填充"方法将该块在 VOP 外的部分进行填充（对于残差块只需填零），再用 DCT 编码。这样做是为了增加块内数据的空域相关性，从而利于 DCT 变化和量化去除块内的空域冗余。DCT 系数要经量化、Z-扫描、游程编码及 Huffman 熵编码。

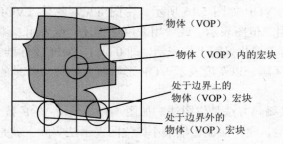

图 5.17　任意形状物体的基于宏块的纹理编码图

④ 分级扩展编码

MPEG-4 的数据结构如图 5.18 所示。一个完整的视频序列由几个视频段（Video Session，VS）构成，每个 VS 由一个或多个 VO 构成，每个 VO 又由一个或多个视频物体层（VO Layer，VOL）构成。每个 VOL 代表一个层次（基本层、增强层），每个层表示某一种分辨率。在每个层中，都有时间连续的一系列 VOP。

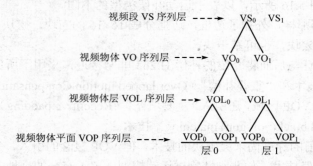

图 5.18　MPEG-4 的数据结构类分级图

利用 VOL 结构来实现空域分级扩展和时域分级扩展，这是 MPEG-4 的一个重要功能。要实现分级扩展，至少要有两个 VOL：一个基本层，一个增强层。空域分级是指用增强层来增加基本层的空域分辨率，时域分级就是用增强层来增加基本层中感兴趣的时域分辨率——帧率。

（4）基于内容的交互性

基于内容的交互是 MPEG-4 除高压缩比、极低码率特性外的另一个重要功能特点。表 5.7 描述了 MPEG-4 在这方面的功能与使用的技术。

表 5.7　MPEG- 4 基于内容的交互性功能描述

交互性类型	描　述	使 用 示 例
基于内容的多媒体数据访问工具	通过使用各种访问工具，MPEG-4 提供基于音像内容的数据访问，如：索引、超链接、查询、浏览、上传、下载和删除	从在线的程序库和传送信息的数据库中进行基于内容的信息检索
基于内容的处理和比特流编辑	MPEG-4 将提供"MPEG-4 句法描述语言"和编码模式，以支持基于内容的处理和比特流编辑，且不需要转换代码。MDSL 的高度灵活性，为今后的使用提供足够的扩展	交互式家庭购物 家庭影院的制作和编辑 符号语言编译或标题的嵌入 数字特技（如强度变化）
混合自然和人工数据编码	MPEG-4 支持一种有效的方法，用于人工画面或对象与自然画面或对象的组合（如文本和图像的覆盖），并且具有对自然的人工音频和视频数据进行编码和处理的能力，MPEG- 4 还支持解码器可控制的方法，该方法可将人工数据和原始音频与视频组合在一起便于交互	在游戏节目中可将动画和合成音响与自然的音频和视频组合在一起 观众可以移动和传送覆盖在要查看的视频之上的图形 从不同的观察点描绘图形和声音
改进的时间随机访问	MPEG-4 将提供一致有效的方法，可以在有限的时间内，且以较高的分辨率，随机访问视听序列的部分内容（如帧或对象）。这里包括甚低比特率的常规随机访问	从远程终端通过有限容量的媒体随机访问音像数据 在单一的音/视对象上进行"快进"

最近发展的 MPEG-7 标准是基于多媒体内容的语义表示，它定义了一个描述符标准集，用于描述各种类型的多媒体信息，采用提取对象特征的方法为实现基于内容和语义的准确检索提供接口。MPEG-7 定义了 DDL 描述语言，它不同于 MPEG-1 和 MPEG-2 的表示方式，也不同于 MPEG-4 的表示方式，该表示方式允许对信息的含义进行一定程度的解释，其目的在于提供一个标准化的核心基，以方便描述多媒体环境下的视频和音频内容，使视频和音频搜集像文本搜集一样简单方便。MPEG-7 扩展了 MPEG-1、MPEG-2、MPEG-4 的多媒体内容描述功能和性能，提供了内容的描述而不是内容本身，因此，它不能代替 MPEG-1、MPEG-2和 MPEG-4，而是它们的补充和发展。

5.4.3　H.261 与 H.263

H.261 标准是图像压缩编码国际标准。由于各个领域对利用综合业务数字网 ISDN 提供电视服务的需求不断增长，CCITT（即国际电报电话咨询委员会）于 1984 年组建了一个关于可视电话编码的小组，它的目标是建立一个传输速率为 $m×384kb/s$（$m=1, 2, 3, 4, 5$）的视频编码标准的研究。后来在该标准的研究过程中又增加了对传输速率为 $n×64kb/s$（$n=1, 2, 3, 4, 5$）的视频编码标准的研究。它主要用于视频电话和电视会议，是可用于传输速率为 $n×64kb/s$（其中 $n=1, 2, …, 30$）的视听服务的视频编码器，于 1990 年 12 月完成并通过，正式成为视频图像压缩编码的国际标准。特别地，当 $n=1, 2$ 时，传输速率比较低，此时只适用于台式面对面的可视通信，如可视电话；当 $n≤6$ 时，传输速率增高一些，可以较好地传输比较复杂的图像，适用于电视会议。

H.261 在标准化过程中已经得到许多部门的充分测试，几个主要处理部件（如 DCT、运动估计和变长编码器）的大规模集成电路芯片在市场上有售。该标准已经广泛应用于远程教育、远程医疗和会议电视中。

1．H.261 的视频格式

CCITT 采用公用中间格式（Common Intermediate Format, CIF）和 1/4 公用中间格式（Quarter CIF, QCIF），作为可视电话的视频格式。CIF 格式和 QCIF 格式的参数见表 5.8。CCITT 建议，所有的编码器都必须能实时处理 QCIF 格式图像数据，CIF 格式作为选项。对于两种格式的最大图像速率均为 29.97fps。为了达到这个速率，在编码器的传输帧之间要略去 1, 2 或 3 帧。

表 5.8　CCITT 视频格式参数表

格式 参数	CIF		QCIF	
	行/帧	像素/行	行/帧	像素/行
亮度（Y）	288	360（352）	144	180（176）
色度（C_B）	144	180（176）	72	90（88）
色度（C_R）	144	180（176）	72	90（88）

以 29.97fps 的图像速率，传输 CIF 格式和 QCIF 格式的未被压缩的数据位率分别为 34.45Mb/s 和 9.15Mb/s。采用 ISDN 信道（$p \times 64$kb/s，$p=1,2, \cdots, 30$）传输这些视频信号需要大幅度地降低位率。CIF 格式或 QCIF 格式的选择取决于信道通信能力。当 $p=1$ 或 2 时，QCIF 格式通常用于台式视频电话。即使工作在 10fps 的速率下，使用 64kb/s 信道来传送信号，也需要把位率减小为 47.5∶1，这是一个很难达到的目标。当 $p \geqslant 6$ 时，可使用 CIF 格式，由于增加了分辨率，因此 CIF 格式更适合于电视会议。

同 MPEG 视频压缩一样，在 CCITT 建议的视频编码算法中，CIF 格式和 QCIF 格式的图像被划分成一个多层次的块结构，这个结构由图像、块组、宏块和块构成。每个宏块由 4 个 8×8 的亮度块和 2 个 8×8 的色度块组成。每个块组由 3×11 个宏块组成。每幅 QCIF 格式的图像有 3 个块组，而每幅 CIF 格式的图像的块组数是 QCIF 的 4 倍。这种复杂的层次结构，主要用于高压缩比的视频编码算法中。

2．H.261 的压缩编码算法

视频编码的主要目标是通过去除冗余信息来减小位率。编码处理方式可分为源编码和熵编码两类。源编码即信号编码，是对原始图像进行处理，这种处理有信息丢失，是有损压缩，图像质量降低了。源编码又可分为帧内编码和帧间编码。帧内编码用于第一幅图像和景物变换后的第一幅图像（MPEG 中用于 I 帧，H.261 无此概念）。帧间编码用于相似图像序列，包括运动图像。帧内编码只去除了一幅图像中的空域冗余信息，帧间编码还去除了帧间图像的时域冗余信息。熵编码利用信号的统计特性减少比特数，以达到进一步压缩数据的目的。从理论上讲，熵编码是无失真压缩。

H.261 采用了帧内和帧间两种编码方式。它融合了基于 DCT 的编码方法和带运动估计的 DPCM 预测编码方法。在帧内编码中，每一帧图像被切分成 8×8 的子块，每一个 8×8 的块都经过离散余弦变换得到 DCT 系数，做线性量化后送到视频多路编码器中。同时，每一帧图像经恢复（通过逆量化器和逆变换器）存放在图像存储区中，供帧间编码使用。

在帧间编码方式中，采用 DPCM 预测编码方法。预测值是以运动估计为基础的，通过把当前帧的每一个宏块（只考虑亮度）与前一帧对应宏块的邻域相比较，便可得到运动估计。如果当前宏块与预测宏块的差值小于某个确定的阈值，对这个宏块就无须进行数据变换，否则，这个差值就要进行 DCT 变换和量化处理，然后和运动矢量信息一起送到视频多路编码器。通过循环滤波器来滤去高频噪声，以改善图像质量。线性量化器的量化步长，可根据编码器的传送缓冲区充满程度来进行调节，当传输缓冲区的信息快满时，步长就要加大，以减少编码信息。当然，这将导致图像质量降低。当传输缓冲区的信息不满时，要减小步长，这样就可以改善图像质量。

为了进一步压缩数据，在源编码器的视频多路编码器中使用熵编码。对量化了的 DCT 系数和各种辅助信息有 5 个变长码表。视频多路编码器的输出送入传送缓冲区中，传送缓冲区通过控制量化器步长来调节视频信息流，以达到一个恒定的位率。

3．H.263 标准简介

与 H.261 标准不同，H.263 标准是一种基于公共模拟电话网上传输的甚低比特率（≤64kb/s）视频压缩编码标准。由于 H.263 标准是在 H.261 标准基础上发展起来的，因此，在信源编码的方式上，二者又有许多相似之处。然而，它的图像输入格式又规定了第三种格式，即 Sub-QCIF 格式。该图像格式亮度信息的分辨率为 128×96 像素。

H.263 标准的组块（GOB）定义也与 H.261 标准略有不同。在 H.263 标准中，一帧 QCIF 图像中定义了 9 个 GOB，每个 GOB 中又定义了 11 个宏块（MB）。

另外，H.263 标准的 DCT 可变长编码没有采用 MPEG 和 H.261 标准的二维行程编码，而是采用三维（Last、Run、Level）方式，其中 Last 采用 1bit 表示是否为最后一个非量化系数。

H.263 标准的运动估值精度采用半像素精度，这与 H.261 的整数像素间隔的运动估值精度不同。H.263 标准也不提供任何误码的校验与纠错处理。

小结

在目前多媒体硬件水平、网络通信能力条件下，多媒体压缩技术是推动多媒体技术应用的主要源动力，因为多媒体压缩技术解决了海量的多媒体数据的存储、传递和应用所带来的严重问题。压缩编码技术中涉及了比较艰深的数学知识、概率统计知识，并考虑到课时和篇幅限制，本章并没有详细展开讨论。本章力求用较少的篇幅，介绍相应的压缩编码技术的基本原理。

因此，本章首先提出了多媒体数据压缩的可能性和必要性问题，并通过计算各种媒体的数据量，明确了压缩的必要性。然后介绍了目前常用的压缩编码技术，主要包括统计编码、预测编码和变换编码。在统计编码中介绍了霍夫曼编码、行程编码的算法实现过程，在预测编码中介绍了 DPCM、ADPCM 编码的原理，而在变换编码中主要介绍了一维离散余弦变换和二维离散余弦变换编码的基本思想。然后，在本章最后，介绍了多媒体数据压缩编码国际标准的基本原理和实现过程，并同时介绍了几个常见标准，如 MPEG- 1、MPEG- 2、MPEG- 4、MPEG- 7、H.261 和 H.263 标准。

习题与思考题

1．阐述多媒体数据压缩的必要性和可能性？

2．什么是多媒体数据冗余？主要包括哪些冗余类型？

3．压缩算法的本质是什么？

4．多媒体数据压缩编码有哪些类型？各种类型的特点是什么？

5．如何判断一种数据压缩编码方法的优劣？

6．假设一幅图像是由 16 个像素组成的灰色图像，灰度共有 3 级，分别用符号 A、B、C 表示。这 16 个像素中，出现灰度 A 的像素为 8、出现灰度 A 的像素为 4、出现灰度 A 的像素为 4。如果用 2 位表示 3 个等级的灰度值，那么，编码这幅图像需要多少位，并计算这幅图像的熵值是多少？

7．试计算 1 分钟 NTSC 制式（24fps），分辨率 120×90 像素，24 位真彩色数字视频的不压缩的数据量？

8．假设信源 S 各符号出现的频率如下，说明至少需要多少位来表示此信源 S，并构造其霍夫曼树，计算其平均码长。

符号	x_1	x_2	x_3	x_4	x_5	x_6	x_7
频数	1	6	15	2	1	6	4

9．什么是 JPEG 编码？它具有哪些特点？

10．什么是 MPEG 编码？它具有哪些特点？

11．信源序列往往具有较强的相关性。通过＿＿＿A＿＿＿，可以去除一些相关性，从而达到数据压缩的目的，但其压缩能力有限。而变换编码具有更高的压缩效率。在变换编码系统中，压缩数据分为三个步骤：＿＿B＿＿、＿＿C＿＿和＿＿D＿＿。变换编码的关键在于：在已知 X 的条件下，根据它的＿＿E＿＿矩阵去寻找一种互交变换 T，使变换后的＿＿E＿＿矩阵满足或接近为一个＿＿F＿＿矩阵。当经过正交变换后的矩阵具有＿＿G＿＿时，称该变换为最佳变换。

供选择的答案：

A：① Huffman 编码　　② 等长编码　③ 预测编码　　④ 扩展编码

B、C、D：① 采样　　　② 变换　　　③ 变换域采样　　④ 编码　　⑤ 量化

E、F、G：① 对角　　　② 协方差　　③ 最小均方误差　④ 最大均方误差
　　　　　⑤ 最小二乘法　⑥ 正交变换

12．MPEG 视频压缩技术是针对＿＿A＿＿的数据压缩技术。为了提高压缩比，帧内图像数据压缩和帧间图像数据压缩必须同时使用。帧内压缩算法与＿＿B＿＿大致相同，采用基于＿＿C＿＿技术，以减少＿＿D＿＿冗余信息。帧间压缩算法，采用＿＿E＿＿和＿＿F＿＿，以减少＿＿G＿＿冗余信息。

供选择的答案：

A：① 静止图像　　　② 运动图像　③ 图像格式　　④ 文本数据

B：① DV　　　　　② JPEG　　　③ H.261　　　④ H.263

C：① DCT 的变换编码　　② DFT 的变换编码　　　③ DCT 的预测编码
　　④ WHT 的预测编码　　⑤ WHT 的变换编码

D、G：① 连续　　　② 空域　　　③ 离散　　　④ 时域

E、F：① 预测法　　② 推理法　　③ 插补法　　④ 扩充法

第6章　图形与图像处理技术

本章知识点

- 掌握图形和图像的获取技术
- 了解动画的制作方法和过程
- 掌握图形和图像的处理技术
- 理解计算机动画的基本概念和分类
- 了解虚拟现实技术的基本概念
- 了解常用的图像、动画和视频处理软件的使用

图像处理是研究图像的获取、传输、存储、变换、显示、理解与综合利用的一门崭新学科。图像处理在生物医学、遥感、工业、军事、电信、公安等领域有着广泛的应用。例如，公安系统的指纹识别，印签、伪钞识别，安检，手迹、印记鉴别分析等；气象预报系统对获取的气象云图进行测绘、判读等；工业生产过程中的无损探伤，石油勘探，生产过程自动化（识别零件、装配质量检查），工业机器人研制等；军事领域的航空及卫星侦察照片的测绘、判读，雷达、声纳图像处理，导弹制导，军事仿真等。

在第4章中，已经对静态图像和动态视频的基本概念进行了介绍，它们具有很强的实际应用价值，本章将针对静态图形、图像和动画等多媒体素材的制作方法和软件进行简要介绍，同时概要介绍有关虚拟现实技术的一些知识。

本章的教学建议安排6个学时，如果学时有限，对于虚拟现实技术的内容可以考虑选修。在学习本章内容之前，学生应该对图像和动画的基本概念有所了解，有一定的数学基础。

6.1　图形与图像的获取与处理

在日常生活中，当从某点观察某一景象时，物体所发出的光线进入人眼，在人眼的视网膜上成像，这就是人眼所看到的客观世界，我们将它称为景象或图像。这是模拟形式的图像，而计算机处理的图像一般是数字形式的，因此，需要一些软件或设备，将模拟形式的图像转换成数字形式的图像。

6.1.1　图像的获取途径

计算机处理的数字图像主要有三种形式：图形、静态图像和动态图像（即视频）。图像的获取也就是图像的数字化过程，即将图像采集到计算机中的过程。

计算机处理的图像主要有以下4种获取途径。

（1）计算机生成

利用相关处理软件产生图形、静态图像和动态图像等数字化形式的图像。这类软件往往具有多种功能，除了绘图以外，还可用来对图形进行扫描、修改等操作。著名的软件有

CorelDRAW、Photoshop 和 PhotoStyler 等。

（2）利用设备及相关软件获取图像

首先收集图像素材，如印刷品、照片及实物等，然后使用彩色扫描仪对照片和印刷品进行扫描，经过稍微加工后，即可得到数字图像。也可使用数码照相机直接拍摄景物，再传送到计算机中进行处理。对于动态图像内容可以利用数码摄像机直接拍摄获得。

（3）从图像库获取图像

目前，图像数据库很多，它们内容广泛，质量精美，存储在 CD-ROM 光盘上可供选择，但是价格不菲，著名的有柯达公司的 Photo CD 素材库。

（4）网络上获取图像

随着网络技术的飞速发展，Internet 已经成为人们工作生活的重要交流学习工具，很多网站提供了大量的免费图像素材，可供使用，只是要注意版权问题。

6.1.2 图形与图像的处理

通常，经图像信息输入系统获取的源图像信息中都含有各种各样的噪声与畸变。图像增强的目的就是为了改善图像的视觉效果、工艺的适应性，以及便于人与计算机的分析和处理，以满足图像复制或再现的要求。图像增强主要包括色彩变换、灰度变换、图像锐化、噪声去除、几何畸变校正和图像尺寸变换等，简言之，即对图像的灰度和坐标进行某些操作，从而改善图像质量。

图像增强是一类基本的图像处理技术，其目的是对图像进行加工，以得到对具体应用来说视觉效果更好、更有用的图像。目前，常用的增强技术根据其处理的空间不同，可分为两类，即基于图像域的方法和基于变换域的方法。

第一类，直接在图像所在的空间进行处理，也就是在像素组成的图像域里直接对像素进行操作；第二类，在图像的变换域对图像进行间接处理。本书只讨论基于图像域的图像处理方法。

对于基于图像域的图像增强处理主要有三种形式：一是基于像素点的点处理，也就是对图像的每次处理都是对每个像素进行的；二是基于模板的邻域处理，即每次对图像的处理都是对小的子图像进行的；三是对整幅图像进行同一操作的并行处理。

点处理是指只依赖于每个像素点的独立信息即可完成的图像处理。在这种处理中，对于输出结果，点与点之间不发生相互的影响，如色阶调整、亮度调整和对比度调整。

邻域处理（Neighborhood Operation）是指对输入图像的邻域内的像素进行某种处理，获取满足某种要求的输出像素值的操作。采用邻域处理时，邻域的大小、形状可根据输出图像的要求来选择与变化。邻域越大，计算量越大。实际处理中多采用 3×3 像素或 5×5 像素的邻域为处理的基本单位，而且邻域处理常用于锐化处理和平滑处理中。

并行处理（Parallel Operation）是指对图像内的各个像素同时进行相同运算的处理，它是一种类似人的视觉处理的运算方式。

6.2 图像处理软件 Adobe Photoshop

Adobe Photoshop 是一种功能十分强大的图像处理软件，由 Adobe 公司在 1990 年首次推出，现在最新版本为 CS4。

Photoshop 以其完备的图像处理功能和多种美术处理技巧为许多的专业人士所青睐。它既是一种先进的绘图程序，同时也可以用来修改和处理图像。它集图像编辑、图像合成、图像扫描等多种图像处理功能于一体，同时支持多种图像文件格式，并提供有多种图像处理效果，可制作出生动形象的图像效果，是一个非常理想的图像处理工具。

1. Photoshop CS4 新增功能

（1）内容感应缩放

利用 Photoshop CS4 的内容识别比例（Content Aware Scale）命令，当图像被调整为新的尺寸时，会智能地按比例保留其中重要的区域。

（2）蒙版面板

该面板提供需要的所有工具，这些工具可用于创建基于像素和矢量的可编辑蒙版、调整蒙版密度和轻松羽化、选择非相邻对象等。

（3）调整面板

该面板为简化图像调整提供了所需的各个工具，可实现无损调整并增强图像的颜色和色调，新的实时和动态调整面板中还包括图像控件和各种预设。

（4）自动对齐图层

层自动对齐一直作为合并 HDR（高动态感光范围）图像、创建全景图、处理连拍照片的前奏，用来精确快速地对齐与连接多张图片。Photoshop CS4 进一步增强了该功能，增加了实用的对齐方式和镜头校正选项。

（5）图像自动混合

将曝光度、颜色和焦点各不相同的图像（可选择保留色调和颜色）合并为一个经过颜色校正的图像。

（6）流体画布旋转

通过创新的旋转视图工具可随意转动画布，按任意角度实现无扭曲查看。

2. Photoshop 的窗口组成

Photoshop 的窗口由标题栏、菜单栏、工具箱、工作窗口、控制面板及状态栏等组成，如图 6.1 所示。

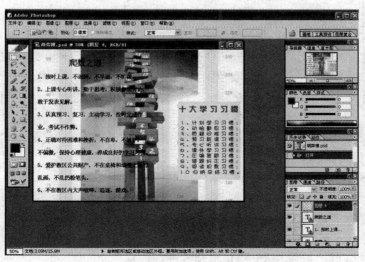

图 6.1　Photoshop 窗口

工具箱中存放着各种编辑工具，使用方便。利用工具箱中的工具可以选择、绘制、编辑和查看图像，选择前景色和背景色，创建快速蒙版及更改屏幕显示模式等。

控制面板可以帮助用户监控和修改图像。例如，导航器控制图像显示比例与位置，信息控制面板显示当前面板的有关设置信息，颜色面板显示当前的前景色、背景色信息，色板调板可以用来选取颜色，图层面板显示当前图像的图层信息，通道面板显示当前图像的颜色通道，历史记录面板记录对当前图像的每一步操作。利用"窗口"菜单中的选项可以设置控制面板中各项的显示与否，也可用鼠标拖动控制面板中的选项，按自己的习惯组合控制面板。

状态栏则是用来显示当前图像的有关状态及一些简要说明和提示。

3．新建文件

选择"文件/新建"命令打开新建对话框，在"名称"框中输入文件名；设置宽度和高度，默认单位为像素，可改成其他单位，如厘米；在"分辨率"框中输入相应数值，默认为 72，为提高画面质量可设为 300；在"颜色模式"框中选择想要的图像类型，位图代表黑白二值图，灰度代表无彩色的具有明暗变化图；"背景内容"表示新建图像的背景颜色，如果想绘制背景透明的图像，需要选择"透明"项。

4．Photoshop 图像选取

Photoshop 的基本工具存放在工具箱中，一般置于 Photoshop 界面的左侧，如图 6.2 所示。

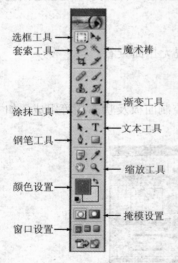

选框工具——
套索工具——
涂抹工具——
钢笔工具——
颜色设置——
窗口设置——
——魔术棒
——渐变工具
——文本工具
——缩放工具
——掩模设置

图 6.2　工具箱

当工具的图标右下角有个小三角时，表示此工具图标中还隐藏了其他工具。在此工具图上单击并停留片刻，便可以打开隐藏的工具箱。选中隐藏的工具后，所选工具便会代替原先工具出现在工具箱中。当把光标停在某个工具上时，Photoshop 会提示此工具的名称及快捷键。选定工具后，屏幕上方会显示该工具的属性选项栏，用于修改工具的参数及设置。若屏幕上没有属性选项栏，选择"窗口|显示选项"命令即可。

Photoshop 中有关图像的操作几乎都与当前的选取范围有关，因为操作只对选取范围内的区域有效，而对未选范围无效。所以选取范围的优劣、准确与否，会直接影响编辑图像的好坏。

选取范围的方法有很多，如利用工具箱中的选框工具、套索工具、魔术棒工具，或者菜单中的选择颜色范围命令，以及图层、通道操作等。

通常，选取范围并不是用一种工具操作一次就可以完成的，需要组合应用，组合操作如下：

① 增加选区：按住 Shift 键进行选择；

② 减少选区：按住 Alt 键进行选择；

③ 反选：选择"选择|反向"命令；

④ 全选：选择"选择|全部"命令；

⑤ 选择交叉区域：按住 Shift +Alt 组合键进行选择。

5．Photoshop 图像调节

一幅绘画作品，除了创意、内容及布局外，主要靠色调与色彩来表现。同样，一幅鲜活的、高品质的图像，色调与色彩的控制也是关键。色调与色彩的调整也就是对图像的亮度、饱和度、对比度和色相的调整。

对图像色彩色调调节主要利用"图像|调整"子菜单下的各选项来完成，下面就以色阶调节为例，讲解图像调节的操作方法。

"色阶"命令可以用来调整图像的明暗度，如图 6.3 所示。操作方法如下。

① 打开一幅待处理图像，利用矩形选框工具选中需要调节的图像区域。

② 选择"图像|调整|色阶"命令，打开色阶调节对话框。

图 6.3　图像色阶调节

③ 从"通道"下拉列表中选择要调整的通道。

④ 调节"输入色阶"。拖移左边的黑色滑块可以增加图像的暗部色调，其范围为 0～253；拖移中间的灰色滑块可以调整图像的中间色调的位置，其范围为 0.10～9.99；拖移右边白色滑块可以调节图像的亮部色调，其范围为 2～255。

⑤ "输出色阶"可以限定图像的亮度范围。将白色滑块拖动到左边的一个亮度值位置，则 225 亮度值的像素会被重新映射为该亮度值，较低亮度值的像素会被映射为相应的较暗值，这会使图像变暗，降低高光区域中的对比度。同理，移动黑色滑块可以减少暗调，使图像变亮。

6．Photoshop 图像绘制

在 Photoshop 工具箱中显示的各种图标已经形象地表现出了各种工具的用途，用于绘图的工具包括：吸管 、画笔 、喷枪、铅笔、直线 、橡皮 、渐变 T 、文本 T 、图章 、调焦 、色调 工具等。

Photoshop 使用前景色绘画、填充和描边选区，使用背景色进行渐变填充和填充图像中要被擦除的区域。用户可以使用吸管或颜色调板等来指定新的前景色或背景色。

（1）基本绘图工具

基本的绘画工具包括画笔工具、喷枪工具和铅笔工具，利用这 3 种工具可以得到不同的绘制效果：画笔工具可以创建柔和的彩色线条；喷枪工具可以将渐变色调（包括彩色喷雾）应用到图像上，模拟传统的喷枪机制；铅笔工具可以创建硬边手画的直线。

使用方法为：先指定前景色，然后选择某一种工具，在选项调板中指定混合模式、不透明度、绘画渐隐速率和画笔选项等，再在画笔调板中选择一个画笔尺寸，如图 6.4 所示，最后在图像中按下鼠标左键拖动鼠标指针（以下简写为拖动鼠标指针）就可以进行绘画。

说明：在画笔尺寸的下方，提供了特殊笔形（如五角星），方便绘制特殊图形。

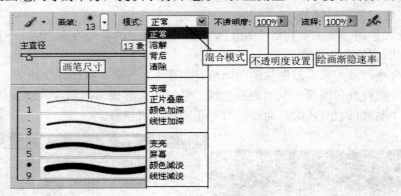

图 6.4　画笔选项设置

（2）直线工具

使用直线工具可以在图像上绘制直线。使用方法为：先指定前景色，然后选择直线工具，在选项调板中指定混合模式和不透明度，再在"粗细"文本框中输入直线的宽度，范围为 1～1000 像素，选中"消除锯齿"项可以创建软边直线。设置好选项后，在图像中拖动鼠标指针即可绘制直线。

如果想绘制带箭头的直线，可选取箭头选框中的"起点"、"终点"项或两项都选，从而指定箭头的起始位置。如果想在图像中绘制直线，可按住 Shift 键拖动。

同理，可以利用直线工具图标下的矩形工具、椭圆工具及多边形工具等绘制其他图形。

（3）橡皮擦工具

橡皮擦图标下有 3 个擦除工具：橡皮擦工具、魔术擦除工具和背景擦除工具。使用橡皮擦工具可以用背景色或透明区域替换图像中的颜色；使用魔术擦除工具可以擦除当前图层中所有相似的像素；使用背景擦除工具在图层中拖动，可以将图层中与取样背景色相近的像素擦除，使其成为透明区域。

擦除工具的使用方法为：选择某种擦除工具，设置其选项，然后拖动其在图像窗口中移动即可。

（4）渐变工具

渐变工具可以创建多种颜色间的逐渐混合，产生渐变效果。可以是从前景色到背景色的渐变或从前景色到透明背景的渐变，也可以是其他颜色间的渐变。

使用方法为：选择渐变工具，在渐变工具选项设置面板中，有 5 种渐变方式，从左到右分别为线性渐变、径向渐变、角度渐变、对称渐变和菱形渐变。选择其中一种，然后单击渐变方式左边的颜色条，打开渐变编辑器，进行渐变颜色设置，如图 6.5 所示。选项设置完毕后，在图像中拖动鼠标指针，从起点（按下左键处）拖到终点（释放左键处）就可以绘制一个渐变图像。

（5）文本工具

文本（Type Tool）工具用于在图像中添加文字，实心的图标表示生成文字时会生成文字图层，空心的图标表示生成文字时只在本层生成文字选区，有"↓"标记的图标表示竖直排版，无"↓"标记的图标表示横向排版。

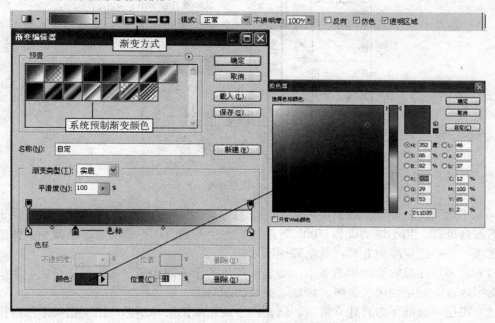

图 6.5　渐变工具选项设置

使用方法为：选择一种文本工具，然后设置其选项面板中的文字字体、字号等内容，在图像窗口中单击，然后输入相应文字即可。

其他绘图工具，如色调工具（包括减淡工具、加深工具和海绵工具）用于进行图像色调调节，调焦工具（包括模糊工具和锐化工具）用于进行图像边缘的柔和或硬化处理，图章工具（包括橡皮图章工具和图案图章工具）用于进行图像或图案的复制。这里不再详细叙述这些工具的使用方法，有兴趣的同学，可自行上机操作练习。

7．Photoshop 图层

在实际绘画中，画师只能在一层画布上作画，无论添加还是更改都只能在这一层画布上操作。Photoshop 使用了图层的概念，图像被放在不同的图层中，这样就便于独立编辑或修改某个图像内容。

一个图像文件最多可设置 100 个图层。选择"窗口│显示图层"命令或按 F7 健也可以打开图层控制面板，如图 6.6 所示。下面简单介绍图层控制面板中各个组成部分的含义。

（1）在图层合成方式下拉列表中，可以选择合成的拼和方式。

（2）链接图标，表示该层与正在编辑的图层相链接。如果移动编辑层，该层也跟着移动。

（3）笔刷图标，表示该层正处于编辑状态，也就是说，只能对该层进行改动。如果画框里显示的是图层蒙版图标，则表示该层应用了蒙版。

（4）眼睛图标，表示该图层处于显示（可见）状态。单击眼睛图标，图标消失，则该层隐藏不显示。

（5）单击右上角的选项按钮（右三角按钮）可以打开图层面板选项列表，在这里可以进行图层操作（也可在菜单栏里进行）。

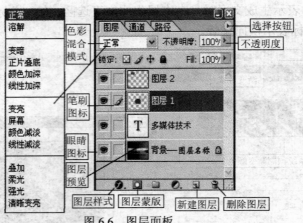

图 6.6　图层面板

（6）不透明度。降低不透明度后，图层中的像素会呈现出半透明的效果，这有助于图层之间的混合处理。当不透明度为 100%时，代表完全不透明；不透明度逐渐减小，图像也会逐渐变淡；当不透明度为 0 时，就隐藏该图层。

（7）在图层面板右侧的矩形条中，会显示该层的缩略图和图层名。如果是文字图层，则显示文字内容；如果使用了蒙版，则显示蒙版的缩略图。

（8）图层面板最下方有建立蒙版、新建图层及删除图层等图标按钮。把某个图层拖到删除图层图标按钮（垃圾桶）上即可完成删除图层操作。

（9）图层包括以下操作。

图 6.7　图层链接设置

① 移动图层：首先要选中该图层，使其成为当前编辑层，方法为，在图层面板中，单击该图层以激活它；然后选择移动工具，将所选图层中的图像移到想要的位置。

② 复制图层：最简单的方法是将图层面板中的图层名称拖到面板底部的新建图层图标按钮上，或选择"图层|复制图层"命令，新图层根据其创建顺序命名。

③ 链接图层：首先在图层面板中选择一个图层，然后在想要链接到所选图层的所有图层左边第二栏中单击，则链接图标出现在该栏中，如图 6.7 所示。要取消链接图层，再次单击链接图标即可移去链接。通过链接两个或多个图层，用户可以一起移动它们的内容或进行统一的操作。

④ 图层合并：可通过图层菜单命令来完成，Photoshop 提供了 3 种合并方式。

- 向下合并。将图层与它下面的图层合并。注意，合并前要确保想要合并的两个图层都可见。
- 合并可见图层。合并图像中所有可见图层。注意，要隐藏不想合并的所有图层，并确保没有图层被链接。
- 拼合图层。合并所有层，如果图层中有不可见图层，则会提示是否丢掉不可见图层，回答"是"，则不可见图层丢失。

⑤ 对齐多个图层：可先将多个图层链接在一起，然后选择"图层|对齐链接图层"命令，从子菜单中选取一个选项即可。

⑥ 蒙版操作：要创建一个显示整个图层的蒙版，先选中需要建立蒙版的图层，然后单击图层面板底部的"添加蒙版"按钮；要创建一个隐藏整个图层的蒙版，按住 Alt 键单击"添加蒙版"按钮。

同理，要创建一个显示所选选区并隐藏图层其余部分的蒙版，先在图像中选取目标区域，然后单击"添加蒙版"按钮；要创建一个隐藏所选选区并显示图层其余部分的蒙版，按住 Alt 键单击"添加蒙版"按钮。

图层蒙版是一个灰度 Alpha 通道，黑色表示图像中没被选中的部分，白色表示被选中的部分，而不同层次的灰度表示"蒙"住的程度（即羽化效果），可以在灰度图里使用各种工具为图像绘制出选区。

要隐藏图层内容并添加到蒙版中，需要用黑色在蒙版内绘画，例如，利用椭圆选取工具，画一个椭圆，然后用油漆桶工具为其添加黑色，则椭圆下的该图层内容将被隐藏。

要显示图层并从蒙版中减去，则需要用白色在蒙版内绘画。绘图前，先要选中该蒙版，方法为：按住 Alt 键并单击图层调板中的图层蒙版缩览图，或进入通道面板，选择该蒙版的 Alpha 通道，如图 6.8 所示。

图 6.8　图层蒙版操作

⑦ 指定图层混合模式：用于决定图层中的像素与其他图层中的像素如何混合，该选项下提供了 22 种混合模式，如正常、溶解、正片叠底、强光等。例如，"正片叠底"表示将底色与混合颜色相乘，结果颜色总是较暗的颜色。对于其他模式，感兴趣的同学可以上机尝试，查看其效果。

⑧ 图层特效：Photoshop 提供了可以应用到图层的特殊效果，如投影、发光、斜面和浮雕等。应用图层特效时，图层面板中图层名称的右边将出现一个"f"图标。

图层特效被链接到图层内容上。在移动或编辑图层内容时，图层特效将相应更改。图层特效对于加强文字图层特效特别有用。在同一层中可以应用多项特效。但图层特效不能应用于背景图层。

添加图层特效的方法为：选择想要使用特效的图层，然后选择"图层|图层样式|投影（或内阴影等）"命令，打开"图层样式"对话框，如图 6.9 所示。在对话框中指定混合模式、不透明度、颜色、光照角度等选项，输入一个数值或拖移滑块指定阴影与图层内容的距离，单击"确定"按钮即可完成效果制作。如图 6.10 所示，添加了图层特效的图层右边出现一个"f"

图标，并显示了所添加的特效名称。

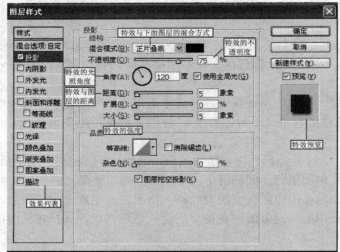

图 6.9 "图层样式"对话框

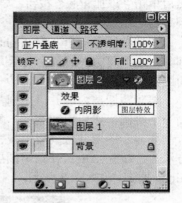

图 6.10 添加图层特效

其他图层特效，感兴趣的同学可自行上机调试，方法同上。

8. Photoshop 滤镜

滤镜是一些专门用于生成图像特殊效果的工具。例如，使用滤镜为图像制作出模糊效果，或者把图像变成浮雕效果，为水面制作波纹等。滤镜自带的功能极为强大，会产生很多神奇的效果，为画面带来无穷的魅力。

（1）使用滤镜工具时所受的限制

在位图、索引图、48 位 RGB 图、16 位灰度图等色彩模式下，不允许使用滤镜工具；在 CMYK、LAB 等模式下，不允许使用画笔描边、素描、视频、纹理、艺术效果这 5 种滤镜工具。在一般情况下，提倡用 RGB 模式编辑图像，这样就可以不受阻碍地使用滤镜工具了。如果编辑的图像不是 RGB 格式的，可以选择"图像|模式|RGB 颜色"命令，将图像格式转换为 RGB 格式即可。

（2）滤镜工具的使用方法

① 用选择工具选择想要应用滤镜的图像区域（不选时，滤镜默认对本图层全图进行操作）。

② 在"滤镜"菜单中选择滤镜组的名称，打开子菜单项。单击子菜单项中带有省略号"…"的选项，将会打开滤镜对话框；若单击没有省略号"…"的选项便会直接使用滤镜而不出现任何提示。

③ 若打开对话框，可在对话框中设置各项参数及选项。选中对话框中的"预览"复选框，还可以进行预览。

④ 确定好效果后便可单击"确定"按钮，将滤镜应用到图像中。

（3）波纹效果示例

打开一幅图像，选择"滤镜|扭曲|波纹"命令，打开波纹设置对话框，调整各项参数，然后单击"确定"按钮。如图 6.11（a）、（b）所示为原图和添加了波纹滤镜的效果图。

 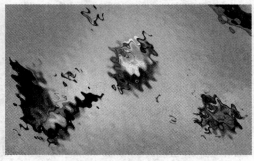

（a）原图　　　　　　　　　　　　　　　（b）效果图

图 6.11　图像波纹滤镜效果

说明：在滤镜菜单下仅提供了一部分常用滤镜选项，Photoshop 还支持其他特殊滤镜效果，需要自行下载相应的插件，解压后复制到 Photoshop 安装路径下的滤镜中即可。

9．图像保存及文件格式转换

当对图像的处理完成后，可选择"文件|另存为"命令，将图像保存起来。如果选择的保存格式为 PSD，则表示该图像是以图层格式保存的，下次打开时还可以继续编辑；如果想保存成其他格式，先要进行图层合并，然后选择一种文件格式，如 JPG、TIFF 等。

说明：PNG 格式为支持透明文件格式，即如果背景是透明的，以该格式保存后，再将图像插入到其他应用对象（如 PPT）中，则背景同样透明显示。

6.3　动画的制作

动画提供了静态图形缺少的瞬间交叉的运动景象，它是一种可感觉到运动相对时间、位置、方向和速度的动态媒体。计算机动画已有 30 多年的历史，早期的创作方法是基于数学公式的，由某种算法产生的一系列作品。目前，主要通过计算机软件为动画创作提供一个人机交互的环境。本质上，动画创作是一种形象思维活动，对形象思维研究将从理论上为创作提供清晰的模型，因此动画建模是动画创作工具的基础。目前，基于理论的动画创作系统已问世，它能代替人的部分低层次的有规律的思维。

6.3.1　传统动画的制作过程

传统的动画制作，尤其是大型动画片的创作，是一项集体性劳动，创作人员的集体合作是影响动画创作效率的关键因素。一部长篇动画片的生产需要许多人员，有导演、制片、动画设计人员和动画辅助制作人员等。动画辅助制作人员专门负责中间画面的添加工作，即动画设计人员画出一个动作的两个极端画面，动画辅助人员则画出它们中间的画面。画面整理人员把画出的草图进行整理，描线人员负责对整理后画面上的人物进行描线，着色人员对描线后的图进行着色。由于长篇动画制作周期较长，还需专职调色人员进行调色，以保证动画片中某一角色的着色前后一致。此外，还需要特技人员、编辑人员、摄影人员及生产人员和行政人员的配合。

对于不同的人，动画的创作过程和方法可能有所不同，但其基本规律是一致的。传统动画的制作过程可以分为总体规划、设计制作、具体创作和拍摄制作 4 个阶段，每一阶段又有若干个步骤。

1．总体规划阶段

总体规划阶段是动画制作的前期，主要是故事情节设计及工作安排等，要完成的工作主要包括剧本、故事板和摄制表等。

（1）剧本的创作

任何影片生产的第一步都是创作剧本，但动画片的剧本与真人表演的故事片剧本有很大不同。一般影片中的对话，对演员的表演是很重要的，而在动画影片中则应尽可能避免复杂的对话。在这里最重要的是用画面表现视觉动作，最好的动画是通过滑稽的动作取得的，其中没有对话，而是由视觉创作激发人们的想象。

（2）设计故事板

根据剧本，导演要绘制出类似连环画的故事草图（分镜头绘图剧本），将剧本描述的动作表现出来。故事板由若干片段组成，每一片段由一系列场景组成，一个场景一般被限定在某一地点和一组人物内，而场景又可以分为一系列被视为图片单位的镜头，由此构造出一部动画片的整体结构。故事板在绘制各个分镜头的同时，作为其内容的动作、对白的时间、摄影指示及画面连接等都要有相应的说明。一般 30 分钟的动画剧本，若设置 400 个左右的分镜头，需要绘制有约 800 幅图画的图画剧本——故事板。

（3）制作摄制表

摄制表是导演编制的整个影片制作的进度规划表，以指导动画创作集体各方人员统一协调地工作。

2．设计制作阶段

设计制作阶段主要依据总体规划阶段的剧本，完成初步素材准备工作，包括造型设计和音响录制等。

（1）造型设计

造型设计工作是指在故事板的基础上，确定背景、前景及道具的形式和形状，完成场景环境和背景图的设计与制作。要对人物或其他角色进行造型设计，并绘制出每个造型的几个不同角度的标准页，以供其他动画人员参考。

（2）音响录制

在动画制作时，因为动作必须与音乐匹配，所以音响录音不得不在动画制作之前进行。录音完成后，编辑人员还要把记录的声音精确地分解到每一幅画面位置上，即第几秒（或第几幅画面）开始说话，说话持续多久等。最后要把全部音响历程（或称音轨）分解到每一幅画面位置与声音对应的条表上，供动画人员参考。

3．具体创作阶段

具体创作阶段则是具体完成每一个细节的设计，包括每一个动作画面的设计与编辑等。

（1）关键画面创作

原画创作是指由动画设计师绘制出动画人物造型和景物等关键画面。通常，一个设计师只负责一个固定的人物或其他角色。

（2）中间插画制作

中间插画是指两个重要位置或框架图之间的图画，一般就是两张原画之间的一幅画。助理动画师制作一幅中间画，其余美术人员再内插绘制角色动作的连接画。在各原画之间追加的内插的连续动作的画要符合指定的动作时间，使之能表现得接近自然动作。

（3）制成胶片

前几个阶段所完成的动画设计均是铅笔绘制的草图。草图完成后，使用特制的静电复印机将草图誊印到醋酸胶片上，然后，再用手工给誊印在胶片上的画面的线条进行描墨。

（4）上色

由于动画片通常都是彩色的，这一步就是对描线后的胶片进行着色（或称上色）。

4．拍摄制作阶段

这一阶段完成动画的拍摄工作，即把胶片等离散的素材，串联成电影的过程。

（1）核实检查动画画稿

检查是拍摄阶段的第一步。在每一个镜头的每一幅画面全部着色完成之后，拍摄之前，动画设计师需要对每一场景中的各个动作进行详细的检查。

（2）拍摄

动画片的拍摄，通常使用中间有几层玻璃层、顶部有一部摄像机的专用摄制台。拍摄时，将背景放在最下一层，中间各层放置不同的角色或前景等。拍摄中可以移动各层产生动画效果，还可以利用摄像机的移动、变焦、旋转等，生成多种动画特技效果。

（3）编辑

编辑是后期制作的一部分。编辑过程主要完成动画各片段的连接、排序及剪辑等。

（4）配音

编辑完成之后，编辑人员和导演开始选择音响效果配合动画的动作。在所有音响效果选定并能很好地与动作同步之后，编辑和导演一起对音乐进行复制。再把声音、对话、音乐及音响都混合到一个声道上，最后记录在胶片或录像带上。

随着各种技术及硬件设备的飞速发展，尤其是计算机技术和多媒体技术的发展，目前，动画制作已突破传统动画的制作过程，借助一些工具来完成大量的工作，减少了人工付出，同时也使动画更加丰富多彩、形象逼真。

6.3.2　计算机动画

计算机动画是计算机图形学和艺术相结合的产物，它是伴随着计算机硬件和图形算法高速发展起来的一门高新技术，它综合利用计算机科学、艺术、数学、物理学和其他相关学科的知识，在计算机中生成绚丽多彩的连续的虚拟真实画面，给人们提供了一个充分展示个人想象力和艺术才能的新天地。

1．基本概念

简单地讲，计算机动画是指借助于编程或动画制作软件生成一系列的景物画面，其中，当前帧画面是对前一帧画面的部分修改。计算机动画就是采用连续播放静止图像的方法产生物体运动的效果。

不论是在"半条命"（Half Life）游戏中，还是在《侏罗纪公园》、《千与千寻》等优秀电影中，都可以充分领略到计算机动画的魅力。

充分利用物理学、机器人学、生物学、心理学、人工智能、多媒体技术及虚拟现实技术等相关学科和技术，开发具有人的意识的虚拟角色的动画系统，是计算机动画的发展趋势。

2. 计算机动画的种类

（1）按动画的系统功能分类

根据计算机功能强弱，将计算机动画分为 5 个等级。

第 1 级，只用于交互产生、着色、存储、检索和修改，不考虑时间因素，因此，它的作用相当于一个图像编辑器。

第 2 级，可以实现中间帧的计算，用计算机替代人工制作中间帧，例如，物体沿设置的路径运动，并考虑了时间因素。

第 3 级，可以为动画提供形体的操作，如平移、旋转等。

第 4 级，提供了定义角色的方法，这些角色具有自己的运动特色，它们的运动可能会受到约束，如行为约束、对象之间的约束。

第 5 级，智能动画系统，它有自学能力。随着计算机动画系统的反复工作，使其系统功能变得越来越完善。

（2）按运动的控制方法分类

按照动画的运动控制方式不同，可将动画分为关键帧动画和算法动画。

① 关键帧动画

关键帧是指用以描述一个对象的位移情况、旋转方式、缩放比例、变形变换和灯光、摄像机状态等信息的关键画面。关键帧动画是指使用动画记录器记录各个关键帧，在关键帧之间进行自动插补计算，产生关键帧之间的过渡画面，即中间帧，从而形成完整的动画。

② 算法动画，又称模型动画或过程动画

算法动画是指动画中物体的运动或变形由一个过程来描述。最简单的过程动画是用一个数学模型去控制物体的几何形状和运动，如水波随风的运动。

（3）按动画的制作原理分类

根据计算机动画的制作原理，分为二维动画和三维动画。

① 二维动画

二维动画是一种平面动画形式，主要有位图动画和矢量动画两种形式。

位图动画是指利用多幅位图作为关键帧或中间帧的动画形式，如 GIF 动画。

矢量动画是指利用矢量图作为关键帧，通过计算机自动生成中间帧，从而形成流畅画面的动画形式，如用 Flash 软件制作的动画。

② 三维动画

三维动画又称空间动画，是利用计算机模拟空间造型和运动的动画形式。其实质是通过计算机的运算和处理，建立三维物体模型，并通过对变形、位置、移动及灯光等的设计，使物体在三维空间中运动，从而产生真实的立体感。

3. 计算机动画的硬件及软件环境

计算机动画的关键技术体现在计算机硬件及软件环境上。

计算机动画对硬件环境的需求是依据动画制作规模而定的。一般，一台高配置的 PC 已经可以满足相当一部分动画制作的计算及处理上的需要。如果是制作大规模的动画系统，就需要配有加速图形卡等部件，构成图形工作站。制作动画系统，常常需要一些扩展设备来辅助，常用的输入设备有扫描仪、摄像机等，而输出载体一般采用录像带、光盘等。

至于软件环境，一般是基于 Windows 操作系统的，再配备一些动画创作辅助工具，如Flash、3DS 等，就可以完成动画的制作。

4．计算机动画制作软件

动画制作软件通常具备大量的编辑工具和效果工具，用来绘制和加工动画素材。不同的动画制作软件用于制作不同形式的动画，例如，Animator Pro、Animation Studio、Flash、morph等软件通常用于制作各种形式的平面动画，如专业动画、网页动画、变形动画等；而 Softimage 3D、3D Studio Max、Cool 3D、Maya 等软件用于制作各种各样的三维动画，如三维造型动画、文字三维动画、特技三维动画等。但在实际的动画制作中，一个动画素材的完成往往不只使用一个动画软件，是多个动画软件共同编辑的结果。

6.3.3　二维平面动画制作

1．基本概念

二维计算机动画按生成的方法可以分为逐帧动画、关键帧动画和造型动画等几大类。

逐帧动画是指由一幅幅内容相关的位图组成的连续画面，就像电影胶片或卡通画面一样，要分别设计每屏要显示的帧画面。

关键帧动画先创作关键帧，然后由计算机生成中间帧。通常我们所见到的 Flash 动画就是关键帧动画。

造型动画是指单独设计画面中的运动物体（也称动元或角色），为每个动元设计其位置、形状、大小及颜色等，然后由动元构成每一张完整的画面。

2．二维动画的制作过程

不管哪种形式的二维动画，同样要经过传统动画制作的 4 个步骤：① 创意并完成脚本；② 绘画师手工在纸上绘制；③ 扫描送入计算机；④ 在计算机中实现动画与声音同步合成。不过，计算机的使用，大大简化了工作程序，方便快捷，提高了效率。这主要表现在以下 6 个方面。

（1）关键帧的产生

关键帧及背景画面可以用摄像机、扫描仪、数字化仪实现数字化输入，也可以用相应软件直接绘制。这大大改进了传统动画画面的制作过程，可以随时存储、检索、修改和删除任意画面。

（2）中间画面的生成

利用计算机对两幅关键帧进行插值计算，自动生成中间画面，不仅精确、流畅，而且将动画制作人员从烦琐的劳动中解放出来，这是计算机辅助制作动画的主要优点之一。

（3）分层制作合成

传统动画的一帧画面，是由多层透明胶片上的图画叠加合成的，这是保证质量、提高效率的一种方法，但制作中需要精确对位，而且受透光率的影响，透明胶片最多不能超过 4 张。

在动画软件中，也同样使用了分层的方法，其对位非常简单，层数从理论上说也没有限制，而且对层的各种控制，如移动、旋转等，也非常容易。

（4）着色

动画着色是非常重要的一个环节。用计算机描线着色界线准确，不需晾干，不会串色，修改方便，而且不会因层数多少而影响颜色，速度快，更不需要为前、后色彩的变化而头疼。

（5）预演

在生成和制作特技效果之前，可以直接在屏幕上演示一下草图或原画，检查动画过程中的动画和时限，以便及时发现问题并对问题进行修改。

（6）库图的使用

动画中的各种角色造型及它们的动画过程，都可以保存在图库中反复使用，而且修改也十分方便。在动画中套用动画，就可以使用图库来完成。

3．常用二维动画制作软件

（1）Animator Studio

这是 Autodesk 公司开发的基于 Windows 系统的一种集动画制作、图像处理、音乐编辑及音乐合成等多种功能为一体的二维动画制作软件。

（2）RETAS（Revolutionary Engineering Total Animation System）

RETAS 是日本 Celsys 株式会社开发的一套应用于普通 PC 和苹果机的专业二维动画制作系统。RETAS 的制作过程与传统的动画制作过程十分相近，它主要由 4 大模块组成，替代了传统动画制作中描线、上色、制作摄影表、特效处理及拍摄合成的全部过程。同时，RETAS 不仅可以制作二维动画，而且还可以合成实景及计算机三维图像。RETAS 可广泛应用于电影、电视、游戏及光盘等多种领域。

（3）Pegs

这是一款二维矢量与点阵动画制作软件，主要由 8 大模块组成，可以完成自动定位扫描、上色、摄影表合成、运动控制及结果生成等操作，具有支持网络输出、开放式的特效构造环境、交互式的合成、半自动上色等特点。

（4）Flash

Flash 是 Macromedia 公司开发的网页交互动画制作工具软件。与 GIF 和 JPG 格式不同，用 Flash 制作出来的动画是矢量的，不管怎样放大、缩小，它还是清晰可见。用 Flash 制作的文件很小，这样便于在互联网上传输。它采用了流技术，只要下载一部分，就能欣赏动画，而且能一边播放一边传输数据。交互性更是 Flash 动画的迷人之处，可以通过单击按钮、选择菜单来控制动画的播放。正是有了这些优点，才使 Flash 日益成为网络多媒体的主流。

6.3.4　三维动画制作

计算机三维动画是根据数据在计算机内部生成的，而不是简单的外部输入。制作三维动画首先要创建物体模型，然后让这些物体在空间里动起来，如移动、旋转、变形及变色，再通过打灯光、贴纹理等生成栩栩如生的画面。

用三维动画表现内容，具有概念清晰、视觉效果真实等特点，特别适用于学校教学、科研、产品介绍及广告设计等。

创作一个三维动画的过程如下：① 创意并完成脚本；② 计算机建模；③ 创建材质并赋给模型；④ 添加灯光和摄像机；⑤ 设定关键帧动画；⑥ 渲染输出；⑦ 配音和动画合成。

1. 三维动画关键技术

三维动画特技制作包含数字模型构建、动画生成、场景合成三大环节，而三维扫描、表演动画（Performance Animation）、虚拟演播室等新技术，恰恰给这三大环节都带来了全新的技术突破。综合运用这些新技术，可望获得魔幻般的特技效果，彻底改变动画制作的面貌。可以想象，先用三维扫描技术对一个 80 岁的白发老太太进行扫描，形成一个数字化人物模型，然后将乔丹的动作捕捉下来，用以驱动老妪模型的运动，观众将会看到 80 岁老妪空中扣篮的场面。甚至还可以用演员的表演驱动动物的模型，拍摄真正的动物王国故事。利用表演动画技术还可以实现网上或电视中的虚拟主持人。

下面简单介绍有关表演动画的一些基本知识。

（1）基本概念

表演动画技术综合运用计算机图形学、电子、机械、光学、计算机视觉、计算机动画等技术，捕捉表演者的动作甚至表情，用这些动作或表情数据直接驱动动画形象模型。

（2）关键技术

一个完整的表演动画系统包含两大关键技术：运动捕捉和动画驱动。

① 运动捕捉

运动捕捉是表演动画系统的基础，它的任务是检测和记录表演者的肢体在三维空间中的运动轨迹，捕捉表演者的动作，并将其转化为数字化的抽象运动，以便动画软件能用它"驱动"角色模型，使模型做出与表演者一样的动作。实际上，运动捕捉的对象不仅仅是表演者的动作，还可以包括物体的运动、表演者的表情、相机及灯光的运动等。

从原理上讲，目前常用的运动捕捉技术主要包括机械式、声学式、电磁式和光学式 4 种，其中以电磁式和光学式最为常见。各种技术均有自己的优缺点和适用场合。

从技术的角度来说，运动捕捉的实质就是要测量、跟踪、记录物体在三维空间中的运动轨迹。典型的运动捕捉设备一般由以下 4 个部分组成：① 传感器，被固定在运动物体特定的部位，向系统提供运动的位置信息；② 信号捕捉设备，负责捕捉、识别传感器的信号；③ 数据传输设备，负责将运动数据从信号捕捉设备快速准确地传送往计算机系统；④ 数据处理设备，负责处理系统捕捉到的原始信号，计算传感器的运动轨迹，对数据进行修正、处理，并与三维角色模型相结合。

运动捕捉技术不仅是表演动画中的关键环节，在其他领域也有非常广泛的应用前景，如机器人遥控、互动式游戏及虚拟训练等。其中，互动式游戏利用运动捕捉技术捕捉游戏者的各种动作，用以驱动游戏环境中角色的动作，给游戏者以一种全新的参与感受，加强游戏的真实感和互动性。

② 动作驱动

利用运动捕捉技术得到真实运动的记录后，以动作驱动模型最终生成动画序列，这同样是一项复杂的工作。动画系统必须根据动作数据，生成符合生理约束和运动学常识的、在视觉效果上连贯自然的动画序列，并考虑光照、相机位置等产生的影响。在需要时，必须达到一些特殊的效果。根据剧情的要求，还可能需对捕捉到的运动数据进行编辑和修改，甚至将其重新定位到与表演者完全不同的另一类模型上。这些涉及角色的动力学模型和运动控制、图形学、运动编辑、角色造型等技术配合的问题，是表演动画系统的又一关键点。

2．表演动画

（1）特点

表演动画的出现，是动画制作技术的一次革命，这一技术将从根本上改变现有的影视动画制作乃至特技制作方法，极大地缩短动画制作的时间，降低成本，使动画制作过程更为直观，效果更为生动逼真，甚至能使影片中的人物、动物等做出不可能的动作，达到惊人的特技效果。

（2）常见的表演动画系统

① SynaFlex 表演动画系统

2000 年由 SynaPix 公司出品的 SynaFlex 系统，是一套极富创造力的三维分析、动作设计与合成系统。它利用视频流分析（Visual Stream Analysis，VSA）过程，将实况动作图像序列转化成三维图形，并在 SynaFlex 虚拟剧院（Virtual Theater）重建的场景中显现。

② Typhoon 表演动画系统

以色列 DreamTeam 公司的"台风"（Typhoon）表演动画制作系统，具有实时跟踪演员的运动，虚拟布景集成，以及用一圈红外 LED 跟踪摄像机的运动等特点。

③ FilmBOX 表演动画系统

Kaydara 公司的 FilmBOX 系统，是唯一一套内容创作和交付的实时工具，它标志着混合媒体（Mixed-media）环境中内容创作的新时代。从特技到游戏开发，升级的 FilmBOX 产品系列满足了动画制作流程流水线化的要求，从而大幅削减了生产成品的时间和金钱。

这些表演动画系统的发展方向是实时化，能即时生成动画及其渲染效果；交互式，能很好地理解导演的要求，方便更改和调节其内容；三维和二维的完美结合，使虚拟世界富于立体感。可以想象，表演动画系统的进一步发展，虚拟主持人、交互式电视及三维在线游戏等的出现和完善，必将使我们的生活更加多姿多彩、亦真亦幻。

3．常用三维动画制作软件

常用三维动画软件有：TDI、Alias、Wavefront（NURBS）、3DS MAX、Softimage 3D、Animation Master、TrueSpace、Lightscape、Lightwave 3D 及 Maya 等，下面简单介绍几种常用的三维动画制作软件。

（1）Softimage 3D

Softimage 3D 是由 Softimage 公司出品的强大的三维动画制作工具，由造型模块、动画模块和绘制模块组成，它的功能涵盖了整个动画制作过程，包括有交互的独立的建模和动画制作工具、SDK 和游戏开发工具、具有业界领先水平的 Mental Ray 生成工具等。Softimage 3D 系统是一个经受了时间考验的、强大的、不断提炼的软件系统，它设计了几乎所有的具有挑战性的角色动画。《失落的世界》中的恐龙形象、《星际战队》中的未来昆虫形象等都应用了 Softimage 3D 的三维动画技术。

（2）3DS MAX

这是一款应用于 PC 平台的元老级三维动画软件，由 Autodesk 公司出品。它具有优良的多线程运算能力，支持多处理器的并行运算，丰富的建模和动画能力，以及出色的材质编辑系统。在中国，3DS MAX 的使用人数大大超过其他三维软件。3DS MAX 的成功在很大的程度上要归功于它的插件。全世界有许多专业技术公司在为它设计各种插件。

（3）Maya

Maya 是目前世界上最为优秀的三维动画的制作软件之一，它是 Alias Wavefront 公司于 1998 年出品的三维动画软件。Maya 主要是为了影视应用而研发的，另外，Maya 在三维动画制作、影视广告设计、多媒体制作甚至游戏制作领域都有很出色的表现。虽然相对于其他老牌三维制作软件来说，Maya 还是一个新生儿，但 Maya 凭借其强大的功能，友好的用户界面和丰富的视觉效果，一经推出就引起了动画界和影视界的广泛关注，成为顶级的三维动画制作软件。

（4）Lightwave 3D

目前，Lightwave 在好莱坞的影响一点也不比 Softimage、Alias 等差。具有出色品质的它，价格却是非常低廉，这也是众多公司选用它的原因之一。《泰坦尼克号》中的泰坦尼克号模型就是用 Lightwave 制作的。

6.3.5　虚拟现实技术

大家可能对"虚拟校园"、"虚拟房地产销售"及"虚拟漫游"等并不陌生，通过这些，大家可以足不出户地感受到关心的内容，如校园建设情况、楼盘内部构造及旅游景点全貌等。虚拟现实（Virtual Reality，VR），又称为人造世界、远地呈现、机控宇宙、"灵境"、"幻真"等，作为信息科学的一个分支，涉及计算机图形学、传感器技术、动力学、光学、人工智能及社会心理学等研究领域，是多媒体发展的更高境界。

虚拟现实系统就是利用各种先进的硬件技术及软件工具，设计出合理的硬件、软件及交互手段，使参与者能交互式地观察和操纵系统生成的虚拟环境。从概念上讲，任何虚拟现实系统都可以用三个"I"来描述其特征：沉浸感（Immersion）、交互性（Interaction）和想象（Imagination）。这三"I"反映了虚拟现实系统的关键特性，即人与系统的交互特性。其中，交互性和沉浸感是决定一个系统是否属于虚拟现实系统的关键特性。

在实际应用中，由于硬件设备的价格昂贵，因此，虚拟现实系统的设计侧重点和所受的约束条件各不相同。根据用户参与 VR 的不同形式及沉浸的程度不同，可以把各种类型的虚拟现实技术划分为以下 4 类。

（1）沉浸型虚拟现实系统

沉浸型虚拟系统是一套比较复杂的系统，使用者通过头戴头盔、手戴数据手套等传感跟踪装置，产生置身于虚拟境界之中的感觉，完成与虚拟世界的交互。由于这种系统可以将使用者的视觉、听觉与外界隔离，因此，用户可排除外界干扰，全身心地投入到虚拟现实中去。

这种系统的优点是用户可完全沉浸到虚拟世界中去，缺点是系统设备价格昂贵，难以普及推广。常见的沉浸型系统有：基于头盔式显示器的系统、投影式虚拟现实系统及远程存在系统。

（2）增强现实性的虚拟现实

增强现实性的虚拟现实不仅利用虚拟现实技术来模拟现实世界、仿真现实世界，而且要利用它来增强参与者对真实环境的感受，也就是增强现实中无法感知或不方便的感受。典型的实例是战斗机飞行员的平视显示器，它可以将仪表读数和武器瞄准数据投射到安装在飞行员面前的穿透式屏幕上，它可以使飞行员不必低头读座舱中仪表的数据，从而可集中精力盯着敌人的飞机或导航偏差。

（3）桌面型虚拟现实系统

桌面虚拟现实系统利用个人计算机和低级工作站进行仿真，将计算机的屏幕作为用户观察虚拟境界的一个窗口，通过各种输入设备实现与虚拟现实世界的充分交互，这些外部设备包括鼠标、追踪球、力矩球等。它要求参与者使用输入设备，通过计算机屏幕观察 360° 范围内的虚拟境界，并操纵其中的物体，但这时参与者缺少完全的沉浸，因为它仍然会受到周围现实环境的干扰。

桌面虚拟现实系统最大特点是缺乏真实的现实体验，但是成本也相对较低，因而，应用比较广泛。常见桌面虚拟现实技术有：基于静态图像的虚拟现实 QuickTime VR（苹果公司推出的快速虚拟系统）、虚拟现实造型语言 VRML 及桌面三维虚拟现实等。

（4）分布式虚拟现实系统

分布式虚拟现实系统利用远程网络，将异地的不同用户连接起来，共享一个虚拟空间。多个用户通过网络对同一虚拟世界进行观察和操作，达到协同工作的目的。例如，异地的医科学生，可以通过网络，对虚拟手术室中的病人进行外科手术。

6.4　实验 4——Adobe Photoshop 的使用

要求和目的

（1）学会使用选择工具等工具选取图像区域。
（2）了解蒙版、通道的功能及用法。
（3）学会运用图层选项制作特殊效果。
（4）掌握制作艺术字的途径和方法。
（5）学会用滤镜制作特殊效果。
（6）了解如何存储图像并将其压缩为所需格式。

环境和设备

（1）硬件环境：计算机的处理器配置要求至少为主频 1.5GHz，内存 512MB 以上，容量 50GB 以上的高速硬盘，显卡的分辨率至少 1024×768 像素，24 位真彩色。
（2）软件环境：Windows XP 操作系统，安装有 Adobe Photoshop 7.0 软件。
（3）学时：4 学时，建议课外自学 4～6 学时。

内容与步骤

1. 图像的获取

① 从光盘或网络上获取；② 利用扫描仪获取；③ 利用数码相机获取；④ 利用 Photoshop 制作简单的背景图。

2. 制作艺术相框

① 打开一幅利用步骤 1 方法获得的图像文件，利用 Ctrl+A 组合键选中整个图像，然后

利用 Ctrl+C 组合键复制该图像到剪贴板中。

② 选择"文件|新建"命令，打开"新建"对话框，由于上一步执行了复制命令，所以在"新建"对话框中，图像的宽、高自动设置为源图像的宽高。现将宽、高分别增大 10%，然后利用 Ctrl+V 组合键完成图像复制。

③ 打开通道控制面板，单击面板底部的新建按钮，新建一个 Alpha1 通道。

④ 利用矩形选框工具，选择一个比复制过来的图像稍小些的矩形区域，使之处于图像中部。

⑤ 将前景色设置为白色，选择油漆桶工具，将矩形区域填充为白色，按 Ctrl+D 组合键取消选择。

⑥ 选择"滤镜|扭曲|波纹"命令，在"波纹"对话框中设置数量为 700，大小为 Medium。单击"确定"按钮得到波浪边缘效果，如图 6.12 所示。

⑦ 打开图层控制面板，单击图层 1，选择"选择|载入选区"命令，装入 Alpha1 通道。利用 Ctrl+Shift+I 组合键进行反选，然后设置背景色为灰色，再利用 Ctrl+Delete 组合键将选区填充为灰色。

⑧ 按 Ctrl+D 组合键取消选择，然后利用裁剪工具对边缘进行修剪，得到如图 6.13 所示的艺术相框。

　　　　　　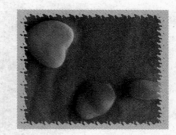

图 6.12　蒙版滤镜处理　　　　　　图 6.13　艺术相框效果图

3．制作阴影字

① 选择文本工具，在刚制作好的艺术相框中输入英文"Wish You Happy"，字号大小为 30，字体为 MS PGothic。

② 选中该文本图层，单击鼠标右键，在弹出的菜单中选择"混合选项"命令，打开"图层样式"对话框。

③ 选择阴影效果，并设置其参数，如图 6.14 所示，设置结束单击"确定"按钮，得到如图 6.15 所示的效果。

4．制作按钮

① 选择"文件|新建"命令，新建一个白背景图像文件，宽 200 像素，高 120 像素。

② 选择通道控制面板，新建一个 Alpha1 通道。

③ 选择椭圆选取工具，按住 Shift 键拖动出一个小圆，然后按 Delete 键删除。

④ 选择矩形选框工具，选中小圆，同时，按住 Alt+Ctrl+Shift 组合键拖动，得到该圆的副本，放在其右侧。

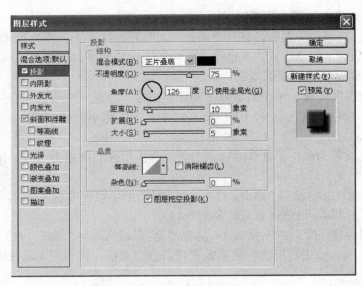

图 6.14 图层样式设置

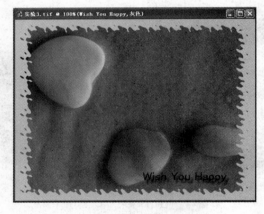

图 6.15 效果图

⑤ 再用矩形选框工具，选取两个小圆中间的区域，再按 Delete 键删除，如图 6.16 所示。

⑥ 按 Ctrl+D 组合键取消选择，按 Ctrl 键，单击 Alpha1 通道，载入选区。

⑦ 返回图层控制面板，单击面板下方的新建按钮，新建一个图层，设置前景色为粉色，按 Alt+Delete 组合键填充前景色。

⑧ 选中图层 1，然后单击鼠标右键，在弹出的菜单中选择"混合选项"命令，设置图层样式为"斜面和浮雕"，具体参数设置如图 6.17 所示。

⑨ 按钮设置完毕，选择文本工具，为按钮添加"确定"字样，大小为 18，字体为宋体。

⑩ 单击文字图层，选择"滤镜|模糊|模糊"命令，得到如图 6.18 所示的按钮。

5．保存结果

① 先将步骤 4 得到的图像进行图层合并，然后利用磁性套索工具，选中按钮，将其复制到步骤 3 得到的结果中。

② 选择"文件|另存为"命令，选择保存格式为 PSD，取名为"效果图.PSD"。

图 6.16　蒙版操作示意图

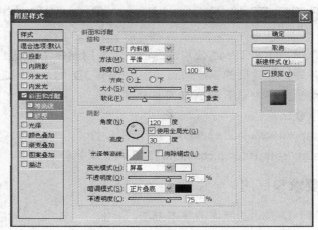

图 6.17　图层样式设置

③ 选择"图层|拼合图层"命令，合并所有可见图层。

④ 选择"文件|另存为"命令，选择保存格式为 JPG，取名为"效果图.JPG"。最终效果图如图 6.19 所示。

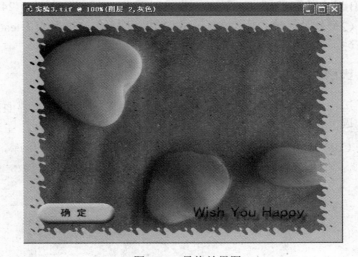

图 6.18　效果图　　　　　　　　　　　图 6.19　最终效果图

6．思考问题

① 用什么方法可以截取边缘逐渐透明的图像？

② 在制作艺术字的步骤中改变参数，观察效果有什么不同？

③ 工具箱里用于选取图像的工具都有哪些，各有什么特点？

④ 存储图像文件的几种常用格式各有什么优缺点？

⑤ 一幅图像文件最多可有多少个图层？

6.5　实验 5——Ulead Cool 3D 的使用

Cool 3D 是 Ulead 公司出品的一个专门制作文字三维效果的软件，可以用它方便地生成具有各种特殊效果的三维动画文字。Cool 3D 的主要用途是制作主页上的动画，它可以把生成的动画保存为 GIF 和 AVI 文件格式。

下载站点：

http://www.ulead.com cool 3d 应用软件

http://soft.jetdown.com/soft/7350.htm 汉化补丁

要求和目的

（1）掌握动画制作的基本方法。

（2）了解 Cool 3D 软件的使用方法。

（3）掌握利用 Cool 3D 进行动画编辑的方法和技巧。

环境和设备

（1）硬件环境：计算机的处理器配置要求至少为主频 1.5GHz，内存 512MB 以上，容量 50GB 以上的高速硬盘，显卡的分辨率至少 1024×768 像素、24 位真彩色。

（2）软件环境：中文 Windows XP 操作系统，安装有 Ulead Cool 3D 3.0 软件。

（3）学时：课内 2 学时，课外 2 学时。

内容与步骤

运行 Cool 3D 应用程序，其主界面如图 6.20 所示。主界面的上面是 Cool 3D 的菜单栏和工具栏，在工具栏下面有一个窗口，是 Cool 3D 的工作区，在这里进行创作。在工作区的下面是 Cool 3D 的效果区，Cool 3D 在这里提供了大量的效果库。

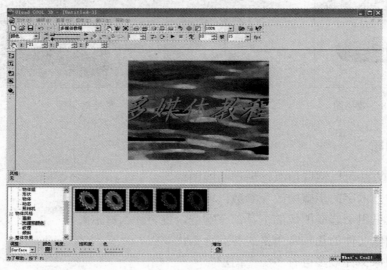

图 6.20　Cool 3D 主界面

1．插入文字

方法 1：选择"编辑|插入文字"命令。
方法 2：利用 F3 功能键。
方法 3：单击标准工具栏上的"插入文字"按钮。

2．添加颜色

① 在文档窗口中单击选择要添加颜色的对象。
② 在文档窗口下方的快速调整面板中选择"物体风格"→"光源和颜色"。
③ 将"调整"选项设为"表面"，然后选择喜欢的颜色。

3．添加三维效果

① 在文档窗口中单击选择要添加颜色的对象，或新插入对象，这里选择"多媒体"。
② 在快速调整面板中选择"倾斜"，将"倾斜模式"设为平面。
③ 分别设置突起、比例、边框和深度等选项为 50、10、100、100；其中突起表示文字深度，值越高，文字深度越强；比例表示对象的宽度，增加比例可以使对象变胖；边框决定倾斜角的曲率，值越高，曲率越大；深度决定倾斜角的长度，值越高，斜角越长。

4．添加动画效果

① 确定"多媒体"对象的位置
在文档窗口中选中对象，单击"标准"工具栏上的"移动对象"按钮，鼠标指针变为手形，移动对象。注意，按住鼠标左键在文档中拖动对象，可以使它沿 X 轴和 Y 轴方向移动（左右、上下）。按住鼠标右键并拖动，可以使它沿 Z 轴移动（前后），向上拖动使它向后，向下拖动使它向前。
② 添加"教程"对象的动画效果
选择对象，在快速调整面板中选择"画室"→"动态"，右侧会出现几个效果，双击其中之一。然后单击"动画"工具栏上的"播放"按钮观察效果。如果按下"动画"工具栏上的"循环"按钮，它将重复执行。

5．改变动画尺寸

在制作动画时，想改变版面的尺寸大小，可以选择"图像|尺寸"命令，设置其宽度和高度值。

6．导出动画

在"文件"菜单中选择"创建图像文件"或"创建动画文件"命令，可以实现文件导出。前者把动画保存为一张一张的静态图形，后者把动画保存成动态图形格式。

6.6 实验 6——Adobe Premiere 的使用

要求和目的

（1）熟悉 Premiere 所提供的各种工具，如时间轴及各种视频切换效果。

（2）掌握视频、音频过渡效果处理，并尝试实验中未涉及的参数和选项。

（3）了解最基本的视频、音频剪辑方法。

环境和设备

（1）硬件环境：计算机的处理器配置要求至少为主频 1.5GHz，内存 512MB 以上，容量 50GB 以上的高速硬盘，显卡的分辨率至少 1024×768 像素，24 位真彩色。

（2）软件环境：中文 Windows XP 操作系统，安装有 Adobe Premiere 6.5 软件。

（3）学时：2～4 学时，建议课外自行安排 4 学时的上机。

预备知识

在制作一个 Premiere 文件之前，首先应建立一个空白文件。通常，Premiere 软件在启动时会自动建立一个空白文件。

1．主界面

打开 Premiere 软件，就会出现"Load Project"对话框。预设方案包括文件的压缩类型、视频尺寸、播放速度、音频模式等设置，如需改变已有的设置，可单击"Custom"按钮，就可在出现的对话框中改变设置。选择相应的选项后，进入 Premiere 主界面，如图 6.21 所示。

图 6.21　Premiere 主界面

2．素材导入

在菜单栏中选择"File|Import|File"命令，或双击项目窗口 Item 栏的空白处，就会弹出导入"Import"对话框，如图 6.22 所示。文件导入后会出现在文档窗口中。

3．监视窗口的应用

在 Premiere 中可以把项目窗口中的某一段视频素材直接拖动到时间轴上。不过如果希望预览或精确地剪切素材，就要用到监视窗口，方法是将视频素材拖入监视窗口的源素材（Source）预演区。可以通过监视窗口下面的播放按钮浏览素材。

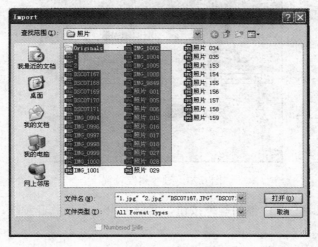

图 6.22 "Import"对话框

另外，对于已经在时间轴上编辑好的一段视频，直接单击播放按钮是看不到效果的，必须先将项目文件保存，再选择"Timeline|Preview"命令，才能看到添加效果后的视频。

4．时间轴的应用

在 Premiere 6.0 众多的窗口中，居核心地位的是时间轴（Timeline）。在时间轴中，可以把视频片段、静止图像及声音等组合起来，创作各种特技效果。文件加入时间轴的方法为：直接从文档窗口将文件拖入相应通道，即视频和静态图像文件拖入 Video 通道，音频文件拖入 Audio 通道。

5．过渡窗口的应用

一段视频结束，另一端视频紧接着开始，这就是所谓的电影镜头切换。为了使电影镜头切换衔接自然或更加有趣，可以使用各种过渡效果。

要运用过渡效果，可选择"Window|Show Transitions"命令，打开过渡窗口。在过渡窗口中，可看到详细分类的文件夹，单击任意一个扩展标志 ▶，则会显示一组过渡效果。

过渡窗口的使用方法是：在时间轴中，先把两段视频素材分别置于 Video 1 的 A 通道和 B 通道中，然后在过渡窗口中将 Band Slide 拖到时间轴 Transitions 通道的两段视频重叠处，Premiere 会自动确定过渡长度以匹配过渡部分。

在时间轴双击 Transitions 通道的过渡显示区，会出现过渡属性设置对话框，如图 6.23 所示。

6．音频文件编辑

（1）先将一段音频拖放到时间轴的 Audio1 通道，单击通道左侧的白色三角形图标，可以打开音频通道的附加轨道，该轨道用于调整音频素材的强弱。

（2）单击附加轨道左侧中部的红色按钮，素材上出现红色音频线，在线上单击可增加控制点，通过对控制点的拖动可以改变音频输出的强弱。中线以上为增强，以下为减弱。

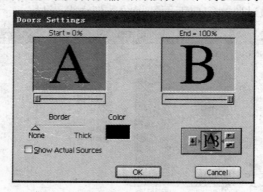

图 6.23 过渡属性设置

（3）单击附加轨道左侧中部的蓝色按钮，素材上出现了蓝色音频线，用它可控制立体声音左、右声道的变化。

（4）去除控制点的方法是，将其拖出通道。

（5）要添加音频滤镜，选择"Window|Show Audio Effect"命令，出现 Audio 效果面板，将选定的音频滤镜拖到时间轴的声音素材上，然后可在"Effect Controls"对话框中设置滤镜效果。

（6）音频通道的使用方法与视频通道大体上相同。

7．视频文件自身动作的设置

过渡效果是对两段视频来说的。从 A 过渡到 B 时，有时需要 A 或 B 本身有一些特殊效果，如缩放、滚动等，这就需要利用 Premiere 提供的视频运动效果。

在时间轴中选中某一视频文件，单击鼠标右键，从快捷菜单中选择"Video Option|motion"命令，出现运动效果设置界面。

（1）断点设置：在该窗口的时间轴上可以设置断点。方法为：单击时间轴的任意位置。

（2）属性设置：在每一个断点处可以设置视频文件的旋转、缩放及延迟等属性。方法 1：在属性后面的数值框中输入相应数据；方法 2：直接左右拖动 ▓▓▓▓▓▓▓；方法 3：单击 ◀ 或 ▶ 按钮，实现数值的减小或增大。

（3）位置设置：同时可以设置文件的当前位置。方法为：单击设置窗口的当前断点（白色方框点），然后按住鼠标左键向上或向下拖动。

（4）变形设置：在变形（Distortion）窗口中当前视频文件的 4 个角都有白色小方框点，按住鼠标左键某一个点拖动即可完成变形设置。

（5）填充颜色：在动作设置窗口的左小角，有一填充色（Fill Color）设置框，单击框下的视频文件，可以选择视频文件中的颜色作为背景填充色；单击设置框本身，可以从弹出的调色板中选择填充颜色。

8．标题的设置

VCD 一般都有字幕，如何为自己的相片集制作字幕说明呢？可以通过如下步骤完成。

（1）选择"File|New|Title"命令，打开字幕编辑器，如图 6.24 所示。

（2）在编辑窗口中，可以利用工具栏按钮添加文字和图案等，也可以利用提供的模板，单击"Templates"按钮，打开模板窗口，单击三角图标打开模板文件夹，选择合适的模板，单击"Apply"按钮即可。

（3）可以给字幕设置字体、颜色、渐变、阴影等。

（4）关闭字幕窗口，将字幕文件命名后保存，在文档窗口中可找到这个文件。

（5）如果要设置开头或结尾的字幕，可将字幕文件拖动到时间轴的 Video1 通道中相应视频文件的前面或后面；如果要设置视频文件本身的字幕提示，则应将字幕拖到 Video2 通道中相应视频文件的上方，然后再通过运动设置实现字幕滚动。

图 6.24　字幕编辑窗口

9．保存及输出

选择"File|Export Timeline|Movie"命令，出现输出电影对话框，给电影命名并选择存放目录后，单击保存按钮，Premiere 开始合成 AVI 电影。

如果希望重新设置输出电影的属性，可单击输出电影对话框中的 Settings 按钮，打开输出电影设置对话框。

内容与步骤

1．素材准备

这步主要是准备电子相册制作需要的音频、视频、动画、图像等文件。

（1）图片文件：将个人照片通过扫描仪或数码相机输入计算机，利用 Photoshop 进行处理，如设计边框等。

（2）音频文件：利用录音机录制或从网上搜索，准备几个音频文件。

（3）动画文件：利用 Flash 或其他工具制作简单的片头动画。

（4）利用摄像机或从网上搜索，准备几个视频文件，用于调节系统的娱乐趣味性。

2．音频制作

这步的主要目的是制作整个系统的背景音乐，包括音频剪辑及过渡效果设置等。

（1）将需要的音频文件导入 Premiere，并将其拖到时间轴的不同音频轨道上。

（2）利用剪切工具 ![剪切工具] 选择需要的音频部分。

（3）将选择好的音频片段复制到同一音频轨道上，设置过渡区域的音量，然后进行滤镜处理。

3．主界面的制作

这步比较简单，一般只包括一个动画或一张图片，是该电子相册的一个索引。请自行设计。

4．视频/图片部分制作

这步是本实验的核心，主要操作包括视频/图片剪辑、切换效果处理。

（1）将需要的图片/视频资源导入 Premiere，按照播放先后顺序将它们放在同一视频轨道上。

（2）利用 Transitions 设置每两个文件间的过渡效果。

（3）为每个视频文件添加字幕说明。

（4）为某些视频文件设置动作。

5．结束部分制作

这步主要显示该多媒体系统的制作信息，如制作人等，一般设成滚动字幕形式。制作简单的系统结束信息提示，仿照电影结尾，保存并输出文件。

思考题

（1）输出高质量的视频，如何设置？

（2）如何解决 AVI 格式文件尺寸太大的问题？

小结

本章针对狭义图像处理技术进行了探讨，主要涉及以下 4 方面的内容。

① 图像的获取：主要研究如何由一幅模拟图像得到一幅满足需求的数字图像，使图像便于计算机处理、分析。本章讲述了如何利用相关设备，如扫描仪、数码相机等，将自然景象转换为计算机能够处理的数字图像的方法。

② 图像的处理：主要包括静态图形、图像的处理和动态图像（即动画）的处理。前者讲述如何利用相关图像处理软件或编程工具对图像进行加工处理，如镜像、旋转、亮度调整等；后者主要讲述动画制作的基本方法和制作过程。

③ 虚拟现实技术：对虚拟现实技术的基本概念、特性、系统组成及虚拟设备等进行了简要介绍。

④ 工具软件应用：主要讲述如何利用工具软件完成静态图像处理和动画的制作。

通过本章的学习，能对静态图像和动态视频，包括动画的处理技术有所了解，并能利用一些工具软件进行复杂的处理。

习题与思考题

1．图像获取的主要途径是什么？

2．如何用编程语言，如 C、Matlab 等，实现静态图像的几何处理？

3．使用 Adobe Primere 制作一个 MPEG 格式的视频动画。

素材：静态图片、动态视频、MP3 音频

帧数：20

要求：配有中间过渡效果。

4．在 Adobe Photoshop 中如何实现对图像的缩放和旋转操作？

5．使用 Flash 制作一个 AVI 格式的视频动画。

帧数：30

表现内容：沿曲线做对称运动的双球

6．使用 Ulead GIF Animation 制作一个变形动画。

帧数：25

表现内容：蝴蝶飞舞

7．简单列举几个虚拟现实技术的实际应用示例。

第 7 章　超文本与超媒体技术

本章知识点

- 掌握超文本、超媒体的基本知识
- 掌握超媒体、流媒体的基本概念
- 了解超媒体系统的构成
- 了解 Web 超媒体系统的构成
- 掌握动态网页制作技术

　　人类的记忆方式不是采用简单的线性顺序结构,而是采用一种联想式的非线性顺序结构,并以这样的联想记忆形成了自身思维概念化的基础,知识在人的大脑中也是以"网状"结构存储的。根据这个特点,在 1965 年,由 Ted Nelson 提出了一种文本的非线性结构,这就是后来的超文本结构。

　　超文本是一种由信息节点和表示信息节点间相关性的链构成的一个具有逻辑结构和语义的网络,是一种非线性的数据存储和管理的模式,比较适合于多媒体数据的组织和管理,因此在多媒体技术中得到广泛应用。由于多媒体数据中包含有许多非文本数据,因此超文本在多媒体技术中的应用,处理的对象就不仅是文本内容,还包括图形、图像、音频及视频等数据。因此,超媒体实际上是超文本在多媒体领域的具体应用,也可称为多媒体超文本。

　　随着网络技术的推广和普及,多媒体技术与网络技术的结合,使得基于 Web 的超媒体得到了广泛应用,这就是 Web 超媒体系统,同时,考虑到网络的动态特性,本章最后还具体介绍了动态网页的制作技术。

　　建议本章 2 学时,另外安排 2 学时课内实验学时和至少 2 学时课外学时。重点讲述 7.1 节、7.2 节和 7.5 节,建议 7.5 节的内容紧密结合实验的方式讲授,对 7.3 节和 7.4 节的内容可以根据学生实际情况灵活掌握。

7.1　超文本

7.1.1　概述

　　在当今的信息社会里,信息以爆炸的形式增长,影响着人类的工作、学习及生活各个方面。面对浩如烟海的信息,如何有效地利用是一个非常紧迫的问题。多媒体技术的出现和发展,对信息的组织与管理提出了新的要求。因为多媒体的不同信息类型的存储和表现差异十分明显,以前的信息存储和检索机制大都以文本方式和线性检索为手段,不足以充分利用信息,也不能适应多媒体信息的需要。因此,研制一种新的技术或工具,满足这样的需要就变得十分急迫。本章介绍的超文本或超媒体技术可以部分解决这个问题,它是一种新的、有效的多媒体数据管理技术,能够根据信息之间的内在联系,建立并使用信息之间的链接结构,使得各种信息能够更有效地被存储和利用。例如，目前被广泛使用的 Web 系统实际就是基于 Internet 的超文本系统。

在介绍超文本概念之前，先看看使用文本与人脑学习知识的实际差异。

文本是人类最熟悉的一种信息表示方式。文章、程序、书及文件等都是以文本出现的，一般以字、句子、段落、节、章作为文本内容的基本逻辑单位，以字节、行、页、册、卷作为基本物理存储单位。文本最显著的特点是，它在组织上采用线性的和顺序的结构。这种线性和顺序结构体现在，我们读文本时只能按固定的线性顺序一字一字、一句一句、一行一行、一段一段、一页一页、一章一章地阅读下去。

但是，人类的记忆并不是采用这样简单的线性顺序结构，而是采用一种联想式的非线性顺序方式的记忆，这种非线性顺序方式构成了人类记忆的"网状"结构，以联想记忆的搜索方式形成了人类思维概念化的基础。人类记忆的这种类似于"互联网网状"的结构与线性结构不同，例如，从一个节点到其他任何节点的路径不是只有一条，可能存在多条路径，因此，不同的联想检索方式必然导致不同的路径。例如，对"夏天"一词，某人可能会产生如下联想："夏天→山洪→洪灾→大船→大海→海鱼→饭→饭盒→餐具→银器→戒指→婚礼→婚纱→雪"。在另一时间或另一个人，同样对"夏天"这个词可能会产生另一种联想："夏天→太阳→热→空调→夜晚→星空→星星→望远镜→伽利略→比萨→斜塔→意大利→米兰→AC 米兰→国际米兰→足球德比大赛"。显然，用文本是无法管理这种网状的信息结构，必须采用一种更高级的信息管理技术来模拟人脑的这种信息存储与检索机制。

超文本（Hypertext）结构就是类似于人类这种"互联网网状"式的联想记忆结构，它采用一种非线性的网状结构组织信息，没有固定的顺序，也不要求读者按某个顺序来阅读。超文本把文本按其内部固有的独立性和相关性划分成不同的基本信息块，这种信息块称为节点（Node），如卷、文件、帧或更小的信息单位。节点之间按照它们的自然关联，用链联结成网，链的起点称为锚节点（Anchornode），终止节点称为目的节点。因此，如图 7.1 所示的是一个超文本结构，表现的是从"录音与播放"开始产生的联想式的信息组织结构。显然，这种文本组织方式与人类的思维方式和工作方式比较接近，更便于人类学习知识和掌握知识。

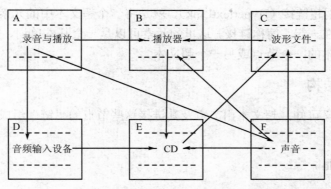

图 7.1　一个小型超文本结构示意图

超文本思想最早是由美国科学家 V.Bush 20 世纪 30 年代提出来的，预言一种文本的非线性结构。在 1965 年，由 Ted Nelson 创造了 Hypertext 概念，而且在计算机上实现了这个想法。1987 年，Apple 公司推出的 HyperCard、1991 年 Asymetrix 推出的 ToolBook 系统，以及当今风靡世界的基于超文本置标语言 HTML 的 WWW 技术，代表了超文本在多媒体领域的成功应用和超文本系统逐渐走向成熟的发展时期。

7.1.2　基本概念

那么，什么是超文本呢？首先，超文本是一种文本。其次，它是一种组织文本内容的方法，即让技术能够像人脑思维一样响应和获取需要的文本内容。实际上，1965 年，Ted Nelson 在计算机处理文本文件时，提出这种方法，并用 Hypertext 一词来表示，而这个词的真正含义是"链接"，描述的是计算机中文本的组织方法，而后来人们却把按照这种方法组织的文本称为"超文本"。按照上述分析，超文本的定义为由信息节点和表示信息节点间相关性的链构成的一个具有逻辑结构和语义的网络。在超文本的这种信息管理技术中，节点是最基本单位，抽象地说，它可以是一个信息块，具体地说，它可以是某一字符文本集合，也可以是屏幕中某一大小的显示区，它比字符高出一个层次。因此，节点大小是不确定的、可变的，它是由实际条件决定的。

能对超文本进行管理和使用的系统称为超文本系统。超文本与超文本系统的关系和数据库与数据库管理系统的关系相似。一个超文本系统具有以下特点。

- 在用户界面中包括对超文本的网络结构的一个显式表示，即向用户展示节点和链的形式。
- 给用户一个网络结构的动态总貌图，使用户在每一时刻都可以得到当前节点的邻接环境。
- 超文本系统一般使用双向链，这种链应支持跨越各种计算机网络，如局域网和 Internet。
- 用户可以通过自己的联想和感知，根据自己的需要动态地改变网络中的节点和链，以便对网络中的信息进行快速、直观、灵活的访问，如浏览、查询和标注等。
- 尽可能不依赖它的具体特性、命令或信息结构，而是更多地强调用户界面的视觉和感觉。

从图 7.1 可以看出，超文本借助于类似人脑的联想，实现文本之间的链接，因此，在超文本中，如何描述或实现这个链接就尤其重要。在超文本系统中，采用的是一种被称为"超链接"的方法。所谓超链接（HypertextLink），就是将一个超文本中的元素与自身或其他超文本的一个元素链接在一起，简称链接。这里的元素可以是一个基本单词、短语、图形、图像、表格，甚至是超文本的一个节点或另一个超文本。

7.1.3　基本结构

由超文本的定义可知，超文本由节点及其链接这些节点的"链"组成，这样就产生一个新概念——宏节点。

1．节点（Node）

节点是超文本表达信息的一个基本单位，它是围绕一个特殊主题组织起来的数据集合。节点的大小是可变的，其内容可以是文本、图像、图形、音频及视频等多媒体数据，甚至可以是一段程序或一个文档。

节点的表示方法在不同的超文本系统中也是不同的，例如，在 HyperCard 中的节点用卡片来表示，而每张卡片又由字段、按钮及图形等组成。又如在 Internet 中，节点是由不同的 Web 页面所组成的。

节点有不同的类型，不同类型的节点表示的信息也不同。常见的基本类型的节点如下所述。

- 文本节点：由文本或其片段组成。
- 图形节点：可以是用系统提供的工具绘制的一幅图形或其中的一部分，还可以包括图形的性质。
- 图像节点：用扫描仪或摄像机输入的一幅图像，并包括其性质。
- 视频节点：由电视机、摄像机、录像机等获取的视频信息。
- 声音节点：可以是一段录音或合成的声音。
- 混合媒体节点：前面 5 种节点的某种组合。在许多情况下，相关信息可以通过节点的连接来表示，也可以由单个的混合节点来表示。
- 按钮节点：按钮表示执行某一过程，而按钮节点表示某过程的执行结果。

上述 7 个节点只表示信息而不表示知识，但是，在超文本系统还存在一些可以表示节点组织和推理的类型。

- 索引文本节点：包含了指引索引节点的链。索引是描述节点组织的一种方法。
- 索引节点：由单个索引项组成，包含连接指向整个索引项表示的概念的定义，指向相关项或同义语，指向对应于多个关系表中的相同列的连接，以及指向引用它们的索引文本节点等。
- 对象节点：它用于描述对象，由描述对象的诸如属性、行为、方法、类、继承等组成，同时还可以附加一些过程，表示"是一个……"，能够指明对象节点中的某类成员。它同下面的类链、语义链一起可以用来表现知识的结构、分类等。
- 规则节点：这种节点用来存放规则，指明符合规则的对象，判定规则是否被使用及规则解释说明等。

2．链（Link）

链也是组成超文本的基本单位，形式上是从一个节点指向另一个节点的指针，本质上表示不同节点上存在着的内在联系。链定义了超文本的结构并提供浏览和探索节点的能力。链和节点可以存储在一起，使链嵌于节点中，也可以分开单独存储。链有如下几种类型。

- 基本链：用来建立节点之间的基本顺序，它们使节点信息在总体上呈现为某一层次结构，如一本书的章、节、小节等。
- 交叉链：这些链能交叉链接到相关的节点上，从而组成一个网状结构，能起到超文本的导航作用。
- 缩放链：这些链可以扩大当前节点，让节点按照一定规则显示个数可变的节点集或内容是可变的节点等，类似于 Windows 的资源管理器中的目录结构的展开和收缩功能。
- 全景链：这些链将返回超文本系统的最高层，与缩放链相对应，类似于文章的目录结构。
- 视图链也称注释链：这些链的作用依赖于用户使用的目的，它们常常被用来实现可靠性和安全性。

除上述用于导航和检索信息的链以外，还存在下面的涉及节点或组织与推理的链。

- 索引链：这些链实现节点中的"点"、"域"之间的连接。链的起始点称为锚，终止点称为目的，通常为节点或节点中的"域"。
- 双向链：一种支持跨越各种计算机网络（如局域网、Internet、Intranet 等）的链接结构。
- 对象链：是一种组织链，类似于分类，表示"是一个……"，它用于指明对象节点中的某类成员。
- 语义链：是一种组织链，表示"有一个……"，用于描述节点的性质或定义。
- 执行链，也称按钮链、控制链：是一种特殊的组织链，提供超文本系统与高级程序设计接口，触发执行链，结果是触发一段代码并运行。
- 蕴含链，也称推理链：这些链用于上述推理过程连接，它们通常等价于规则。

3．宏节点

所谓的宏节点，就是链接在一起的节点群。确切地讲，一个宏节点就是超文本系统中的一部分，即子系统，如图 7.2 所示。宏节点的概念十分有用，当超文本系统巨大时，或按照分布式方式存储在不同的地点时，如果仅仅用一个层次的超文本系统管理会非常复杂，而分层就是简化系统网络拓扑结构最有效的方法和手段。

为了进一步简化超文本系统，以及方便进行超文本不同层次的管理，在宏节点中，又提出了宏文本（Macrotext）和微文本（Microtext）的概念。微文本又称小超文本，就是支持对节点信息的浏览。宏文本也称大超文本，就是支持对宏节点（比如文献）的查找与索引。它强调存在于许多文献之间的链，构造出文献相互间的关系，查询与检索将跨越宏节点（如文献）进行。从概念或定量来讲，这里的大小是不存在严格意义的划分的，也就是说，宏文本与微文本之间的界限不是十分明确而是模糊的，但是，在实际应用中这个界限却能一目了然。

显然，宏节点的引入虽然简化了网络结构，提高了知识管理的效率，但是增大了管理与检索的层次。目前，国际上已经推出了一些基于宏文本的模型系统，如康奈尔大学的 SMART 宏文本系统。

综上所述，超文本系统的结构主要包含了 3 个内容：超文本的存储、超文本的组织和管理、超文本的呈现，如图 7.3 所示。

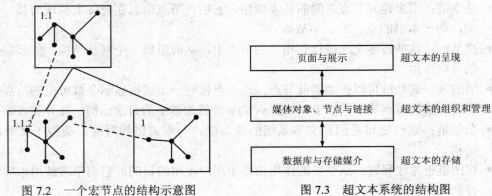

图 7.2　一个宏节点的结构示意图　　　　图 7.3　超文本系统的结构图

7.2 超媒体和流媒体

7.2.1 超媒体

1. 发展概述

在 20 世纪 70 年代,用户语言接口领域的先驱者 AndriesVanDam 创造了一个新词——电子图书(Electronicbook)。它包括许多静态图片和图形,其含义是,读者或用户可以在技术上去创作作品和联想式地阅读文件,它继承了纸质媒体的最好特性,同时又采用了超文本中的链技术,其最终促使了超媒体技术的产生。

由于历史的原因和计算机能力的限制,第一代超文本系统处理信息的对象还停留在文字和数值信息阶段,例如,1968 年斯坦福研究所(SRI)研制的 NLS 系统,它的节点只有文本信息而不具备图形等其他类型的信息内容。近年来,随着多媒体技术的发展,产生了第二代超文本系统,它的节点可将文本、图形、声音、动画、图像及视频等结合在一起,因而更具魅力。为强调第二代超文本系统所具有的处理多媒体信息的能力和媒体之间的网状链接结构,我们称之为超媒体(Hypermedia)。而能够实现对超媒体进行管理和使用的系统称为超媒体系统。

由于多媒体系统要面对媒体的多样性、数据量、存储方法和表现技术等方面所存在的巨大差异,对组织与管理这些数据带来了新的挑战。超媒体技术由于它的节点信息块的相对独立性(可以针对某一块信息的特点用特别的存储和表现方法),以及信息块之间通过链实现可关联性,正适应了多媒体既需要存储和处理巨大差异的不同媒体,又需要把这些媒体集成为一个完整的信息系统的要求。因此,超媒体系统被认为是天然的适合组织和管理多媒体数据的技术。

超媒体是在超文本的基础上发展起来的,它们之间有许多相同处,也有许多不同之处,主要是表示对象的范围不同。超文本仅仅只能表示文字信息,而超媒体可以表示多媒体数据,甚至是一个超文本,当然包括了文本信息。例如,在一个基于 Web 的网站中,起始节点可以是一个主页,链接节点可以是另外的 Web 网站。

但是,从研究内容来看,超文本与超媒体是很难区别的,所以,为了方便,常常被不加区别地使用,但是,自己心中要清楚两者不完全相同。

2. 发展趋势

(1)超媒体技术是人类学习知识、利用知识的好工具

信息技术是对人自然信息功能进行增强和扩展的技术。人对客观世界的最初认识正是通过眼观(形状、颜色等形象信息)、耳听(声音信息)、手触(物理属性信息)、鼻嗅、舌尝(化学属性信息)而综合形成对某种事物的感性认识的。可见,人对客观世界最基本的认识过程是一种多媒体信息的采集过程。因为客观事物的属性是以各种信息形式综合表现出来的,人只有通过综合采集这些不同形式的信息,才能形成对客观事物比较完整和全面的认识。由此可见,人在大脑中存储的对客观世界的认识,实际上也是一种综合的多媒体信息。进而,从感性认识上升到理性认识的处理,也是一种多媒体信息的处理。知识也是一种综合型的多媒体信息,而超媒体技术正是多媒体信息在网络上的具体应用。目前,超媒体技术的发展,有

力地促进了电子商务、网络教学的发展。

（2）超媒体技术将有力促进多媒体技术与通信技术的进一步融合

网络应用已广泛地深入到社会生活的各个方面。人们从网络系统得到各种服务，自然也希望能像他们直接观察客观世界及直接进行人与人之间交往那样，具有文字、图形、图像和声音等多种信息形式的综合感受，而这正是超媒体技术的研究内容。多媒体技术与计算机网络的结合与融合既是超媒体技术发展的方向，也是计算机网络技术发展的必然趋势。

（3）超媒体技术将促进家庭多媒体计算机网络的发展

目前，手写输入、语音声控输入、数字摄像输入、大容量光盘、IC 卡、扫描仪等各种多媒体采集技术，压缩解压、信道分配、流量控制、时空同步、QoS 控制等多媒体信息传输技术，语音存储、视像存储、面向对象数据库、超媒体查询等多媒体存储技术，MMX 芯片、Mpact 媒体处理器等多媒体处理技术，以及高精度彩显、彩色打印机、虚拟现实 VR、机器人等多媒体利用控制技术的蓬勃发展，为多媒体计算机网络的形成和发展提供了有力的技术支持。电信网、电视网与计算机网络的三网合一，也从更高层次上体现了系统一体化和多媒体计算机网络的发展趋势。而仅仅只有三网合一，如果没有相应的内容，也是没有多大实际意义的，超媒体技术的发展正可以弥补内容建设的"缺口"，从而推动计算机网络进一步融合电信、电视网络，促进家庭多媒体计算机网络的发展和应用。

（4）超媒体与人工智能的结合促进智能超媒体的发展

智能超媒体（Intelligent Hypermedia）最早被 Rada 和 Barlow 于 1989 年提出。智能超媒体系统的最大特点在于能否提供智能计算。比如一个犯罪分子，利用化名或假证件到处犯罪，他留下的犯罪记录是确切的，但标识他的特征记录却被隐藏在大量的多媒体数据之中，要识别出来，必须要有智能化的方法辅助，即需要通过计算这些超媒体数据才能获得答案。

同时，将专家系统的特征引入到超媒体中，能够提高超媒体中链的动态跟踪和定位，增强链的计算和推理能力，从而将信息海洋中的多媒体信息智能化地过滤并展现给用户。这样，提交给用户的也不仅仅是原始的多媒体信息，而是经过计算后的智能化信息，即知识。这使得超媒体的节点和链变得更加丰富和完善。

7.2.2　流媒体

1．概述

流媒体（Streaming Media）技术是当前十分流行的多媒体技术，其基础就是多媒体通信技术。它包括流媒体数据采集、视/音频编解码、存储、传输、播放等领域。流媒体一般是通过 Internet 网络传送媒体（如视频、音频等）的技术总称。从广义上讲，流媒体是使音频、视频形成稳定和连续的传输流和回放流的一系列技术、方法和协议的总称；而狭义上讲，流媒体是相对于传统的"下载—回放"（Download-Playback）方式而言的，一种新的从 Internet 上获得音频和视频等流媒体数据的方式，这种方式支持多媒体数据流的实时传输和实时播放，客户可以边接收边播放，使时延大大减少。

在网络上传播多媒体信息主要有两种方式：下载和流式传输。下载方式是传统的传输方式，指在播放之前，用户下载多媒体文件至本地计算机中。通常，这类文件容量较大，根据目前的网络带宽条件，需要较长时间，并且对本地的存储容量也有一定的要求。而流式传输则把多媒体信息通过服务器向用户实时地提供，采用这种方式，用户不必等到整个文件全部下载完毕，而只需经过几秒或几十秒的启动延时即可播放，之后，客户端就可以边接收数据边播放。与下载方式相比，流式传输具有显著的优点：一方面大大地缩短了启动延时，同时也降低了对缓存容量的需求；另一方面，又可以实现现场直播形式的实时数据传输，其使用效果几乎就是实时性的，这是下载等方式无法实现的，同时有助于保护多媒体数据的著作权。

2．流媒体传输流程

流媒体的具体传输流程如下。

① 在 Web 浏览器与 Web 服务器之间使用 HTTP/TCP 交换控制信息，以便把需要传输的实时数据从原始信息中检索出来。

② 用 HTTP 从 Web 服务器检索相关数据，音频/视频播放器进行初始化。

③ 从 Web 服务器检索出来的相关服务器的地址定位音频/视频服务器。

④ 音频/视频播放器与音频/视频服务器之间交换音频/视频传输所需要的实时控制协议。

⑤ 一旦音频/视频数据抵达客户端，音频/视频播放器就可以播放了。

3．流媒体的传输方式

流媒体的主要技术特征就是采用流式传输，即通过 Internet 将影视节目传送到 PC 上。实现流式传输有两种方法：顺序流式传输（Progressivestreaming）和实时流式传输（Real-timestreaming）。

（1）顺序流式传输

顺序流式传输就是顺序下载，用户可以观看在线媒体。但是在给定时刻，用户只能观看已下载的那部分，而不能跳到还未下载的前序部分；它不能根据用户的连接速度作调整。由于标准的 HTTP 服务器可发送这种形式的文件，而不需要其他特殊协议，它经常被称为 HTTP 流式传输；顺序流式传输方式适合高质量的短片段，如片头、片尾和广告等，因为文件在播放前观看的部分是无损下载的；顺序流式文件放在标准 HTTP 或 FTP 服务器上，易于管理，基本上与防火墙无关。顺序流式传输不适合长片段和有随机访问要求的视频、讲座、演说与演示。它也不支持现场广播，严格来说，它是一种点播技术。

（2）实时流式传输

实时流式传输指保证媒体信号带宽与网络连接相匹配，使媒体可被实时观看到。实时流与 HTTP 流式传输不同，需要专用的流媒体服务器与传输协议。实时流式传输总是实时传送，特别适合现场事件，也支持随机访问，用户可快进或后退以观看前面或后面的内容。理论上，实时流一经播放就可不停地收看，但实际上，可能会发生周期暂停。

（3）二者比较

① 从视频质量上讲，实时流式传输必须匹配连接带宽。由于出错丢失的信息将被忽略掉，网络拥挤或出现问题时，视频质量会很差；如果想要保证视频质量，采用顺序流式传输更好。

② 实时流式传输需要特定服务器，如 Quick Time Streaming Server、Real Server 与 Windows Media Server，这些服务器允许对媒体发送进行更多级别的控制，因而系统设置、管理比标准 HTTP 服务器更复杂。

③ 实时流式传输还需要特殊网络协议。TCP 需要较多的开销，故不太适合传输实时数据。流式传输一般采用流媒体多层协议，用 HTTP/TCP 或 RTCP 来传输流媒体的控制信息，

而用 RTP/UDP 来实时传输流媒体。当然，采用 RTP 和 RTCP 配合使用，能以有效的反馈和最小的开销使传输效率最佳化，因而特别适合实时流式传输。

4. 流媒体的应用

正如几年前的 IP 网络和 Web 技术一样，流媒体的应用正处于持续高速增长时期。来自国际权威机构的调查显示，2003 年在网上访问流媒体的人数增加了 65%，与此同时，互联网上视频流媒体技术应用增长幅度达 250%。流媒体市场呈现出巨大的收入潜能，其中为消费者服务将创收几十亿美元。这样巨大的市场正吸引越来越多的企业参与竞争。目前，流媒体技术主要应用在以下 4 个方面。

（1）远程教育

将信息从教师端传递到远程的学生端，需要传递的信息包括各种类型的数据，如视频、音频、文本及图片等。由于当前网络带宽的限制，流媒体无疑是最佳的选择。

除去实时教学以外，使用流媒体中的 VOD（视频点播）技术，更可以达到因材施教、交互式的教学目的。

（2）宽带视频点播

随着计算机的发展，VOD 技术逐渐应用于局域网及有线电视网中，虽然 VOD 技术趋于完善，但音/视频信息的庞大容量阻碍了 VOD 技术的发展。

由于流媒体经过了特殊的压缩编码，使得它很适合在互联网上传输，在视频点播方面，完全可以不用局域网而使用互联网。随着宽带网和信息家电的发展，流媒体技术会越来越广泛地应用于视频点播系统。

（3）互联网直播

① 从互联网上直接收看体育赛事、重大庆典、商贸展览等。网络带宽问题一直困扰着互联网直播的发展，随着宽带网的不断普及和流媒体技术的不断改进，互联网直播已经从试验阶段走向了实用阶段，并能够提供较满意的音/视频效果。

② 流媒体技术在互联网直播中充当着重要的角色。无论从技术还是市场考虑，现在互联网直播是流媒体众多应用中最成熟的一个。

流媒体具体应用于网上现场直播、网上教育系统、网上手术数字化直播、网络电台、视频点播及收费播放等方面，在企业一级的应用包括电子商务、远程培训、视频会议及客户支持等。

（4）实时视频会议

市场上的视频会议系统有很多，这些产品基本都支持 TCP/IP 网络协议，但采用流媒体技术作为核心技术的系统并不占多数。流媒体并不是视频会议必须的选择，但是流媒体技术的出现为视频会议的发展起了很重要的作用。

总之，互联网的普及决定了流媒体市场的广阔前景，而多媒体技术的发展为流媒体技术的应用奠定了基础。随着流媒体技术的应用普及，它将为人类的信息交流带来革命性的变化，对人们的工作和生活将产生深远的影响。

7.3 超媒体系统的构成*

超媒体系统是指那些可以创作和使用超媒体的应用系统。超媒体系统作为一个复杂的多媒体信息管理系统，其基本的构成成分类似于超文本系统，主要包括节点、链、宏节点及节点内的多媒体数据。那么如何组织这些组成部分呢？这就是超媒体系统的结构模型所要回答的问题。超媒体系统实际上是一个比较复杂的系统，在这里采用分层的方法，达到将复杂的问题简单化的目的。下面的模型就是基于层次化的结构模型。

7.3.1 HAM 模型

1988 年，Campbell 和 Goodman 提出 HAM（Hyoertext Abstract Machine，超文本抽象机）模型。HAM 模型把超文本系统划分为 3 个层次：用户界面层、超文本抽象机层和数据库层，如图 7.4 所示。

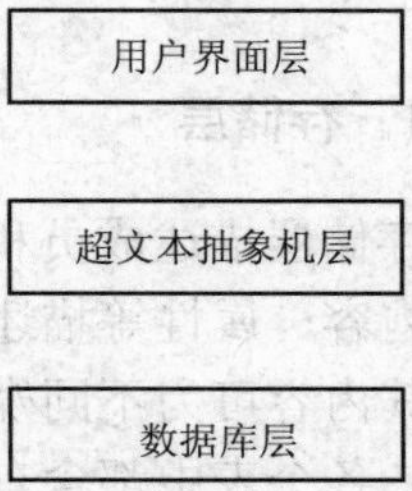

| 用户界面层 |

| 超文本抽象机层 |

1．数据库层

数据库层提供存储、共享数据和网络访问功能，处于模型的底层，用于处理所有信息存储中的传统问题。

| 数据库层 |

图 7.4　超文本抽象机模型图

数据库层需要保证信息的存取操作对于高层的超文本抽象机层来说是透明的，即高层访问的信息物理存储地点无论是本地，还是异地，无论是在同一台计算机中，还是存储在不同计算机中，数据库层都能保证正确的存取。

数据库层还要能处理其他传统的数据库管理问题，如多用户并发访问、信息的安全性、版本维护及响应速度等问题。就数据库层而言，超文本的节点和链都是没有特殊含义的数据对象，它们各自占用若干位的存储空间，构成在同一时间内只有一个用户可修改的单元。

2．超文本抽象机层

超文本抽象机层介于数据库层和用户界面层之间，是模型的中间层，该层决定了超文本系统节点和链的基本特点，记录了节点之间的链的关系，并保存了有关节点和链的结构信息。

虽然超文本系统还没有同样的标准，但不同的超文本系统之间必须具有进行相互传送和接收信息的能力，这就需要给定标准的信息转换格式。超文本抽象机层就是实现超文本输入/输出格式标准化转换的最佳层次。因为数据库层存储格式过于依赖机器，用户界面层中各超文本系统风格差别很大，很难统一。

实际上，超文本抽象机层可理解为超文本概念模式，它提供了对数据库下层的透明性和对上层用户界面的标准性。无论数据库层和用户界面层在不同系统中差异有多大，都可以通过接口：用户界面/超文本概念模式或超文本概念模式/数据库，使之在超文本抽象机层达到统一。

3．用户界面层

用户界面层又称为表现层，它构成超文本系统特殊性的重要表现，并直接影响超文本系统的成功。它具有简明、直观、生动、灵活、方便等特点。用户界面层涉及超文本抽象机层中信息的表现，包括：用户可以使用的命令，超文本抽象机层信息（节点和链）如何展示，是否要包括总体概貌图来表示信息的组织，以便及时告知用户当前所处的位置等。

7.3.2 Dexter 模型

1988 年 10 月，在美国新罕布尔州的 Dexter 饭店召开的关于超媒体设计的研讨会上，组

| 运行层 |
| 表现规范 |
| 存储层 |
| 定位机制 |
| 内部成员层 |

图 7.5　Dexter 模型图

织了一个研究超文本模型的小组，致力于超文本标准化的研究，以后逐渐形成了一个超文本参考模型，简称为 Dexter 模型。这个模型的目标是开发分布信息之间的交互操作和信息共享提供一种标准或参考规范。

　　Dexter 模型也分三层，即存储层、运行层和内部成员层，各层之间通过定义好的接口相互连接。与 HAM 模型相比，Dexter 参考模型除了术语不同并且更加明确了层次之间的接口之外，两个模型还是基本相似的。Dexter 模型如图 7.5 所示。

1．存储层

　　存储层描述成员和链的网络，这是超文本的基础。成员是由存储层提供的基本对象，它包括内容、属性等描述规范和一个锚接口集合。原子成员是最小成员单位，即超文本中的节点，其内容可为不同媒体的信息。复合成员是具有嵌套层次的成员。链成员的内容为一个连接表，各个表中都含有相关成员的描述规范、成员标识和锚接口标识。

2．内部成员层

　　内部成员层描述超文本中成员的内容和结构，对应于各个媒体单个的应用成员。存储层和内部成员层之间的接口称为定位机制，其基本成分是锚（Anchor），锚由两部分组成：锚号（Anchorid）和锚值（Anchorvalue），锚号是每个锚的标识，锚值用来指定元素内部的位置和子结构。

3．运行层

　　运行层描述支持用户和超文本交互作用的机制，负责在运行时处理链、锚的接口和管理成员层。运行层的对象包括管理与特殊超文本交互作用的会话，以及管理与特殊成员交互作用的实例。运行层具有独立的用户界面工具，介于存储层和运行层之间的接口称为表现规范，提供确定各个成员在运行时表现的描述规范等内容。

4．定位机制

　　定位机制是通过锚定接口完成的。所谓的锚定接口，是指介于 Dexter 模型中的存储层和内部成员层之间的接口，其功能是实现定位操作的。在 Dexter 模型中，描述元素之间链接关系的存储层和描述元素内部结构的元素内部成员层是各自独立的，在检索定位过程中需要一个接口来维护从存储层到内部成员层、内部成员层到存储层的检索定位过程。

　　在 Dexter 模型中，锚定接口由两个部分组成：锚号和锚值。锚号是每个锚定接口的标识符，锚值是用来指定元素内部的位置和子结构。需要注意的是，在 Dexter 模型中，每个元素或成员都被分配了一个唯一的标识符号，称为 UID。因此锚号与 UID 是不同的，UID 在整个模型中、在整个超媒体系统中都是唯一的，而锚号仅仅是每个元素或成员内部的编号不同，但不保证不同元素或成员内部存在相同锚号的现象，并且，这也是允许的。从存储层来看，锚值是没有任何意义的，锚值只在内部成员层的应用程序中解释。

　　另外，在 Dexter 模型中，锚号具有相对固定性，而锚值却经常改变自身的值。这是因为，超媒体系统的元素或成员的内部结构在运行时是可变的,因此,元素或成员内部应用程序必须实时调整锚值,以保证其指向不改变。

最后,锚定接口与链也是存在区别的,表现在,链仅能指向元素或成员,而锚还可以指向元素或成员内部的具体内容。

5. 表现规范

在 Dexter 模型中,介于运行层和存储层之间的接口称为表现规范。表现规范规定了同一数据呈现给用户的不同表现性质。例如,在一个教学系统中,播放给教师看的系统可以展现答案,而播放给学生看的同一习题就不能有答案。又如,对超媒体系统的播放操作中也有是如此定义的,一般用户可以播放,但不能编辑流媒体或应用程序,但系统开发设计者却可以同时拥有播放、编辑等权利。

Dexter 模型的提出,为超媒体的设计起到了重要的指导作用。其主要贡献是,将锚定接口作为将网络结构连接到特定成员内容的"固定点",成为内部成员层引用的控制手段。这为多媒体信息在网络中应用的简化性,起到了重要促进作用。

7.4 Web 超媒体系统*

本节将从分布式超媒体系统、超文本置标语言来阐述 Web 超媒体系统。由于超媒体系统比超文本系统所表现的内容更为丰富,因此超文本置标语言也适合超媒体系统,特别是其中的 XML 可扩展的标记语言。

7.4.1 分布式超媒体系统

1. Internet 的起源

就在上述背景下,美国国防部成立的尖端科技开发总署(简称 ARPA)网罗一批科技精英,成立研制组,由 Licklider 牵头,于 1962 年 10 月开始了研制大型网络的宏伟计划。这个网络被命名为 ARPANET,并于 1969 年,在美国国防部建成 ARPANET 网络。ARPANET 网络一开始就支持资源共享,除了用于军事目的之外,亦为参与建网的几所大学的计算机科研服务。1982 年起,为了保证军事机密的安全,ARPANET 分裂成为公用性的 ARPANET 和纯军用性的 MILNET 两个网络,其相互之间亦可进行通信和数据共享。由这两个网络互联构成的网际网络则被称为 DARPAInternet,后又简称 Internet,这就是 Internet 最早的起源。

1983 年,美国军方将 TCP/IP 协议确定为网络协议标准,沿用至今,成为 Internet/Intranet 的网络协议标准。1985 年,建立基于 TCP/IP 协议的 NSFNET 网络,成为今天 Internet 的基础。

Internet 专指一个跨越国界范围,世界上最大的互联网。但它本身不是一种具体的物理网络技术。Internet 采用客户-服务器(Client/Server,C/S)计算模型,其结构如图 7.6 所示。提供资源的计算机叫做服务器,使用资源的计算机叫做客户机,它们的位置经常互换。在 Internet 上,客户机、服务器通常指的是软件,即客户程序和服务程序。C/S 模型支持基于 Internet 的分布式超文本的访问。

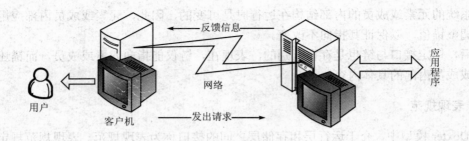

图 7.6 C/S 结构图

2．WWW（万维网）的出台

1989 年 3 月，在位于日内瓦的欧洲粒子物理实验室（CERN）工作的英国计算机学者 Tim Berners Lee 提出了一项提案，建议在 CERN 建立一个由超文本链接方式组成的信息网 Web 超文本系统，使分散在世界各地的高能物理学家们能够通过 Internet 方便地进行通信和更好地共享设备及信息资源。该提案经采纳后由 Tim 本人负责主持实施。1990 年 11 月，NeXT 公司（由 Apple 公司创始人之一斯蒂夫·乔布斯 Steve Jobs 组建，现已并入 Apple 企业）发布了最初的 World Wide Web（后来简称 3W 或 WWW）模型。1991 年，CERN 正式向外界发布了 WWW 协议标准。

3．Web 超文本系统

Web 超文本系统就是基于 Internet 的 WWW 超文本系统，能对 WWW 中的超文本进行管理和使用。从理论上来讲，Web 超文本系统可以划分成三层结构：
① 表现层，也称用户接口层；
② 超文本抽象机层 HAM，其中存储节点和链；
③ 超文本信息库层，用于存储数据、共享数据和网络访问。超文本的信息库层由 Internet 上全球服务器组成，由于所处位置是分散的，因此，Web 超文本系统实际上是一种分布式超文本系统。

4．Web 超媒体系统

Web 超媒体系统就是基于 Internet 的 WWW 超媒体系统，是能对 WWW 中的超媒体进行管理和使用的系统。它与 Web 超文本系统存在许多相同之处，不同之处仅仅是处理的对象从文本变成为多媒体数据，因此，它也具有与 Web 超文本系统相同的三层结构。同样，由于 Web 超媒体系统中多媒体数据存储的异地性和遍布全球，因此 Web 超媒体系统实质上也是一个分布式超媒体系统。

7.4.2 超文本置标语言简介

WWW 中以 HTTP（超文本传输协议）作为传输超文本的通信协议，用 HTML（超文本置标语言）描述超媒体。SGML（标准通用置标语言）是 HTML 的前身，它是文件和文件中信息的构成主体。与 HTML 不同，SGML 准许用户扩展标记集合，也准许用户自己建立一定的规则。SGML 所产生的标记集合是用来描述信息段特征的，而 HTML 仅仅只是一个标记集合，所以，可以说 HTML 是 SGML 的一个具体应用。而 SGML 的设计者和应用者（同时也是 XML 的开发者）发现，SGML 不能满足网络发展及应用的需要，因此，他们提出了一个"网络上的 SGML 计划"，取名为"XML"。下面介绍 SGML 和 HTML 这两种置标语言。

1. 标准通用置标语言（SGML）

标准通用置标语言（Standard Generalized Markup Language，SGML）是 1992 年颁布的一个国际标准。它用标准化的"标签"（Tap）语法来标记一个数据合成体中各块信息的组成情况。数据合成体经扩充可以是声、文、图、像等多媒体信息。因此，用 SGML 语言可以构建超媒体系统。我们熟悉的 HTML 超文本置标语言，实现了以页为节点的简洁的超文本系统 WWW 网络，成为 Internet 上的主要信息组织形式。下面简单介绍 SGML 的概念。

（1）SGML 元素

元素是一个可标记的逻辑体，以 Book（书籍）为例，视 Book 为一类元素，将它分为若干 Chapter（章），而 Chapter 还可分为 Title（标题）和若干 Section （节）。这里的 Chapter，Title 和 Section 也是元素。它们都是含有一定结构的逻辑体（用 DTD 定义）。一个元素的标记实例如图 7.7 所示。如图 7.8 所示为 Book 类元素的实例。

图 7.7　SGML 元素结构图

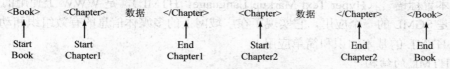

图 7.8　SGML 元素实例 Book 类图

（2）SGMLDTD

在 SGML 中，元素的组合体称为文献。用 DTD（Document Type Definition）来定义元素的类型，描述其内部的一般逻辑结构。这就是元素的一般定义，像上面的例子就有如下的 DTD：

```
<!ELEMENTBook--(Chapter+)>
<!ELEMENTChapter--(Title,Section+)>
<!ELEMENTTitle|Section--CDATA>
```

其中，+表示一个或多个。

（3）SGML 属性

SGML 用"属性"的方法来表示对某一个元素的必要的非结构化的信息。属性由"属性名"和"属性值"组成。属性名及其值包含在起始标签里面，是标签的一部分而非数据的一部分，如下所示：

```
<Bookauthor="JOGN">…(Chapters)…</Book>
```

相应地，DTD 变为：

```
<!ELEMENTBook--(Chapter+)>
<!ATTLISTBookauthorCDATA#REQUIRED>
```

（4）SGML 唯一标识符

SGML 有两种特殊的属性值：ID 和 IDREF。如果一个元素有一个 ID 类型的属性，那么其值必须是该元素的唯一名字。如果因为某种原因，另外一个元素 A 要引用有唯一名字的元素 B，那么 A 的属性 IDREF 的值就是 B 的唯一名字。基于 SGML 的超媒体系统就用这种机制来表示文献内部的超链接。

（5）SGML 实体（Entity）

如前所述，已经有两种 SGML 支持结构，即元素层次的结构及隐藏于 ID 和 IDREF 机制中的有向图式的任意结构。SGML 还存在第三种实体结构。在 SGML 中，一个实体可以是任意数据资源，可以是文件、硬件子系统、存储缓冲区等。如果一个完整的 SGML 文献包含在一个单一的文件中，那么这个单一的文件是该 SGML 系统需要考虑的唯一实体。在一个较复杂的 SGML 文献中，"实体引用"就会发生。

实体的定义形式为：

    `<!ENTITY…>`

如

    `<!ENTITY"Myentity"SYSTEM"Usr/local/text/myentity">`

如果在文献中发现"& Myentity；"字样，就会启动 SGML 系统来引用该实体。

2．超文本置标语言（HTML）

超文本置标语言（Hyper Text Markup Language，HTML），是 WWW 上使用的超文本标注语言，是 SGML 的一个应用，它实现了在广域网上的多媒体信息的有效组织和动态查询。下面介绍 HTML 的基本知识和简单应用。

（1）HTML 的结构

用 HTML 语言编写的网页超文本信息是按照多级标题结构进行组织的，其基本结构如下：

```
<HTML>
<HEAD>
    <TITLE>标题名</TITLE>
</HEAD>
<BODY>
<H1>一级标题名</H1>
Web 页主体
</BODY>
</HTML>
```

【例 7-1】 在浏览器中显示如图 7.9 所示的唐诗。

HTML 代码如下：

```
<HTML>
<BODY><FONTSIZE="7" COLOR="red">
<PALIGN=CENTER><EM><B>静夜思</B></EM></P></FONT>
<!EM 起强调作用><FONTSIZE="5"COLOR="GREEN">
<PALIGN=CENTER><STRONG>李白</STRONG></P></FONT>
<!STRONG 起加粗作用><PALIGN=CENTER><B>
```

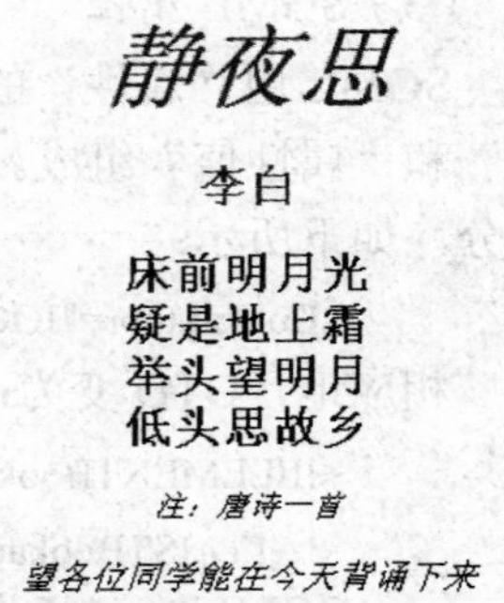

静夜思

李白

床前明月光
疑是地上霜
举头望明月
低头思故乡

注：唐诗一首

望各位同学能在今天背诵下来

图 7.9 HTML 运行实例图

<FONTSIZE="5" COLOR="BLUE">床前明月光

疑是地上霜
举头望明月
低头思故乡
</FONT></B>

<PALIGN=CENTER><I>注：唐诗一首
<PALIGN=CENTER>

<FONTSIZE="4" COLOR="BLACK">望各位同学能在今天背诵下来

</FONT></I>

</BODY>

</HTML>

说明：上述代码可以在任何文本编辑器中编辑，但是保存时，扩展名必须是.html 或.htm，然后在安装有浏览器的计算机中运行即可得到上述效果。

显然，任何信息的显示都必须由标记控制。这些标记是 HTML 语言规范并定义好的，所以只需要按照规定的标记进行标注信息，那么任何一个符合规范的浏览器都可以解释这些标记，控制相应信息，并正确显示。

HTML 标记包括包容标记和空标记。空标记用于说明一次性指令。例如，
或<P>是段落标记，其中，
为换行标记，<P>表示其后文本另外起行，并且还要空一行。包容标记由一个开始标记和一个结束标记构成，其作用域是其包容的部分，结构如下所示：

　　　　<标记名>数据</标记名>

如：<TITLE>标题名</TITLE>。有些 HTML 语言的标记还可以带有属性，如<FONTSIZE ="7" COLOR="red">，其中 SIZE、COLOR 为属性，该属性告诉浏览器显示后面文字时的颜色和大小。

（2）超文本标记方法

HTML 常见的标记如下。

① 字体

黑体：<B>文本</B>，斜体：<I>文本</I>，下划线：<U>文本</U>，打字体：<TT>文本</TT>。

② 字号与颜色

设定基准字号的标记方法为：<BASEFONTSIZE=#>#=1～7

设定指定字号的标记方法为：<FONTSIZE=#>文本</FONT>

#=1,2,3,4,5,6,7 表示指定的字号大小：#=+(−)2,3,4,5,6 表示字号大小的相对改变。

设定字体颜色可用两种方式：<FONTCOLOR="hex_rgb">文本内容</FONT>和<FONTCOLOR="colorname">文本内容</FONT>

③ 段落格式

例如，换行符
、分段符<P>，画一条水平线，起分割段落作用的<HR>等。

④ 链接

链接就是将某个文本串或某幅图像和其他网页的地址 URL（统一资源定位地址）联系在一起，格式为：

　　　　<A HREF SRC="网页地址/网页文件名.html"></A>

HREF 标明被链接的网页文件或同一文件的其他部分，相当于一个指针。可以链接的内容有：其他 Web 服务器上的网页文件，本地机器中的资源（如网页、图像、视频文件等），同一个网页文件中（如书签）。

例如，<A HREF="art.html">ClickHereforArt.</A>

其中，标签间的文字 Click Here for Art.是热字，即热区，以提醒用户，单击它将进入 HREF 超链接的资源，实现超文本节点的转移。

又如，<A HREF="Olddog.html"><IMGSRC="Dog1.gif"></A>

可通过单击图 Dog1.gif 进入另一个网页 Olddog.html，即链源是一幅热图（热区）。

【例7-2】 在浏览器中，显示如图 7.10 所示页面。

姓名	Robot	性别	男	
电话	（023）68668888			
工作单位	重庆工学院人工智能研究所			

图 7.10　HTML 超链接运行实例图

HTML 代码如下：

```
<HTML>
<BODY>
<TABLE BORDERALIGN=CENTER WIDTH="80%">
<TR ALIGN=CENTER>
<TH>姓名</TH><TD>Robot</TD>
<TH>性别</TH><TD>男</TD>
<TD ROWSPAN=2>
<IMG SRC="robot8.jpg"WIDTH=113 HEIGHT=86></TD></TR>
<TR ALIGN=CENTER>
<TH>电话</TH><TD COLSPAN=3>(023)68668888</TD></TR>
<TR ALIGN=CENTER><TH>工作单位</TH><TD COLSPAN=4>
<A HREF="http://ai.cqit.edu.cn">重庆工学院人工智能研究所</A></TD>
</TABLE>
</BODY>
</HTML>
```

（3）多媒体信息的标记方法

利用 IMG 标记，可以在 HTML 中，简单实现网络多媒体播放。

① 图像

显示图像的标记方式为：

<IMG SRC="file://d:/html/jet.gif " WIDTH=? HEIGHT=? VSPACE=? HSPACE=?>

其中，SRC 后是图像的地址（可以是本机，也可以是一个 URL）和文件名，？为一个数值，WIDTH 和 HEIGHT 为图像的宽和高和 VSPACE 和 HSPACE 为垂直和水平空格数。

② 音频

HTML 中可以指定背景音乐，例如，<BGSOUND SRC="Path/Filename.wav" Loop=#>，其中，#为循环次数。

利用链接也可以启动声音。例如，下例当用户单击文本 linktext 后，声音开始播放：

```
<A HREF="Path/Filename.wav">linktext</A>
```

③ 视频与动画

在 HTML 页面上播放视频与动画的标记格式如下：

```
<IMG dynsrc="user.avi" START=fileopen(ormouseover) WIDTH=?
HEIGHT=? VSPACE=? HSPACE=? LOOP=?>
<IMG dynsrc="user.flc" START=fileopen(ormouseover) WIDTH=?
HEIGHT=? VSPACE=? HSPACE=? LOOP=?>
```

其中，除了 dynsrc 属性以外，其他属性都可以默认。？为一个数值。START＝fileopen 表示 Web 页一被装入便开始播放，而 START=mouseover 表示在鼠标从该区域滑过时才播放。

④ Web 页中的背景

用图像填充背景：

```
<BODY BACKGROUND="path/filename">
```

用颜色填充背景：

```
<BOD YBGCOLOR="#RRGGBB">
```

其中，RR、GG、BB 分别表示红、绿、蓝分量，用十六进制数表示。也可以用颜色的名字表示，如 BGCOLOR="red"。

【例 7-3】 在浏览器中，显示多媒体信息。

HTML 代码如下：

```
<HTML>
<BODY>
<BODY BGCOLOR="#ffffff " TEXT="660000">
<P ALIGN=CENTER>欢迎浏览重庆工学院</P>
</BODY>
<TD COLSPAN=4>请单击<A HREF="http//www.cqit.edu.cn">
    <IMG SRC="xh.jpg" WIDTH="64"HEIGHT="64">
<BGSOUNSRC="北国之春.mid"Loop=2><P>
<A HREF="Clock.avi">时钟</A>
<EMBED SRC="Clock.avi" HEIGHT="128"WIDTH="128">
</BODY>
</HTML>
```

（4）超文本发展的前景与问题

经过 30 多年的发展，超文本技术已经成熟，并产生了许多成功的产品，如 HyperCard、WWW 等。但这些系统仍存在许多问题，主要表现在以下 4 个方面。

① 超文本网络的搜索与查询

从某种意义上讲，超文本是一种导航式存取，通过链从一个节点转移到另一个节点，以搜索超文本网络，这种方式是超文本的定义特征。有些应用采用上述导航式检索会出现问题，这些应用以大的、不熟悉的、异构型网络为特征。甚至在有 500 个节点的单用户网络上，当网络改变且网络结构为异构时，导航式存取也很困难。因为当用户在这种网络中"航行"时，很容易迷失方向。通常，要找的信息能给出精确的描述，但却很难在网络中找到它们。根本的解决方法是，用基于查询的存取机制扩展现有的浏览功能。

在超文本系统中，需要有两大类查询/搜索机制：内容搜索和结构搜索。在内容搜索中，网络中所有节点和链都被看做独立的实体，都单独地与给定询问进行比较、匹配。内容搜索与超文本网络的结构无关，相反，结构搜索与超文本网络的结构密切相关，它是基于超文本的节点、链、宏节点等结构体的一种搜索技术，是与给定模式相匹配的子网。结构搜索机制的开发涉及两个任务：一是设计一种查询语言以描述超文本网络结构，二是实现由这种新语言所描述的查询功能。

② 超文本与人工智能

超文本系统通常是被动地存储与检索信息的系统，它为用户提供了定义、存储、处理超文本网络的功能。超文本系统不像专家系统那样，它没有推理功能，不能从原有信息中导出新的信息加入到网络中。

超文本与人工智能技术的结合将是一个发展方向。在许多方面，超文本与基于知识的系统有相似之处。特别是在高层抽象层上，超文本系统、基于框架的系统和基于对象的系统表达了几乎相同的数据模型。这些技术中的每一个都基于分类和分片实体的概念，这些实体通过内部引用而形成网络。这些技术在基本开发模型方面有所不同：超文本系统强调实体（节点）和实体内部的链接；基于对象的系统强调定义实体的类别分层和在每类实例上的操作；基于框架的系统强调继承性和增值的设定，以及真理维护、推理机构和框架表达中基于规则的推理的结合。将基于框架的系统中的概念结合进超文本的设计是使超文本具有基于规则、真理维护和其他计算功能的有效方法。大量借鉴基于框架的系统和基于对象系统的思想，对超文本的发展是十分有益的。

③ 支持协同工作

超文本是支持协同工作的自然工具。下一代超文本需要在两个十分不同但又相关的领域内改进对协同性工作的支持：多用户对普通网络并发存取的机制，在协同应用共享网络时所涉及的用户间的干扰。支持多用户存取机制涉及扩展共享数据库的标准技术（如事务、并发控制），以处理由超文本系统产生的特殊要求。

④ 标准化工作

目前，超媒体的标准化成为有关超媒体研究的重要方面。至少有下列问题与超媒体标准化有关。

- 用户需求问题，即确定超媒体系统的功能。
- 超媒体系统参考模型。为了确定与标准化有关的领域，需要定义一种称为参考模型的结构化描述。参考模型还可用于比较已有的系统，设计新的系统。
- 数据交换。在网络环境下，为了在不同的超媒体系统间交互与共享信息，应当制定超媒体的交换协议。
- 标准用户接口。

7.5　动态网页制作技术简介

传统的网页外观是静态的，只有文字与静态的图片，用户只是被动地阅读制作者提供的信息。几年前，在 Sun 公司的网页上出现了一杯热气腾腾的咖啡的图片，杯上的热气会不断地变幻，在当时引起了极大的轰动，人们争相浏览这个站点。虽然这只是动态网页的雏形，但导致了以后 GIF 动画大行其道。尽管 GIF 动画为原来死板的网页增色不少，但它实质上只是一个活动的小图片，只能作为装饰点缀用，满足不了人们的交互需求，其本质上还是静态网页。此后不久产生了一系列更高级的动态网页技术，如 DHTML 技术、Flash 技术与 VRML 技术等。从而，使得网页的表现方式从静态网页发展到现在的绚丽多彩、充满互动性的网页。动态网页技术主要包含两大类技术：网页的外观表现技术和网页的动态内容技术，即内容更新技术。

7.5.1　动态网页简述

从 7.4 节介绍可知，超文本置标语言 HTML 可以非常方便地编制网页，但是利用它实现的网页是静态的网页，表现在网页上的内容是静态的。但是，随着信息技术的发展，人们已经不能满足于静态网页信息的发布，不仅需要 Web 提供信息，还需要提供可个性化搜索和展现的功能，既可以收发 E-mail，也可以实现网上学习，还要求能实现电子商务等。为了实现以上功能，就必须使用内容能够更新的动态网页。这里的动态，指的是按照访问者的不同需要，对访问者输入的信息进行不同的响应，提供需要的信息。

动态网页技术的基本原理是：使用不同技术编写的动态页面保存在 Web 服务器内，当客户端用户向 Web 服务器发出访问动态页面的请求时，Web 服务器将根据用户所访问页面的后缀名来确定该页面所使用的网络编程技术，然后把该页面提交给相应的解释引擎；解释引擎扫描整个页面找到特定的定界符，并执行位于定界符内的脚本代码以实现不同的功能，如访问数据库，发送电子邮件，执行算术或逻辑运算等，最后把执行结果返回 Web 服务器；最终，Web 服务器把解释引擎的执行结果，连同页面上的 HTML 内容及各种客户端脚本一同传送到客户端。虽然，客户端用户所接收到的页面与传统页面并没有任何区别，但实际上，页面内容已经经过了服务端处理，完成了动态的个性化设置。目前实现动态网页主要有以下 4 种技术。

1．CGI 技术

通用网关接口（Common Gateway Interface，简称 CGI）是外部程序和 Web 服务器之间的标准接口。可以使用不同的编程语言编写合适的 CGI 程序，如 Visual Basic、Delphi 或 C/C++ 等，将已经写好的程序放在 Web 服务器的计算机上运行，再将运行结果通过 Web 服务器传输到客户端的浏览器上。我们通过 CGI 建立 Web 页面与脚本程序之间的联系，并且可以利用脚本程序来处理访问者输入的信息并据此进行响应。事实上，这样的编制方式比较困难而且效率较低，因为每一次修改程序都必须重新将 CGI 程序编译成可执行文件。

最常用于编写 CGI 技术的语言是 PERL（Practical Extraction and Report Language，文字分析报告语言），它具有强大的字符串处理能力，特别适用于分割处理客户端 Form 提交的数据串。用它编写的程序后缀为.pl。

我们来看个简单的例子 hello.pl：

```
#!/usr/bin/perl
$Hello="Hello,CGI"; #字符串变量;
$Time=2;
print $Hello," for the",$Time,"nd time!",""; #输出一句话;
```

```
# End hello.pl
```

输出结果：

```
Hello,CGI for the 2nd time!
```

程序中第一个注释行具有特殊的含义，它是 UNIX 系统 shell 中的一条指令，表示在命令行中运行其后的命令。第一行是必需的，/usr/bin/perl 提供了 PERL 解释器的完整路径名。本例中的"#"为 PERL 语言中的注释字符。PERL 技术参考网站：http://www.perl.com。

CGI 调用数据库需要安装 DBI（DataBase Interface），即数据库接口技术。DBI 提供了基于 PERL 的标准界面连接到各种不同的 SQL 引擎上。各种数据库的 DBI 模块可在此找到：http://www.perl.com/CPAN-local/modules/by-module/DBI/。以下是连接 Oracle 数据库的一个例子：

```
use DBI; #调用 DBI;
#以下三项是数据库名，调用数据库的用户名，密码；
$dbname="dbi:Oracle:DBName";
$user="user";
$pass="pass";
#联系数据库；
$dbh=DBI->connect($dbname,$user,$pss) || die "Error Connecting to database";
#数据库查询；
$tag=$dbh->prepare("SELECT * FROM 表名");
$tag->execute; #执行查询；
die "Error:$DBI::err
" if DBI::err; #出错判断；
my($col1,$col2); #定义只在本程序中（用 my 来表示）有效的两个变量；
while(($col1,$col2)=$tag->fetchrow)
   {
     print "Column 1:$col1";
     print "Column 2:$col2";
   }
$dbh->disconnect or warn "Disconnection failed"; #断开与数据库的连接；
```

CGI 技术已经发展得很成熟了，其功能强大，新浪、网易、搜狐等网站的搜索引擎用的就是 CGI 技术。

2. ASP 技术

Active Server Pages，简称 ASP，它是微软开发的一种类似 HTML、Script（脚本）与 CGI 的结合体，它没有提供自己专门的编程语言，而是允许用户使用包括 VBScript、JavaScript 等在内的许多已有的脚本语言编写 ASP 的应用程序。ASP 与 CGI 的不同主要体现在对象和组件的使用上。ASP 除了内置的基本对象外，还允许用户以外挂的方式使用 ActiveX 控件。ASP 的程序编制比 HTML 更方便，更灵活。它在 Web 服务器端运行，运行后再将运行结果以 HTML 格式传送至客户端的浏览器。因此，ASP 与一般的脚本语言相比要安全得多。

对于广大网页技术爱好者来说，ASP 比 CGI 具有的最大好处是，可以包含 HTML 标记，也可以直接存取数据库及使用无限扩充的 ActiveX 控件，因此在程序编制上要比 HTML 方便且灵活。

ASP 吸收了当今许多流行的技术，如 IIS、Activex、VBScript、ODBC 等，是一种发展较为成熟的网络应用程序开发技术。其核心技术是对组件和对象技术的充分支持。通过使用 ASP 的组件和对象技术，用户可以直接使用 ActiveX 控件，调用对象方法和属性，以简单的方式实现强大的功能。

ASP 中最为常用的内置对象和组件如下。

Request 对象：用来连接客户端的 Web 页（.htm 文件）和服务器的 Web 页（.asp 文件），可以获取客户端数据，也可以交换两者之间的数据。

Response 对象：用于将服务端数据发送到客户端，可通过客户端浏览器显示，用户浏览页面的重定向及在客户端创建 cookies 等方式进行。该功能与 Request 对象的功能恰恰相反。

Server 对象：许多高级功能都靠它来完成。它可以创建各种 Server 对象的实例以简化用户的操作。

Application 对象：它是一个应用程序级的对象，用来在所有用户间共享信息，并可以在 Web 应用程序运行期间持久地保持数据。如果不加以限制，所有客户都可以访问这个对象。

Session 对象：它为每个访问者提供一个标识；Session 可以用来存储访问者的一些喜好，可以跟踪访问者的习惯。在购物网站中，Session 常用于创建购物车（Shopping Cart）。

Browser Capabilities（浏览器性能组件）：可以确切地描述用户使用的浏览器类型、版本及浏览器支持的插件功能。使用此组件能正确地裁剪出 ASP 文件输出，使得 ASP 文件适用于用户的浏览器，并可以根据检测出的浏览器的类型来显示不同的主页。

FileSystem Objects（文件访问组件）：允许访问文件系统，处理文件。

ADO（数据库访问组件）：它是最有用的组件，可以通过 ODBC 实现对数据库的访问。

Ad Rotator（广告轮显组件）：专门为出租广告空间的站点设计，可以动态地随机显示多个预先设定的 BANNER 广告条。

以下是 ASP 通过 ADO 组件调用数据库并输出的例子：

```
<%@ LANGUAGE="VBSCRIPT"%>
<HTML>
    <HEAD>
        <META HTTP-EQUIV="Content-Type" CONTENT="text/html; CHARSET=gb2312">
        <TITLE>使用 ADO 的例子</TITLE>
    </HEAD>
    <BODY>
        <P ALIGN="center">所查询的书名为：<BR>
        <%
        Dim dataconn
        Dim datardset
        Set dataconn=Sever.CreateObject("ADODB.Connection")
        Set datardset=Sever.CreateObject("ADODB.Recordset")
```

```
dataconn.Open "library","sa","" '数据库为 library

datardset.Open "SELECT name FROM book",dataconn '查询表 book

%>

<%

Do While Not datardset.EOF

    %>

    <%=datardset("name") %><br>

    <%

    datardset.MoveNext

Loop

%>

</P>

</BODY>

</HTML>
```

编写 ASP 程序时，需要注意以下几点。

- ASP 网页程序所使用的语言可以是 JavaScript，也可以是 VBScript。
- ASP 网页程序的命名不是*.html 而是*.asp。
- ASP 程序是嵌入在 HTML 中的。撰写 ASP 网页程序时，程序语句区段一定要放在<%和%>之间。
- ASP 程序与 HTML 标记一样，不区分大小写。
- 要在单机上执行 ASP 文件，必须安装 IIS 或 PWS。
- 即使安装了 IIS 或 PWS 而且已经启动，仍然不能以浏览器的"打开"方式来观看程序网页，而必须使用"浏览"方式。
- ASP 技术有一个缺陷：它基本上局限于微软的操作系统平台之上。ASP 主要工作环境是微软的 IIS 应用程序结构，又因为 ActiveX 对象具有平台特性，所以 ASP 实现跨平台 Web 服务器工作是比较麻烦的。

3．JSP 技术

JSP（Java Server Pages）是 Sun 公司推出的网站开发技术，是将纯 Java 代码嵌入 HTML 中实现动态功能的一项技术。

先看一个小程序 HelloJsp.jsp：

```
<html>

    <head><title>JSP 小程序</title></head>

    <body>

        <%

        String Str = "JSP 小程序 ";

        out.print("Hello JSP!");

        %>;

        <h2> <%=Str%> </h2>;
```

```
        </body>;
    </html>
```

上述程序是不是很像 ASP 程序？但是，它却是另一种开始流行的技术——JSP。上述程序是一个最基本、最简单的例子。JSP 是基于 Java Servlet 及整个 Java 体系的 Web 开发技术。利用这一技术可以建立先进、安全和跨平台的动态网站。

总地来讲，JSP 和微软的 ASP 在技术方面有许多相似之处。两者都为基于 Web 应用实现动态交互网页制作提供的技术环境支持，两者都能够为程序开发人员提供实现应用程序的编制与自带组件设计网页从逻辑上分离的技术，而且两者都能够替代 CGI 使网站建设与发展变得较为简单与快捷。不过两者来源于不同的技术规范组织，其实现的基础——Web 服务器平台要求不相同。ASP 一般只应用于 Windows NT/2000 平台，而 JSP 则可以不加修改地在 85%以上的 Web 服务器上运行，其中包括了 NT 的系统，符合"write once, run anywhere"（一次编写，多平台运行）的 Java 标准，实现了平台和服务器的独立性，而且基于 JSP 技术的应用程序比基于 ASP 的应用程序易于维护和管理。

JSP 技术具有以下优点。

① 将内容的生成和显示进行分离

使用 JSP 技术，Web 页面开发人员可以使用 HTML 或者 XML 标记来设计和格式化最终页面。使用 JSP 标记或者小脚本来生成页面上的动态内容（内容是根据请求变化的，例如，请求账户信息或者特定的一瓶酒的价格）。生成内容的逻辑被封装在标记和 JavaBeans 组件中，并且捆绑在小脚本中，所有的脚本在服务器端运行。如果核心逻辑被封装在标记和 Beans 中，那么其他人，如 Web 管理人员和页面设计者，能够编辑和使用 JSP 页面，而不影响内容的生成。

在服务器端，JSP 引擎解释 JSP 标记和小脚本，生成所请求的内容（例如，通过访问 JavaBeans 组件，使用 JDBCTM 技术访问数据库，或者包含文件），并且将结果以 HTML（或者 XML）页面的形式发送回浏览器。这有助于作者保护自己的代码，而又保证任何基于 HTML 的 Web 浏览器的完全可用性。

② 强调可重用的组件

绝大多数 JSP 页面依赖于可重用的、跨平台的组件（JavaBeans 或者 Enterprise JavaBeans TM 组件）来执行应用程序所要求的更为复杂的处理。开发人员能够共享和交换执行普通操作的组件，或者使得这些组件为更多的使用者或者客户团体所使用。基于组件的方法加速了总体开发过程，并且使得各种组织在它们现有的技能和优化结果的开发努力中得到平衡。

③ 采用标识简化页面开发

Web 页面开发人员不会都是熟悉脚本语言的编程人员。JSP 技术封装了许多功能，这些功能是在易用的、与 JSP 相关的 XML 标识中进行动态内容生成所需要的。标准的 JSP 标识能够访问和实例化 JavaBeans 组件，设置或者检索组件属性，下载 Applet，以及实现用其他方法难于编码和耗时的功能。

④ JSP 的适应平台更广

这是 JSP 比 ASP 的优越之处。几乎所有平台都支持 Java 语言，JSP+JavaBean 可以在所有平台下通行无阻。NT 下 IIS 通过一个插件，如 JRUN（http://www3.allaire.com/products/jrun）

或者 ServletExec（http://www.newatlanta.com），就能支持 JSP。著名的 Web 服务器 Apache 也支持 JSP。由于 Apache 广泛应用在 NT、UNIX 和 Linux 上，因此 JSP 有更广泛的运行平台。虽然现在 NT 操作系统占了很大的市场份额，但是在服务器方面，UNIX 的优势仍然很大，而新崛起的 Linux 更是来势不小。从一个平台移植到另外一个平台，JSP 和 JavaBean 甚至不用重新编译，因为 Java 字节码都是标准的，与平台无关。

Java 语言中，连接数据库的技术是 JDBC（Java DataBase Connectivity）。很多数据库系统都带有 JDBC 驱动程序，Java 程序就通过 JDBC 驱动程序与数据库相连，执行查询、提取数据等操作。Sun 公司还开发了 JDBC-ODBC bridge，用此技术，Java 程序就可以访问带有 ODBC 驱动程序的数据库。目前，大多数数据库系统都带有 ODBC 驱动程序，所以 Java 程序能访问诸如 Oracle、SyBase、MS SQL Server 和 MS Access 等数据库。

4．PHP 技术

超文本预处理器（Hypertext Preprocessor，PHP）是一种 HTML 内嵌式的语言，是一种易于学习和使用的服务器端脚本语言，是生成动态网页的工具之一。它是嵌入 HTML 文件的一种脚本语言。其语法大部分是从 C 语言、Java 语言、PERL 语言中借来的，并形成了自己的独有风格。其目标是让 Web 程序员快速地开发出动态的网页。它是当今 Internet 上最热门的脚本语言，只需要很少的编程知识就能使用 PHP 建立一个真正交互的 Web 站点。

PHP 是完全免费的，可以不受限制地获得源码，甚至可以从中加进需要的特色。PHP 在大多数 UNIX 平台，GUN/Linux 和微软 Windows 平台上均可以运行。PHP 的官方网站是：http://www.php.net。

与 ASP、JSP 一样，PHP 也可以结合 HTML 语言共同使用。它与 HTML 语言具有非常好的兼容性，使用者可以直接在脚本代码中加入 HTML 标签，或者在 HTML 标签中加入脚本代码从而更好地实现页面控制，提供更加丰富的功能。

PHP 具有如下优点：安装方便，学习过程简单；数据库连接方便，兼容性强；扩展性强；可以进行面向对象编程。引用 Nissan 的 Xterra 的话来说就是"PHP 可以做到你想让它做到的一切"。

PHP 提供了标准的数据库接口，几乎可以连接所有的数据库，尤其和 MYSQL 数据库的配合更是"天衣无缝"。下面引用一个调用 MYSQL 数据库并分页显示的例子来加深对 PHP 的了解。

```
<?
$pagesize = 5; //每页显示 5 个记录
$host="localhost";
$user="user";
$password="psw";
$dbname="book"; //所查询的库表名;
//连接 MySQL 数据库
mysql_connect("$host","$user","$password") or die("无法连接 MySQL 数据库服务器！");
$db = mysql_select_db("$dbname") or die("无法连接数据库！");
$sql = "select count(*) as total from pagetest";//生成查询记录数的 SQL 语句
```

```php
$rst = mysql_query($sql) or die("无法执行 SQL 语句：$sql ！"); //查询记录数
$row = mysql_fetch_array($rst) or die("没有更多的记录！"); /取出一个记录
$rowcount = $row["total"];//取出记录数
mysql_free_result($rst) or die("无法释放 result 资源！"); //释放 result 资源
$pagecount = bcdiv($rowcount+$pagesize-1,$pagesize,0);//算出总共有几页
if(!isset($pageno))
{
    $pageno = 1; //在没有设置 pageno 时，默认为显示第 1 页
}
if($pageno<1)
{
    $pageno = 1; //若 pageno 比 1 小，则把它设置为 1
}
if($pageno>$pagecount)
{
    $pageno = $pagecount; //若 pageno 比总共的页数大，则把它设置为最后一页
}
if($pageno>0)
{
    $href = eregi_replace("%2f","/",urlencode($PHP_SELF));
//把$PHP_SELF 转换为可以在 URL 上使用的字符串，这样就可以处理中文目录或中文文件名
if($pageno>1){//显示上一页的链接
    echo "<a href="" . $href . "?pageno=" . ($pageno-1) . "">上一页</a> ";
}
Else
{
    echo "上一页  ";
}
for($i=1;$i<$pageno;$i++)
{
    echo "<a href="" . $href . "?pageno=" . $i . "">" . $i . "</a> ";
}
echo $pageno . " ";
for($i++;$i<=$pagecount;$i++)
{
    echo "<a href="" . $href . "?pageno=" . $i . "">" . $i . "</a> ";
}
if($pageno<$pagecount)
{ //显示下一页的链接
```

```php
        echo "<a href='" . $href . "?pageno=" . ($pageno+1) . "'>下一页</a> ";
    }
    Else
    {
        echo "下一页 ";
    }
    $offset = ($pageno-1) * $pagesize;//算出本页首个记录在整个表中的位置(第一个记录为 0)
    $sql = "select * from pagetest LIMIT $offset,$pagesize";//生成查询本页数据的 SQL 语句
    $rst = mysql_query($sql);//查询本页数据
    $num_fields = mysql_num_fields($rst);//取得字段总数
    $i = 0;
    while($i<$num_fields)
    { //取得所有字段的名字
        $fields[$i] = mysql_field_name($rst,$i);//取得第 i+1 个字段的名字
        $i++;
    }
    echo "<table border='1' cellspacing='0' cellpadding='0'>";//开始输出表格
    echo "<tr>";
    reset($fields);
    while(list(,$field_name)=each($fields))
    {//显示字段名称
        echo "<th>$field_name</th>";
    }
    echo "</tr>";
    while($row=mysql_fetch_array($rst))
    {//显示本页数据
        echo "<tr>";
        reset($fields);
        while(list(,$field_name)=each($fields))
        {//显示每个字段的值
            $field_value = $row[$field_name];
            if($field_value=="")
    {
        echo "<td> </td>";
    }
    Else
    {
        echo "<td>$field_value</td>";
        }
```

```
        }
        echo "</tr>";
    }
    echo "</table>";//表格输出结束
    mysql_free_result($rst) or die("无法释放 result 资源！");//释放 result 资源
    }
    Else
    {
    echo "目前该表中没有任何数据！";
    }
    mysql_close($server) or die("无法与服务器断开连接！");//断开连接并释放资源
    ?>
```

从这个例子可以看出，PHP 的语法结构很像 C 语言，并易于掌握。而且，PHP 的跨平台特性让程序无论在 Windows 平台上还是 Linux、UNIX 系统中都能运行自如。例如，在 Windows NT4 中编写 PHP 程序，然后上传到 UNIX 系统中运行，未发现兼容性的问题。

到目前为止，无论个人网站还是企业网站，以上 4 种技术中，以 PHP 的应用最为广泛。

以上 4 种技术，皆在制作动态网页方面各显神通。至于选择哪种技术，取决于制作者的爱好和技术储备。对于广大个人主页的爱好者、制作者来说，建议尽量少用难度较大、上手较慢的 CGI 技术。如果用户是微软的"拥护者"，采用 ASP 技术会比较得心应手；如果是 Linux 的"追求者"，运用 PHP 技术在目前是最恰当、最明智的选择。此外，不要忽略了 JSP 技术，据说它是未来最有发展前途的动态网站技术。但是，在学 JSP 之前，必须掌握 Java 语言。

7.5.2 Flash 制作

Flash 是一种用于互联网的动画编程语言。它采用了网络流式媒体技术，突破了网络带宽的限制，可以在网络上更快速地播放动画。实现了动画交互，能比较充分地发挥个人的创造性和想象力，提供精美的网页界面。

以前，虽然也有多种多媒体格式，但是，按照这些格式制作出来的媒体文件都是很庞大的，动辄以十兆、百兆字节计，让这样大的文件在有限的带宽资源中传输，就像让骆驼穿过针眼一样。Flash 解决了这个问题，它采用了 Shockwave 技术，按照"流"方式传输音频和视频文件，可以边下载边播放，用户无须等待；同时，Flash 使用矢量技术制作和生成动画，使文件大大减小，例如，两分钟其他格式的媒体文件可能需要几十 MB，而 Flash 只需要几十 KB 就可以了。

Flash 的交互性是它的又一大特色。在 Flash 中，可以通过加入按钮来控制页面的跳转和链接，按钮还可以发声，丰富网页上的表现手段。Flash 的易用性也许是让更多的人喜欢它的真正原因。只要使用过 Windows 的画笔，就会使用 Flash 绘图，因为 Flash 的绘图工具和 Windows 画笔中的绘图工具非常相似，但是功能更强大。Flash 中的动作很容易理解，即使是初学者，通过一段时间的摸索之后也可以创造出很精彩的动画演示和交互游戏。

Flash 是由 Macromedia 公司出品的，目前最新版为 6.0 版，它在网络多媒体应用上的优势使其深受喜爱，越来越多的人、越来越多的网站开始使用 Flash。随着互联网日益宽带化、多媒体化，它的技术优势更加明显，在多媒体技术和互联网领域中，正逐渐发挥着至关重要的作用。本节将对其用法进行简单介绍。

1. 工作界面

首先熟悉一下 Flash 的使用界面，如图 7.11 所示，包括工具箱、工作区、时间轴、层操作区等，各个部分的功能说明如下。

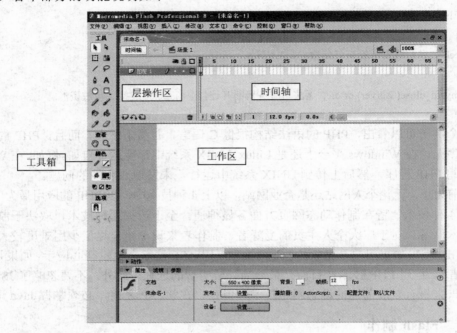

图 7.11　Flash 的工作界面

工具箱：其中各按钮功能说明见表 7.1。

表 7.1　Flash 工具箱中各工具的功能说明

选择工具，用来选择对象		套索工具，和 Photoshop 中的套索工具类似	
画线工具，画直线		写字工具，输入上各种矢量字体文字	
画圆工具，画圆和椭圆		矩形工具，画各种矩形	
画笔工具，画曲线和折线		画刷工具，和 Photoshop 中的画刷工具类似	
墨水瓶，为实心图形的边界上色		填充工具，用当前颜色填充实心图形	
吸管，选择当前颜色		橡皮擦，擦除画错的图形	
移动工具，移动工作区		放大镜，放大/缩小画面	

工作区：是画图工作的编辑区，是对动画中的对象进行编辑、修改的场所。对于没有特殊效果的动画，在工作区上也可以直接播放。同电影一样，Flash 也把时间的流逝分为各个帧。

可以在工作区上显示标尺，选择"查看|标尺"命令即可。标尺可以使用户比较容易地控制工作区上各个成员的位置。类似地，工作区右边有每个场景的标签（Tab），要显示这些标签，选择"查看|标签"命令。将一部动画分成许多场景是有必要的，这样可以制作出复杂的影片，并便于修改。不过，对于一部有几十个场景的动画，怎样记住各场景的名称呢？双击

一个标签，就可以给该场景取名了。

如果觉得标尺还不足以在绘图中精确定位，请注意图中的灰色网格，这些网格是用来协助绘图的，并且，在最后产品发布时，这些网格不会出现。要显示辅助网格，选择"查看|网格"命令。

时间轴：可以在这里控制动画的帧数及每帧的效果，协调动画时间流逝，在不同的层上组织作品的地方。时间轴上能够显示动画中的每一帧。

层（Layer）操作区：与 Photoshop 的图层类似。就像相互重叠的透明纸一样，图层可以使各对象保持相对分离，这样就可以把不同的元素合成到一个文件中去。

2．菜单栏

在这里只简要地介绍菜单栏中与一般 Windows 应用软件不同的功能。

（1）"文件"菜单

- "新建"命令可以用来创建一个新的 Flash 动画。
- "打开当前库"命令用来打开预先编辑过的动画。
- "保存"命令保存文件为 Flash 的 FLA 格式，也就是说，以"保存"方式保存的动画文件只能用 Flash 程序来观看或修改。
- "另存为"命令可以将当前文件换名存盘。
- "输入"、"输出动画"和"输出图像"三条命令用于 Flash 与外部应用程序之间交换文件，以及输入/输出图像、动画、声音文件。
- "附助选项"命令用于定义一些和剪贴板有关的项目，Flash 中的"回复"功能的回复次数也在此指定。

（2）"查看"菜单

"查看"菜单中的命令用于控制屏幕显示。这些命令决定了显示比例、显示效果、显示区域等。其中，"转到"子菜单中的命令用于控制在当前舞台上显示哪一个场景。需要注意的是，"网格"和"吸引"两个命令分别实现的是"网格"和"捕捉"功能。

（3）"修改"菜单

"修改"菜单中的命令用于修改动画中的对象、场景甚至动画本身的特性。

在这里要说明几个概念：一个影片（Movie）是一个完整的 Flash 动画，也是最终发布的成品。在一个影片中，可以有许多的场景（Scene），场景的使用使得复杂的交互式动画成为可能。如果你看过话剧或舞台剧，就知道为什么场景的使用这么重要了。而每一个场景都是由一个或多个帧（Frame）组成的。

要提到的是，Flash 中使用了类似 Director 中的角色库（Cast Member）的功能，不过不叫角色库，而是叫图标库（Library），图标库中的图标（Symbol）可以是图案、声音或动画片段。每部动画有自己的图标库，也可以使用外部的图标库。图标库中的图标可以在一部动画中多次使用，出现在动画中的图标被称为例图（Instance）。"修改"菜单中还有用于处理"组"的命令。

（4）"控制"菜单

"控制"菜单中的命令用于决定动画的播放方式，并使创作者可以现场控制动画的进程。尽管 Flash 基本是所见即所得的，但仍有部分内容在舞台上无法显示其交互性，需要通过"控制"菜单中的"测试影片"或"测试舞台"命令实现。

（5）"图标库"菜单

"图标库"菜单中的命令用于显示 Flash 自带的图标，包括按钮、图片、软片环和声音。将图标库文件放在 Flash 文件夹下的"库"文件夹里，就可以使自定义的一套图标成为 Flash "图标库"菜单中的一部分。

3．时间轴

Flash 动画是由帧顺序排列而成的，即使是用内插法计算得出的动画，也是依据时间顺序生成的。时间轴上显示了动画中各帧的排列顺序，同时也包括了各层的前后顺序。

每一帧的情况都显示在时间轴上。其中，蓝色实心圆点代表一个静止的关键帧（Key frame），蓝色空心圆点代表一个空白关键帧（Empty keyframe），红色实心点和绿色实心点分别代表用内插法算出的移动和变形动画的起始关键帧（Tweened keyframe），红色箭头和绿色箭头表示在箭头所在区域内的动画是用内插法形成的（Tweened frames）。某些被指定了某种行为的帧（Action frame），其上有一个小的"a"字。左侧的状态窗中显示的是每一层的名称和状态。

在时间轴窗口中还有许多与层有关的命令。用过 Photoshop 的人对层应该不会陌生，不过在 Photoshop 中层是指的图层，而在 Flash 中，层是动画层。

在电视里播放的动画片中，有时主角在路上走，而背景上的田野要比人物移动得慢，或许天空中还有云彩飞快地掠过，这里就使用了层的概念：主角的移动是一层，背景的移动是一层，云彩的移动又是一层。当然，传统的动画片的绘制方式和在 Flash 中的不同，不过这个概念是一致的。如果把所有要移动的对象都放在一起，就很难控制和修改，而利用动画层，可以轻松地制作场景复杂的动画。例如，只需要更改背景就可以做出完全不同的动画来。

对于层的控制命令大都集中在时间轴的弹出菜单中，包括添加和删除层，对层的命名、锁定及隐藏，指定层的特殊功能等。

① 当前层（Current）：被选中时，该层是正在编辑的层，可以对该层进行绘图、修改和编辑操作。当前层标签旁的状态按钮是铅笔图案。

② 正常层（Normal）：被选中时，该层正常显示，但除了与当前层元素成组的对象之外，该层的其他对象不能被修改。

③ 锁定层（Locked）：被选中时，该层内容被锁定，不能加以修改。这个功能对于层数较多的动画很有用，至少不用担心误操作使得以前的工作前功尽弃。有些特殊的层，必须锁定才能起作用，如蒙版层。

④ 隐藏层（Hidden）：被选中时，该层内容不在工作层上显示，当然也不能修改。有时，工作层上的对象太多，不便于编辑修改，这个功能就非常有用了。

⑤ 显示所有层、锁定其他层、隐藏其他层（Show all, Lock others, Hide others）：这 3 个命令的功能和它们的名称是一致的，在此不再赘述。

⑥ 插入层、删除层（Insert layer, Delete layer）：插入层命令在当前层之上插入一个新层，并使之成为当前层。删除层命令则删除当前层。

⑦ 命名层（Properties）：每在动画中增加一个新层，Flash 便默认赋予它一个名字，一般是 Layer 1，Layer 2，Layer 3…。层多了之后，往往不易辨识，为了编辑动画的方便，要给不同的层起个便于记忆的名字。具体操作方法是：在 Layer 1 的标签上双击鼠标右键，Layer 1

亮亮显示，在编辑框中输入新名字即可。命名层命令的作用和上面说的一样，也是给层改名字。

⑧ 指导层（Guide）：被选中时，所在层变成一个指导层，也就是说，该层上所有内容只是作为绘制动画时的参考，不会出现在最后作品中。指导层的层名旁边有一个蓝色的坐标图案。

⑨ 增加运动路径导向层（Add motion guide）：被选中时，会在所在层之下增加一个运动路径导向层，该层中可以用铅笔绘制线条，作为上面一层的内插法移动动画的运动路径，该层的内容不会在最终产品中出现。运动路径导向层的层名旁边有一个抛物线图案。

⑩ 蒙版、显示蒙版（Mask, Show masking）：蒙版是 Flash 中很有用的功能。其基本含义是，某个特殊层作为蒙版，其下的一层就被蒙版层遮住，只有蒙版层中填充色块之下的内容才是可见的，而蒙版层中的填充色块本身并不可见。利用蒙版功能，可以实现灯光移动的效果，范例可参见 Flash 自带的示例。

⑪ 单色显示：选择"正常颜色"时，当前层的图形以正常颜色显示。在图层较多时，为了便于观察各层图形的相对关系，可以选中下面的几个单色显示选项。单色显示被选中时，该层的图形以单色轮廓线形式出现，共有红、绿、黄、蓝、紫 5 种颜色。

4．制作 Flash 动画

动画是指通过连续播放一系列画面，给人的视觉造成连续变化的图画。它的基本原理与电影、电视一样，都是利用视觉滞留效应，就是人的眼睛看到一幅画或一个物体后，在 1/24 秒内不会消失。利用这一原理，在一幅画还没有消失前播放下一幅画，就会给人造成一种流畅的视觉变化效果。因此，电影采用每秒 24 幅画面的速度拍摄、播放，电视采用每秒 25 幅（PAL 制）或每秒 30 幅（NSTC 制）画面的速度拍摄、播放，而 Flash 也采用以每秒不低于 24 幅画面的速度播放，从而实现动画效果，即 Flash 动画效果。

Flash 动画有 3 种类型，即逐帧动画、运动模式渐变动画和形状渐变动画。在 Flash 中，制作动画主要是对关键帧进行处理。通过时间轴，可以设置和控制当前帧、帧速和播放时间等。

（1）帧操作

Flash 动画中包含关键帧和普通帧。关键帧用于表现对象的动作转折、关键位置和首/尾帧。在时间轴窗口中，关键帧方格中有"●"标记。而普通帧则起着串联关键帧，延续动作的作用，在时间轴窗口中，普通帧方格中没有"●"标记。

在时间轴窗口中，可以实现帧的插入、删除和其他操作，包括插入和删除关键帧。

（2）逐帧动画

逐帧动画中的每一帧都是关键帧。逐帧动画能够表现复杂和灵活的动画设计，能比较好地控制动画的节奏和进程。但是，由于要制作每帧图片，显然工作量太大。

（3）运动模式渐变动画

运动模式渐变是指帧的位置、大小、形状、角度或颜色等属性的变化过程都是逐渐改变的过程。制作此类 Flash 动画时，仅仅需要制作首、尾帧，再明确其中渐变过程需要的帧数，Flash 软件将自动完成中间过程的所有的帧。下面举例说明。

【例 7-4】 制作球体从左到右的 Flash 运动模式渐变式动画，假设帧数为 20。

具体操作步骤如下。

① 新建一个扩展名为.fla 的 Flash 动画文件 stone-l-r.fla。

② 在组件的编辑区域中绘制或添加球体，然后返回主场景。

③ 进入 Flash 软件的主编辑区域，打开图库面板，用鼠标将图库中的球体拖放到主场景的左边位置，并设此帧为开始的首关键帧。

④ 右键单击首关键帧，从快捷菜单中选择"插入帧"命令，连续插入余下的 19 帧，并且新增的 19 帧与首帧相同，全为球体。

⑤ 将最后一帧设置成关键帧。

⑥ 在最后一帧的编辑场景中，单击工具箱中的箭头工具，选定球体，然后把球体从左边拖到右边。

⑦ 再次回到首关键帧，单击鼠标右键，从快捷菜单中选择"创建动画动作"命令，Flash 将自动绘制中间渐变的 2～19 帧。

⑧ 选择"控制/播放"命令，观看球体从左到右移动的动画过程。

⑨ 选择"文件|导出影片"命令，并选择保存文件类型，输入文件名，保存为动画格式的文件。如果选择的文件格式为 fla，则该文件就是 Flash 动画软件的可编辑的动画文件。

至此，球体从左到右移动的运动模式渐变动画文件制作完毕。

（4）形态渐变动画

形态渐变是对象从一个形态逐渐改变成另一个形态的过程，其基本原理与运动模式渐变动画的基本原理类似，下面举例说明。

【例 7-5】 制作鲜花变成石头的 Flash 形态渐变动画式动画，假设帧数为 20。

具体操作步骤如下：

① 新建一个扩展名为.fla 的 Flash 动画文件 flower-stone.fla。

② 在组件的编辑区域 2 中绘制或添加鲜花图片，然后返回主场景。

③ 进入 Flash 软件的主编辑区域，打开图库面板，用鼠标将图库中的鲜花图片拖放进主场景，并设此帧为首帧。自然，它是关键帧。

④ 单击首关键帧，从快捷菜单中选择"插入帧"命令，连续插入余下的 19 帧。

⑤ 将最后一帧设置成关键帧。

⑥ 在最后帧的编辑场景中，绘制或添加石头。

⑦ 再次回到起始帧，单击鼠标右键，从快捷菜单中选择"创建动画动作"命令，Flash 软件将自动绘制中间 2～19 帧，完成从鲜花到石头的渐变过程。

⑧ 选择"控制|播放"命令，观看鲜花到石头渐变的动画过程。

⑨ 选择"文件|导出影片"命令，并选择保存文件类型，输入文件名，保存为动画格式的文件。如果选择的文件格式为 fla，则该文件就是 Flash 动画软件的可编辑的动画文件。

至此，鲜花到石头渐变的形态渐变动画文件制作完毕。

5．为 Flash 动画添加音频

如果添加的音频要与动画同步播放，就必须计划好两者的时间长度，要使它们保持一致。具体操作步骤如下。

① 选择"文件|导入"命令，单击打开需要添加的音频文件。

② 单击动画的图层，指定在其中一层中添加音频文件。同时，可以通过单击屏幕底部的属性工具栏，设置其属性。

③ 单击音频输入框，在其中输入需要导入的音频文件名，然后指定同步对象，例如，选择事件、开始、停止，还是数据流等。

④ 选择"窗口|工具栏|控制栏"命令，打开控制栏。单击播放按钮预览动画，这样可以听到同步音频。

实际上，将以上步骤①～④添加进例 7-5 的步骤⑦和⑧之间，即可得到鲜花到石头渐变的自带音频播放效果的形态渐变动画。

本章介绍了制作动态网页的 CGI、ASP、JSP 和 PHP 技术，但是，也可以利用其他的高级程序语言编写动态网页，创建更富于交互的 Internet 应用程序。

7.6　实验 7——利用 Flash 制作多媒体动画

要求和目的

（1）掌握 Flash 制作动画的基本操作。
（2）掌握文字动画、图像动画的制作方法。

实验环境和设备

（1）硬件环境：计算机的处理器配置要求至少为 1.5GHz、内存 512MB 以上，容量 50GB以上的高速硬盘，显卡的分辨率至少 1024×768 像素，24 位真彩色，最好采用三维图形加速卡。
（2）软件环境：Windows XP，Flash 8.0。
（3）学时：课内 2 学时，课外 4 学时。

实验内容及步骤

1．打字效果

① 选择"File|New"命令，创建一个新电影。
② 选择工具栏中的文字工具▲，在画图工作区中单击并输入相应的文字内容，在文字工具属性面板（编辑区下方）中设置为"动态文本"，"多行"，变量名为"mytext"，字体字号和颜色等自行选择，如图 7.12 所示。
③ 在时间轴第 2 帧处右键单击，从快捷菜单中选择"插入关键帧"命令，单击画图工作区中的文本对象，修改其属性面板中的变量名为"newtext"。

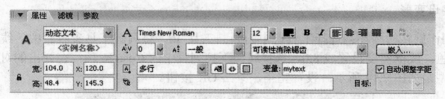

图 7.12　文字工具属性设置

④ 在第 4 帧处右键单击，从快捷菜单中选择"插入帧"命令。
⑤ 新建图层，在第 1 帧处，单击画图工作区下方的"动作"，打开动作编辑面板，输入脚本"n=1;"。
⑥ 在第 2 帧处插入关键帧，输入脚本：

    n++;

    newtext=mytext.substr(0,n);

```
if (n>mytext.length){stop();}
```

⑦ 在第 4 帧处插入关键帧，输入脚本"gotoAndPlay(2);"。

⑧ 选择"Contrl｜Test Movie"命令，即可看到计时器的效果。

2．按钮控制

① 选择"File｜New"命令，创建一个 400×400 大小的新电影。

② 选择"Insert｜New Symbol"命令，弹出图符属性对话框，输入图符名 back，选择"按钮类型"，在工具栏中选择矩形工具，在"弹起"帧中绘制一个 400×400 的矩形。

③ 单击时间轴上方的"场景 1"，返回场景，选择"Insert｜New Symbol"命令，在打开的对话框中选择"影片剪辑"，名称为 ladybug，在工具栏中选择圆形绘制工具，绘制一个圆形，再单击工具栏中的选择工具，在圆形旁边移动直至鼠标指针下出现半弧形标记，按住鼠标拖动使对象变形。

④ 返回场景，选择"Window｜Libary"命令，将两个元件添加到画图工作区中，单击 ladybug 对象，在其属性面板中把实例名称设为"bug"。

⑤ 选择 back 元件，打开其动作面板，输入如下脚本，如图 7.13 所示。

```
on(keyPress "<Left>"){bug._rotation=-90; bug._x-=10; }
on(keyPress "<Right>"){bug._rotation=90; bug._x+=10; }
on(keyPress "<Up>"){ bug._rotation=0; bug._y-=10;}
on(keyPress "<Down>"){bug._rotation=180; bug._y+=10;}
```

通过上、下、左、右方向键控制 bug 对象的移动和翻转。

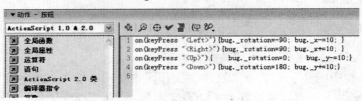

图 7.13　按钮元件的脚本

⑥ 选择"Control｜Test Movie"命令，按不同方向键查看动画效果。

3．字母变形

① 制作旋转的圆环：选择工具栏中的画圆工具 ，将画圆工具参数栏中的线框颜色设置成淡绿色，线框宽度设置成 8.0，选择线型下拉列表中的 Custom 项，在弹出的对话框中设置变形类型，如图 7.14 所示。设置完毕，单击 OK 按钮。

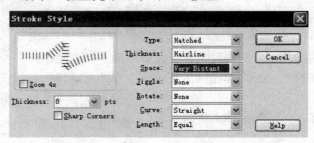

图 7.14　选择变形类型

② 将画圆工具栏中的填充颜色设置成为无填充。

③ 按住 Shift 键，在工作区中拖动鼠标，绘制出一个圆形。

④ 选中圆形图片，选择"Insert|Covert to Symbol"命令，在弹出的图符对话框中输入图符名"yuan"，选择"Graphic"项。

⑤ 在第 40 帧处插入一个关键帧，用鼠标单击第 1 帧，设置 Tweening 选项卡，其参数为 motion，Rotate 项设为 CW，表示顺时针旋转一周。

⑥ 单击时间轴窗口左下角的增加图层按钮 ，增加图层 Layer2。选择工具栏中的文字工具 ，将文字的颜色设置成红色，字体类型设置成 Arial Black，字号大小设置成 130。在工作区中单击鼠标并输入字母 A。

⑦ 选择"Modify|Break Apart"命令，将字母 A "打碎"，如图 7.15 所示。

⑧ 用同样的方法分别在第 10 帧、第 20 帧、第 30 帧处插入关键帧，输入字母 B、C、D 并将其"打碎"。在第 40 帧处插入与第一帧相同的关键帧。

图 7.15　字母 A

⑨ 单击 Layer 2 图层的名称，将 Layer 2 图层中所有帧全部选中。右键单击第 1~40 帧中的任意一帧，打开 Frame Properties 对话框的 Tweening 选项卡，并设置其参数如图 7.16 所示。

⑩ 为了使每一个字母在变形前有停顿，调整时间轴如图 7.17 所示。

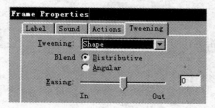

图 7.16　设置帧属性

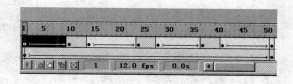

图 7.17　设置停顿参数

⑪ 选择"Contrl|Test Movie"命令，即可看到字母变形的动画效果。

Flash 动画与 GIF 和 JPG 格式不同，用 Flash 制作出来的动画是矢量的，不管怎样放大、缩小，它都清晰可见。用 Flash 制作的文件很小，这样便于在互联网上传输，而且它采用了流技术，只要下载一部分，就能欣赏动画，而且能一边播放一边传输数据。交互性更是 Flash 动画的迷人之处，可以通过单击按钮、选择菜单来控制动画的播放。正是有了这些优点，才使 Flash 日益成为网络多媒体的主流。

Flash 动画制作参考网址 http://www.hongen.com/pc/index.htm。

7.7　实验 8——网页制作与发布*

要求和目的

（1）掌握网页制作的基本操作。

（2）掌握网络多媒体播放的设计方法。

（3）学会设计图、声、文并茂的网页。

（4）发布 Web 站点。

实验环境和设备

（1）硬件环境：计算机的处理器配置要求至少为主频 1.5GHz、内存 512MB 以上，容量 50GB 以上的高速硬盘，显卡的分辨率至少 1024×768 像素。

（2）软件环境：Windows XP，IE 等浏览器，文本编辑器或 Microsoft Office FrontPage。

（3）学时：课内 2 学时，课外 2 学时。

实验内容及步骤

1．创建新 Web 站点

（1）用 FrontPage 创建一个名为 Desserts 的新 Web 站点，结构如图 7.18 所示。

- 启动 Microsoft FrontPage，在欢迎对话框中选择"新建 Web"项。
- 选择 Learning FrontPage 模板。
- 输入新建 Web 站点的名称：Desserts。
- 输入姓名和密码。

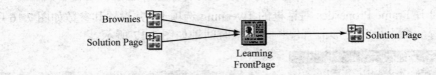

图 7.18　Web 站点结构

（2）启动并使用编辑器将 Lesson 1 加入在树形结构中。

- 打开编辑器，选择"工具|编辑器"命令。
- 新建文件，选择"文件|新建"命令。
- 在打开的对话框中，选择 Normal Page 项。
- 在格式工具栏选择 Heading 1，输入 Chocolate Chip Cookies。
- 选择"文件|另存为"命令。
- 在打开的对话框中，URL 设置为 lesson1.htm，Title 设置为 Lesson 1。

执行类似操作，可以再加入 Lesson 2、Lesson 3 和 Lesson 4，得到 Web 站点的树形结构，如图 7.19 所示。

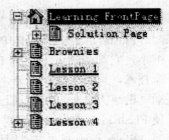

图 7.19　Web 站点树形结构

（3）关闭当前 Web 站点。

2．打开 Web 站点

（1）打开 Web 站点。选择"文件|打开 Web"命令。

（2）使用编辑器。

- 选 Lesson 2，双击右边的图标打开编辑器。
- 输入"End"，回车。
- 选 Normal 样式，输入"Feedback Form"，回车。
- 选 Heading 2，输入"Ingredients"，不回车。

（3）插入表格。

● 选择"表格|插入"命令，新建一个表格。

● 在表格中输入行、列参数，以及其他参数，如宽度等。

（4）列表。

● Heading 2，输入"Preparation"，回车。

● 在工具栏中单击 Numbered List 工具，输入 Pre-heat oven to 350，不回车。

● 选择"插入|符号"命令，插入"°C"符号。

（5）插入文件。

可插入 TXT、RTF、HTML 等类型文件，如插入 prepare.rtf 文件，删除空行，合并两个列表。按 Ctrl+End 组合键，结束列表。

（6）完成。

● 输入"Makes 50 cookies"，不回车。

● 选择 Address 样式，选中整行，单击粗体按钮，使之变为粗体。

● 移到行尾，回车，存盘。

● 选 Heading 2，输入"Your feedback goes here："。

● 样式自动变成 Normal 样式，输入"Back to Home Page"。

3．插入图像

（1）插入图像

● 打开 FrontPage Editor，选择"文件|打开"命令，打开 index.htm 文件。

● 选择要插入的位置，选择"插入|图片"命令，可以按 URL 后面的文件夹按钮，选择需要的图像文件。

（2）图像链接

● 选中图像，显示图像工具栏。

● 选择矩形工具，画一个覆盖左边部分的矩形。

● 放开鼠标后显示建立链接对话框，输入"brownies.htm"。

● 同上，链接到 lesson4.htm 文件。

（3）背景图

● 选择"文件|页面属性"命令。

● 设置各属性。

● 选择背景图片 background.jpg，改变超链颜色为 Maroon。

（4）透明图像

● 选中图像，单击转换按钮。

● 在图像中的白色背景上单击。

● 存盘，选择保存路径，把文件夹改为 images。

4．插入 Flash 动画与视频

尽管 FrontPage 和 Flash 同属于网页设计软件，但两者的兼容性不是很好。如果使用 FrontPage 中的"插入"菜单命令插入 Flash 动画，或者不能直接插入 SWF 文件，或者插入后无法正常显示。但是，采用如下方法可以插入实验 7 完成的 Flash 动画。

- 方法 1：在制作 Flash 动画时，输出格式选择为 GIF 动画。在 FrontPage 中，选择"插入|图片|来自文件"命令，加入需要添加的 Flash 动画文件即可。
- 方法 2：选择"插入|高级|插件|浏览"命令，选择需要添加的 Flash 动画文件，确定即可。
- 方法 3：本方法的前提条件是计算机安装了 Flash 软件或 Shockwave Flash Object 控件。选择"插入|高级|ActiveX 控件"命令，在插入 ActiveX 控件窗口中，单击自定义按钮，打开自定义 ActiveX 控件列表框，选中 Shockwave Flash Object 控件（如果计算机中安装了此 ActiveX 控件的话），确定即可。插入成功后，在网页中会出现一块白色矩形区域，双击它，进入 ActiveX 控件属性窗口，在其中输入或选择相关的参数。

（插入视频的方法与插入 Flash 动画的方法类似，从略。）

5. 发送 Web 站点

- 将已建立好的 Web 站点发送到 HTTP 或者 FTP 服务器上。选择"文件|发布 Web"命令。
- 指定发送位置、服务器的 URL 地址、输入用户名和口令。
- 选项：只传送有更新的网页或全部。

FrontPage 网页制作参考教程网址http://www.starinfo.net.cn/netteach/index.htm。

小结

多媒体数据的组织和存储与文本数据的组织和存储是完全不同的，需要探求一种新的技术来组织、发布和管理网络上的多媒体数据。超文本所采用的联想式非线性顺序结构，类似于知识在人脑中的存储"网状"结构，而超媒体是具有处理多媒体数据和各种媒体之间关系的第二代超文本，流媒体是一种基于 Internet 上支持多媒体数据流实时传输和实时播放的超媒体技术。因此，本章所介绍的超文本、超媒体和流媒体的基本知识及其技术，特别适合在网络上组织、管理、发布多媒体数据。

本章首先介绍了超文本、超媒体技术，主要包括超文本的基本概念和基本结构，以及超媒体和流媒体的基本知识；其次，介绍了几种超媒体系统的模型，包括基于层次的 HAM 模型和具有多媒体交互能力的 Dexter 模型；再次，介绍了 Web 超媒体系统和实现 Web 超媒体系统的超文本置标语言和可扩展的置标语言；最后，介绍了动态网页 CGI、ASP、JSP、PHP、DHTML 等制作技术，以及 Flash 制作技术。

习题与思考题

1. 什么是超文本和超媒体？它们有什么联系？
2. 超文本的三个组成要素为_____、_____和_____。
3. 谈谈为什么超媒体适合于组织、管理多媒体数据？
4. 什么是流媒体？流媒体与超媒体有什么联系？
5. 超文本结构主要的组成部分有哪些？各自有什么作用。
6. 什么是 Web 超媒体系统？其构成如何？
7. 简述 HTML 语言的基本模型结构。说明以下 HTML 标记的含义是什么？

①　<A HERF= "Old_School.html"><IMG SRC="D School1.gif "></A>

②　<IMG dynsrc= "Student.avi" STRAT=mouseover>学生风采</IMG>

③　<EMBED SRC="School.wav">校园之声</EMBED>

8．什么是动态网页？目前常用的动态网页有哪 4 种类型？简述各种类型的特点。

9．使用 Flash 软件制作一个 AVI 格式视频动画。要求：实现一个篮球在一个矩形区域内的运动过程，要求触壁反弹，配背景音乐，帧数为 25。

10．网站制作与发布。

（1）新建网页，用艺术字体输入"网络书店"。要求：加背景、小动画，并插入欢迎字幕，保存为 y1.htm。

（2）新建网页，输入下列文本内容：书店简介、新书消息、友情链接、联系方式。要求：插入背景，美化字体，保存为 y2.htm。

（3）新建网页，自定义书店的文字说明概况。要求：插入背景、插入小动画、美化字体，保存为 y3.htm。

（4）新建网页，在网页中插入一个 4 行 3 列的表格。为表格加上标题"网页制作类"，另存为 xsxx.htm。要求：

①　表格边框线宽度为 2，单元格边距为 2，单元格间距为 2，宽度为 400 像素，并输入文字。

②　表格水平居中，边框宽度设置为 5，背景颜色为灰色，浅色边框为银色，深色边框为黑色，各列宽相等，文字居中，字体为黄色。

③　标题字体设置为隶书，字号为 6，颜色为蓝色，无背景色，表格第一行设置为青色。

（5）新建网页，输入下列文本，并添加超链接，要求用表格来布局页面，加背景图案，保存为 yqlj.htm。

重庆工学院图书馆
重庆大学图书馆
北京大学图书馆
清华大学图书馆

把表格中各文字链接到对应网页上，如"重庆工学院图书馆"链接到 http://lib.cqit.edu.cn。

（6）建立如下结构的网站框架。

y1.htm	
y2.htm	y3.htm

①　分别单击设置初始页面为 y1.htm、y2.htm 和 y3.htm，并对 y2.htm 内容进行如下的超链接：书店简介链接到 y3.htm，新书介绍链接到 xsxx.htm，友情链接链接到 yqlj.htm，联系信箱链接到自己的 E-mail，并输入学号与姓名。

②　网页标题修改为：网络书店。

③　将该网页保存在 index.htm 文件中，上传有关文件（index.htm、y1.htm、y2.htm、y3.htm、xsxx.htm、yqlj.htm、图片等）到服务器中。注意，主页别名需要按照如下规则命名：班级+姓名+学号。

（7）上网检查、浏览自己的网站。

第8章　多媒体应用系统设计

本章知识点

- 掌握多媒体应用系统设计的基本原则
- 掌握多媒体应用系统开发的组织方法
- 掌握多媒体应用系统人机界面设计的原则
- 了解典型多媒体应用系统案例

多媒体应用系统，又称多媒体应用软件。它是由各种应用领域的专家或开发人员利用计算机语言或多媒体创作工具制作的最终的多媒体产品，是直接面向用户的。由于多媒体应用系统所涉及的元素比一般计算机应用系统多，并且它强调的是图、文、声并茂，因此多媒体应用系统的开发、设计及实施管理（组织）等有其自身的特点。

本章首先介绍多媒体应用系统的工程化设计思想，然后阐述多媒体应用系统开发设计的组织方法和设计原则，最后通过介绍目前应用比较广泛和成熟的实例，从中了解典型多媒体应用系统的组织和开发等特点。

建议本章用 4 学时讲授，重点讲述 8.2 节、8.3 节。由于本章所涉及的部分内容与软件工程相关或相近，因此不可避免有重复内容，但讲述中将尽量阐明其不同点。本章需要完成的实验任务是"多媒体光盘制作"。

8.1　多媒体应用系统工程化设计

8.1.1　软件工程化设计思想概述

1. 前言

20 世纪 60 年代，计算机硬件得到了飞速发展，计算机的运算速度、存储容量和速度及可靠性等得到了显著提高，为计算机的推广应用奠定了基础。但是，在那个时代，许多软件项目的开发时间大大超出了规划的时间表，其中一些项目导致经费的流失，甚至出现重大财产损失事故。同时，软件开发人员也发现，软件开发的难度越来越大，软件开发技术不能满足发展需要，软件开发中遇到的问题因为没有找到合适的解决方法，使得问题积累了起来，形成了比较尖锐的矛盾，最终导致了"软件危机"的爆发。

因此，软件危机就是指在计算机软件的开发和维护过程中所遇到的一系列严重问题，这些问题归结起来包含两个方面问题：如何开发软件和如何维护软件。而软件危机主要表现出的现象有：开发经费经常超支，完成时间一再拖延，用户不满意，可维护性差，可靠性差。造成这些现象的主要困难是：软件规模日益扩大，开发组织与管理难度加大，开发费用成倍增长，开发方法和技术落后，家庭手工作坊式作业、组织方式落后，开发工具落后、生产效率较低。

为了克服这些困难和从根本上解决软件危机，北大西洋公约组织于 1968 年提出了"软件工程"的概念，强调要用工程化的思想来组织和开发软件。从此，软件的开发正式进入了工程化开发设计时代。

软件工程就是用工程、科学和数学的原则与方法研制、维护计算机软件的有关技术和管理方法，其目标就是提高软件的质量与生产率，用较少的时间、成本获得用户满意的计算机软件产品，并且该软件最终可以在机器上被有效执行。软件工程强调的软件产品有效性是由一系列的软件规范化文档、软件的可靠性和软件的测试及其文档等体现和保障的。

软件工程关心的两个关键问题就是软件质量和软件生产效率。从短期效益看，追求高质量会延长软件开发时间并且增加费用，似乎降低了生产率。但从长期效益看，高质量将保证软件开发的全过程更加规范流畅，大大降低软件的维护代价，实质上是提高了生产率，同时可获得很好的信誉和低成本运作。对开发人员而言，如果非得在质量与生产率之间分个主次不可，那么应该是质量第一，生产效率第二。如果一开始就追求高生产率，容易使人急功近利，留下隐患，因此，宁可进度慢，也要保证每个环节质量，以图长远利益。

2．软件的生成周期

软件工程认为软件是有生成周期的逻辑产品，即软件开发过程包括从形成概念开始，经过开发、使用和维护，直到最后退役等阶段所组成的全过程。软件生命周期中各阶段的划分方式比较多，目前也没有统一方法，但各阶段的划分需要遵循如下原则：各阶段的任务相对独立和同一阶段任务的性质相同或相近。因此，通常将其划分成如图 8.1 所示的 3 个阶段。

① 软件定义（系统分析）阶段：可行性研究（软件计划）、需求分析。

② 软件开发（系统设计）阶段：概要设计、详细设计、实现设计（含编码、单元测试）、测试（包括组装测试、确认测试两个阶段）。

③ 软件使用和维护阶段：软件使用、维护和退役。

根据图 8.1 所示的软件生命周期划分，可以发现，软件开发设计主要包括软件定义、开发、使用和维护三个阶段。而软件开发瀑布型模型就是基于此进行划分的，其采用的基本原理就是结构化设计方法。当然，也有人将此过程划分为"需求分析→结构设计→编码实现→测试→运行与维护"5 个阶段。通过比较可以发现，两者只是界限的确定不同，其包含的内容是相同的。

3．软件开发模型概论

以结构化程序设计方法为基础的瀑布型模型的基

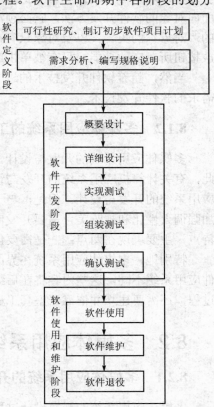

图 8.1　软件生命周期划分示意图

本思想是"自顶向下"和"逐步求精"，其优点是，开发设计自然方便，便于控制开发过程中的复杂性、进度、正确性和成本等环节。缺点是，过于强调需求规格说明，需要开发者在开发初期就需要比较详细地写出用户需求并形成需求规格说明书，但实际情况是，用户和开发设计者在初期是不能较好地完成这个任务的，因此，为软件后续阶段的不确定性埋下了隐患，将增加反复修改的风险性和时间与成本的开销。

针对瀑布型模型的缺点，1988年，布恩（Boehm）提出了软件开发的螺旋型模型（Spiral Life Cycle Model）。其基本思想是，允许软件开发者根据用户需求的初步文档，迅速建立软件的初步版本，称之为原型，然后根据用户使用后的反馈意见，进行修改、补充或完善，再建立软件的新版本。也就是以"需求分析→初步分析→详细设计→编码与调试→系统集成与测试→操作"作为一个开发周期，并且每个周期都可以获得一个原型版本。不断进行这样的周期就可以获得不断改进的软件原型版本，如此反复，直到最终形成软件产品。在这个反复过程中，将用户融入到开发队伍中，降低软件开发的风险性，对最后软件产品的质量有保证，同时开发周期短、效率高、版本升级方便。目前，采用螺旋型模型并结合面向对象的程序设计方法，是目前软件开发中经常采用的方法。

20世纪80年代初，产生了面向对象的软件开发方法（OOP）。其基本思想是，首先对问题进行自然的分解，其分解程度以达到或接近人类思维方式为限，以便于对问题进行结构模拟和行为模拟，从而使开发设计的软件尽可能地表现问题求解过程。其优点是，易于设计、实现和理解，可重用性和可维护性增强，能提高开发效率。但是，不是所有的问题均能采用面向对象的软件开发方法，它必须满足两个条件：所处理的问题能处理成为具有状态与功能的"对象"的集合，以及对象只有在其被激活时才能运行或被处理。例如，应用程序中的播放按钮所对应的功能，只有被单击或被其他方式激活时才能运行"播放"功能。

当然，随着软件开发技术的进一步发展，必将产生更多的、个性化的、能适应不同开发需求的软件开发技术。

8.1.2 多媒体应用系统的工程化设计

多媒体应用系统的开发与设计，实质上是一种特殊的计算机应用系统的开发与设计。因此，有关计算机应用系统的开发与设计的基本思想、基本方法与原则，也同样适合于多媒体应用系统的开发与设计。但是，与一般计算机软件应用系统不同之处是，多媒体应用系统更加强调人性化和视听美，需要开发者具备多方面的知识和能力，也有自己独特的工程化设计特点，主要表现在两点：一是需要创意，二是更强调表现方法。

特别地，多媒体应用系统在界面设计、项目组织、发布方式等方面，均与一般计算机软件应用系统不同，这些内容将在后续章节陆续介绍。当然，要控制多媒体应用系统开发的全过程，还需要建立并依靠一整套工程化的管理制度去实现。

8.2 多媒体应用系统基本设计原则

8.2.1 多媒体应用系统的开发过程

多媒体应用系统的开发设计过程不完全与通常应用软件的开发过程相同。按照软件工程的思想，传统应用软件的开发大致遵循如下过程："需求分析→结构设计→编码实现→测试→

运行与维护"。但是，多媒体应用系统的开发过程，与其说是一个软件开发过程，不如说更像一个电影或电视的创作过程，因为在其选题、人员搭配、素材制作和加工、制作工艺、成本估算等方面的问题，甚至很多具体的术语（如脚本、编号、剪接、发行等）都可直接从电影或电视的创作过程中借鉴过来使用，且不需要进行任何更改。所以说，多媒体应用系统不仅需要软件开发人员，还需要音乐、美术、动画、文编等专业设计人员。因此，多媒体应用系统的开发过程就不能采用上述一般应用软件开发过程，实际上，通常采用如下步骤进行多媒体应用系统开发："分析与选题→人员组织→脚本设计→创意与素材准备→编码与集成→测试与运行→产品化→推广发行"等。下面主要阐述其中重要的且有别于一般应用软件系统的步骤。

1. 分析与选题

多媒体应用系统的选题范围比较多，但是也需要遵循"用户第一、成本次之、技术第三"的基本原则。选题时可以参考如下问题，再确定是否进行下一步开发操作。

- 多媒体应用系统的预期用户是谁？应用目的是什么？应用场合和应用环境如何？
- 系统属于什么类型的题材，如教育、娱乐、科技、商业等。
- 系统的主要内容有哪些？传递的信息是什么？解决的问题是什么？
- 系统是虚拟环境还是现实情景？
- 要表现的内容是否必须用多媒体技术表现，是否存在其他表现技术，各自优缺点是什么？
- 系统开发设计的技术难度如何？是否有相应的人力、财力和时间资源可供使用？
- 是否存在类似系统，如果存在，它们的优缺点如何？系统的市场前景如何？

经过认真的调研分析和回答上述问题过后，就可以确定选题了。当然，完成上述选题后，需要按照软件工程的规范，撰写项目建议书。在此过程中，还需要注意如下几个问题。

（1）制定系统实现目标

制定系统目标就是需要回答"问题是什么"或"做什么"，具体包括多媒体信息的种类、表现手法，以及各阶段的目标、实现手段和大致步骤等，其中包括软件使用对象的应用水平，用户要求，系统实现的功能与界面，系统依据的信息，信息量与信息流程，信息使用频率等内容，以及相关多媒体元素（如图、文、声、像等）的要求。这个目标不能定得太高，要与当前的技术水平、所配设备的性能、投资水平和财力与人力相匹配。此阶段类似于软件工程的需求分析阶段，因此，最后需要按照软件工程的规范，撰写项目需求分析报告。

需求分析是指开发人员要准确理解用户的要求，进行细致地调查分析，将用户非形式的需求陈述转化为完整的需求定义，再由需求定义转换到相应的形式功能规约（需求规格说明）的过程。需求分析是软件开发的开始阶段，是非常重要的阶段，它是通往后面软件设计的重要桥梁。注意，需求分析并未包括设计细节、实现细节、项目计划信息或测试信息。需求分析中需要指明的是，应用软件系统必须实现什么规格及其说明，所描述的系统行为、特性或属性等，这是在后续开发过程中对系统实现的约束。软件项目中 40%～60%的问题都是在需求分析这个阶段埋下的"祸根"，由于对需求分析阶段的轻视，或者在项目起始阶段由于开发队伍没有组建好或刚组建，成员之间磨合不够，或者采用一些不合规范的方法，从而导致在开发者开发的系统与用户所期望得到的系统之间存在着巨大的差异，加大了开发成本和风险，因此，必须对这个阶段引起足够的重视。

（2）确定系统类型

根据前面的需求分析，从而明白了多媒体应用系统的总体实现目标，然后就可以确定多媒体应用系统的应用类型了。在多媒体技术中，根据目前的应用领域和各自特点，通常将多媒体应用系统划分成如下6种类型。

① 演示型

演示型是为专门领域或单位、行业所开发的演示系统，强调图、声、文并茂和用户特殊要求的创意效果，可以采用分支结构，通常具有循环结构。例如，旅游业针对旅游景点、商业针对商品设计的多媒体演示系统。

② 查询型

查询型是针对特殊功能或需求而设计的、具有查找功能的系统，需要定位、比较、计算，由此产生数据传输，通常需要与数据库连接，且常将多媒体元素作为字段处理。例如，车站、机场的多媒体查询系统。

③ 电子出版物

电子出版物是指具有一定主题的应用型的光盘产品，如电子词典、电子图书、某一特殊专题的设计产品介绍、音像作品等。

④ 教育培训型

教育培训型是指利用多媒体技术制作的计算机辅助教学课件（Computer Assisted Instruction， CAI）。这是目前一种全新的现代教学方式，是多媒体技术、网络技术和教育技术结合的具体产物，如北京博彦科技公司开发的《即学即会》多媒体教学系列光盘。

⑤ 附加型

附加型是指在原开发的应用程序上进行二次开发，因此，必须依靠多媒体软件开发工具，如各种以创作工具、数据库系统、计算机软件编程工具、图像/视频/声音编辑工具为基础的半成品的多媒体产品。

⑥ 其他专门应用型

其他专门应用型是指针对特定目的开发设计的应用系统。例如，多媒体视频会议系统、医学诊断系统、视频/音频点播系统、虚拟漫游系统等，如《世界自然景观遗产——九寨沟、黄龙》。

（3）可行性研究

可行性研究的目的不是解决问题，而是确定问题是否值得解决，即能否用最小的代价在尽可能短的时间内确定问题并能够解决。除考虑通常软件系统的可行性研究项目（如经济可行性、技术可行性、社会可行性、操作可行性和方案的可选性等）之外，多媒体应用开发系统还需要考虑系统的各种多媒体素材的获得途径及其费用，以及系统的开发方式，是否存在编程问题等。若其中需要编程能力，还需要考虑选用什么多媒体开发工具之类的问题。当然还需要选择多媒体开发平台，以便通过此平台将各种多媒体素材集成到应用系统中。最后，按照软件工程设计规范，撰写项目可行性报告。

（4）概要设计

概要设计就是需要从需求中导出软件的概念模型或结构、业务操作流程、数据流程等。其中，确定系统的结构最为重要。

确定系统的结构，首先需要确定系统抽象的概念模型，其次考虑如何将多媒体各个元素连成一个有机整体，即先要确定脚本（即图、声、文的调用顺序），之后还需要考虑接口问题，例如，怎样解决声音、图像、文本及动画等各素材的接口，以及如何与主程序相连接等问题。最后，按照软件工程设计规范，同样需要撰写概要设计报告。

2．人员组织

创作一个完美的、复杂的多媒体应用系统需要由多方面的人才和能胜任的专家所组成的项目组来共同进行，并且必须促进小组中各种专门技术人才之间的相互交流，这需要建立规范的管理制度和良好的沟通渠道。项目组的具体组织办法可以参考 8.3 节的讲述，其中许多内容是可以借鉴的，本节就不再介绍。

3．脚本设计

新颖的创意和良好的交互性是建立在多媒体应用系统内容的丰富性和价值性之上的，否则，多媒体应用系统就将成为空中楼阁。因此，内容是多媒体应用系统的关键所在。

为了组织好内容，编写好脚本是成功的第一步。各种媒体信息的结构需要仔细安排，是选择网状结构，还是金字塔式结构，这主要取决于具体的应用系统。一般多媒体应用系统采用金字塔式结构，比如多媒体教育系统中的试题驱动方式，系统通过对应试者的回答，可以了解应试者对信息主题的理解程度，从而决定系统的方向。复杂一些的则采用超媒体组织形式，运用人类的思维方式，尽可能地建立起联想关系，从而使得系统的结构类似于网状形式。

脚本的编写还需要对屏幕进行设计，确定各种媒体的排放位置、相互关系，各种按钮的名称、排放方法，以及各类能引起系统动作的元素的位置、激活方式等。在各媒体元素出场时间的安排上也要考虑仔细，什么时候播放音乐、什么时候出现对话等应恰如其分，当然还需要注意设计好交互过程，充分发挥计算机交互的特点，这实际上就是一个创意过程。创意的好坏取决于对内容的深刻理解程度和创意者的水平，也取决于应用环境的性能，从而决定了多媒体应用系统的最终应用质量高低。

脚本撰写完后，由负责人对脚本进行审核，提交的资料要包括内容分析、流程大纲、脚本、简介文章、评估表及脚本说明文件。审核分为初审、复审和终审 3 个阶段。

脚本分析是沟通脚本撰写、审核和产品设计之间的桥梁。分析员要研读脚本、了解脚本作者意图，如有疑问，可通过制作特定表格回馈到作者手上，进行征询，直到双方达成共识，方可进行产品工程可行性分析。工程可行性分析是逐页地审查脚本，再依据多媒体开发工具的现有功能，判断该脚本中所表现的图文内容、效果、呈现方式、转向及按键互动的所有设计是否切实可行。如有系统不容易实现的，可根据对脚本的理解，在不破坏脚本主题精神的原则上适当地进行调整和修改。

在工程可行性分析完成后，分析人员再依据以前的分析结果及脚本进行多媒体应用系统的需求分析，分别统计出图像、效果、文字、动画和音乐等各类媒体的数目。估算出上述类型的媒体所占内、外存空间的多少。最后，还要对多媒体应用系统运行的软、硬件需求进行分析，并且还要进行成本及进度预估。

4．素材准备和制作

对脚本中所要求的各种媒体素材应事先准备，并通过合适的软件对其进行预处理工作。在一般的多媒体系统中，文字的准备工作比较简单，所占的存储空间也很小，即使是 50 万字的汉字，也只占用不超过 1MB 存储空间。因此，在一个多媒体应用系统中，可以不考虑文字所占用的存储空间。但是，按照第 5 章的计算可以知道，多媒体应用系统所用到的其他媒体，如声音、动画、图像和视频等媒体所占用的存储空间就非常大，采集或制作工作也非常复杂且工作量巨大，这个阶段的工作是十分重要的且繁重的基础性的工作，其准备效果将直接影响以后的应用质量。通常，这几种媒体可采用以下方式进行采集。

① 利用计算机软件绘制：动画、图像和视频等，可以通过计算机软件获取成二维、三维彩色几何图形（含文字）及其动画。对于声音来说，音乐的选择、配音的录制固然需要事先做好，但后期的制作也非常重要，如利用音频处理软件进行回声、放大、混声及淡入/淡出等特技处理。

② 彩色扫描仪：采用 TWAIN 标准（由 1992 年全世界主要扫描仪生产厂家和软件公司联合制定）对原图像进行扫描并按照标准格式存储。扫描处理过程十分关键，不仅要按脚本要求进行剪裁、处理，而且还要在这个过程中修饰、拼接、合并图像，以得到更好的效果。

③ 图像捕捉：通过图像捕捉卡采集图像帧或静止画面产生的图像。

④ 数字化摄录设备：通过摄像机、录像机、数字录音机等数字化设备，将采集到的信号按照标准格式保存到存储器中。

⑤ 网络收集：通过计算机网络收集多媒体素材，需要注意知识版权问题。

⑥ 购买光盘：通过购买存储有自己需要格式的多媒体素材光盘，获得其合法的使用权。

当然，由于每种媒体性质和要求不同，常常需要多人分工协作完成，此时要注意三点：第一，存储标准、格式需要预先规划，例如，文本是中文还是英文，图像是二维还是三维，以及采用的分辨率如何等，声音是 8 位还是 16 位、单声道还是立体声；第二，准备阶段宁可多、不愿少；第三，采集阶段必须遵循多媒体应用系统的总体规划，并进行创造性的再创作。

5. 集成

集成更具多媒体技术的特性，这里的"集成"包含这样的含义：首先，是各多媒体元素的集成；其次，是操作这些元素的工具和设备的集成。由于在整个开发设计多媒体应用系统的过程中，各单媒体是单独采集制作的，而多媒体应用系统需要将它们整合成为有机的整体，因此需要选择集成工具软件，即多媒体创作工具平台，需要通过此平台进行集成。

特别说明的是：由于多媒体应用系统形成产品后，需要对外发布，因此在集成步骤中，还必须考虑操作此应用系统所需要的软件和硬件支持环境等，对于非通用的软件、硬件也必须纳入集成范围，也需要在技术说明书中特别提醒用户注意。

6. 测试

测试是多媒体应用系统发行前必须而重要的工作。实际上，无论采用什么方式，所开发出来的应用软件系统，由于客观系统的复杂性，人的主观认识不可能完整认识复杂性，每个阶段的技术复审不可能毫无遗漏地查出和纠正所有的设计错误，加上编码阶段必然引入新错误，因此，应用软件系统在交付使用以前必须经过严格的测试。通过测试，尽可能找出各个设计阶段所遗留下的错误，并加以纠正，从而得到稳定可靠的软件产品。

应用软件测试通常包含三个阶段。

• 模块测试：查找各模块在功能和结构上存在的问题，发现隐藏的缺陷并加以纠正。

- 组装测试：将经过测试的模块按一定顺序进行组装和测试。对多媒体应用系统而言，由于是多种媒体和平台的集成，因此除系统功能测试外，还必须进行跨平台的兼容性测试。
- 确认测试：对集成完毕后的系统进行测试，如安装测试、执行效率测试、稳定性测试、准确性测试等，以确定是否达到了系统的要求。

测试过程需要反复进行。事实上，测试不仅是应用软件设计的最后复审，也是保证和提高软件质量的关键。通常，测试工作量占开发总工作量30%以上。在系统正式使用之后再进行的任何修改就属于维护的范畴了。

7. 产品化

多媒体应用系统也是一种软件产品，具有非物质性的一面，是知识密集型的逻辑思维产品，由于是多种媒体元素和操作这些元素的工具与设备的集成，因此在产品化时必须完成如下工作：编写系统使用说明书、技术说明书和包装。

（1）使用说明书编写规范

使用说明书主要侧重于对如何启动多媒体应用系统、各个模块如何具体操作、如何控制、如何安装、如何管理和维护等方面进行阐述，并对系统中涉及的知识版权和系统本身的版权进行说明，对使用中可能出现的问题进行解释性说明等。

- 外包装照片和系统标题。
- 产品包含的具体部件及其目录。
- 安装说明。
- 具体操作指南。这是说明书的重点。
- 对使用中可能出现的问题解答。
- 版本更新或修改说明及途径，包括免费范围说明。
- 技术支持途径，如电话、邮件、网站地址等。

（2）技术说明书编写规范

技术说明书主要侧重于对多媒体应用系统的技术指标和其他相关内容的说明，主要包括如下内容。

- 说明系统中所采用的各种多媒体元素的文件格式，如视频采用的制式，图形、图像的分辨率，声音文件的频率等。
- 系统采用的开发工具、版本和环境。
- 系统需要的支持环境，包括软件环境、硬件环境。
- 技术支持方式和用户遇到困难时能够获得帮助、支持的途径。
- 对存在第三方技术支持服务的系统或技术，需要说明服务范围、联系方式，甚至包括价格。
- 对系统中采用了其他公司或个人的技术或作品，需要专门的说明。
- 对版权、使用权、转让权的相关说明。

（3）包装

产品完成后，必须进行包装。包装是一门学问，需要专门的知识，通常需要咨询或请专业公司或个人设计，主要需要注意的问题如下。

- 明确需要包装对象，如光盘及其盒带、说明书及其外壳等，主要涉及形状的选择、材质的选择等。
- 各对象的封面设计，如光盘、说明书的图案和封面选择或设计。
- 外包装设计，如形状、颜色及图案等设计。

8.2.2 多媒体应用系统的基本设计原则

从前面所阐述的多媒体应用系统开发过程可知，多媒体应用系统的开发过程比传统软件系统的开发更复杂，需要涉及的知识面更广，人员组织难度更大，用户层次更多。因此，它除遵循一般应用软件开发需要遵循的诸如正确性、先进性、可靠性、安全性、可维护性、适用性和可操作性等原则外，还具有自身的一些特殊要求。

① 人机交互界面要美观、协调、实用，具体内容可以参考 8.4 节。

② 声音比图像和文字产生的作用更强烈。

③ 动态元素（视频、音乐、音效）能引起更多的注意。

④ 始终使用一种或同类效果的过渡。

⑤ 考虑用户的满意度。一般，用户喜欢较短的响应时间，如果有长的延时，应通知（提示）用户，要求信息明晰，字符易懂。

⑥ 提倡以人为中心的设计。例如，优化用户视觉、简便用户操作、缩短用户等待时间。

⑦ 多媒体应用系统设计是一个复杂的系统工程，涉及许多非计算机因素，因此必须组建一个高效的开发团队（参考 8.3 节）。多媒体应用系统开发是融科学技术和艺术为一体的创造性过程，因此不仅需要开发人员或团队具备计算机技术，而且还需要开发人员或团队具有各方面的人文社会知识和良好的艺术修养，同时还需要在人员组织、人力分配，以及其他资源调配上进行优化组织和搭配。

8.3 多媒体应用系统开发的组织

开发成功的多媒体应用系统当然需要专门的技能，如工商管理、文化与艺术和专门的技术，但是高效的团队组织也是必不可少的。本节将站在项目管理的角度，借鉴软件项目管理的思想，结合多媒体应用系统开发、维护的特点，就多媒体应用系统开发组织中的主要问题进行阐述。

8.3.1 项目组设计的基本原则

多媒体应用系统开发所需的技术是跨学科、跨部门或跨组织的，因此组建项目组中的成员也具有跨学科、跨部门或跨组织的特性，其负责的职责范围包括从最初的市场接触，明确项目到分析和设计，从实现到试用和评价等阶段，并且项目的成员中需要包括用户组织或部门中一个或多个成员，因为他们在许多关键领域中所具有的专门知识对系统开发具有特别重要的作用。创立项目组时需要遵循如下原则。

1. 目标原则

项目组是为实现多媒体应用系统项目目标服务的，其成立的根本目标就是保证多媒体应用系统得以顺利实现。

2．系统原则

项目组是一个开放的、完整的、封闭的组织机构，要求组织内部各层次之间、各级组织部门之间形成一个相互联系的有机整体。因此，必须也应该在各层次、各组织的职责划分、明确授权范围、确定人员的配备等方面做出统筹安排，以便系统能高效运转，完成项目组的目标。其中，需要注意保证各层次、各组织之间的信息沟通与交流能畅通、高效。

3．高效精干原则

高效精干是指用最少的人力资源完成同样的工作任务，避免人浮于事。

4．适应性原则

适应性原则是指项目组的设立能够随着所开发系统的发展变化而能适应这个变化。实现系统越复杂，对项目组的适应性要求也越高。

8.3.2　建立高效的组织机构

要建立高效的项目组，需要选择合适的组织模式。目前，进行多媒体应用系统的开发通常采用如下 3 种组织模式。

1．按主题划分的模式

把开发人员按主题划分成小组，各小组成员自始至终参加所承担主题的各项任务。他们应负责完成各主题的定义、设计、实现、测试、复查、文档编制甚至包括维护在内的全过程。例如，视频小组应负责系统中所要用到的视频图像的定义、采集、制作等。当然，各小组均有义务和责任向其他小组提出自己小组主题的技术规范，或索取其他主题的设计要求及接口规范等。

2．按职能划分的模式

把参加开发系统的人员按任务的工作阶段划分成若干个专业小组。要开发的系统在每个专业小组完成阶段加工（即工序）之后，沿 8.2.1 节介绍的开发流程向下传递。例如，分别建立计划与策划组、需求与分析组、采集与制作组、设计与实现组、测试组、质量组、维护组等，并以规范的文档资料作为流程在各组之间传递。

3．小组内部的组织形式

① 主程序员设计模式

小组的核心由 1 位主题设计师或主程序员（高级工程师）或媒体制作设计师、2～5 位技术员或媒体制作设计员、1 位后援工程师或编辑组成。主题设计师负责小组业务开展活动的策划、计划、协调与审查，设计和实现业务中的关键部分。技术员负责具体分析与开发、文档编写等工作，后援工程师支持主题设计师的工作，为主题设计师提供咨询，也可兼做部分分析、设计和实现的工作，并且在必要时能够代行主程序员的职责。

这种模式中还可以包含一些专家（如音频师、艺术家、通信专家等）、辅助人员（如打字员和秘书等）和资料员等协助工作。

② 民主制模式

在民主制模式中，某位成员遇到问题时，组内成员之间可以平等地交换意见。工作目标的制定及决定由全体成员参与，并共同制定。虽然，该模式中也有小组组长，但工作的讨论、成果的评审都是公开进行的。这种模式强调发挥小组每个成员的积极性，比较适合多媒体项目组中那些对创意要求比较高、开发难度大、开发周期较长的小组。

③ 层次式模式

在层次式模式中，小组内的人员通常分为不同的等级：组长（负责人）负责全组工作，包括任务分配、技术评审和督查、掌握工作量和参加技术活动；下面再设立设计师或媒体编辑制作师，他直接领导若干名技术员或程序员。

8.3.3　人员配备

项目组及其内部的组织形式确定后，就需要考虑具体人员的配备及其人员职责的分配。下面就多媒体应用系统开发项目组所需要的独特人员，分别进行介绍。在多媒体应用系统开发项目组中，可能需要如下全部或部分开发人员或专家：

- 项目领导
- 计划经理
- 会计/市场营销代表
- 多媒体开发员
- 图形艺术家
- 艺术指导
- 主题事务专家
- 系统分析员和集成人员
- 著作系统专家
- 质量保证专家
- 音频/视频专家
- 软件工程师和程序员
- 客户方的项目领导
- 其他成员

当然，项目组中的人员可以一身兼数职。

8.4　人机界面设计与屏幕设计原则

人机界面是指计算机用户与计算机系统交互的接口，它不仅涉及计算机科学的许多领域，而且还涉及诸如心理学、认知科学、语言学、通信技术、音乐及美学等多学科的理论和方法，而屏幕作为人机界面实现的最主要场所或载体，其规划、设计将直接影响最后人机界面的设计效果。本节就人机界面设计原则和规范、用户行为心理、美学、人机交互及其界面的评价进行专题讨论，最后介绍人机界面中屏幕设计原则。

8.4.1 人机界面设计

1. 人机界面的类型

在多媒体应用系统的实现目标和具体模块的设计任务确定后，就需要开始构思人机界面的设计，其中首先需要考虑的问题就是明确人机界面的类型。目前，人机界面的类型有许多，见表 8.1，它们各有千秋，因此系统开发设计者需要了解每种类型的优缺点。事实上，在实际开发设计中，大多数都不可能只采用其中一种设计类型。那么如何选择类型呢？通常需要考虑这样的需求：第一，是用户操作计算机的熟练程度和文化素质；第二，所实现界面的场所和用户需要；第三，需要符合后面将要介绍的用户行为心理、美学等知识，人机界面设计原则和规范，以及人机交互及其界面的评价指标等。

表 8.1　人机界面的常见类型

类　型	优　点	缺　点	适　合范围
问答型	易用，交互清晰	美观性差，限制了对话类型，交互速度不快	交互对话，初学者和非专业用户
菜单按钮型	易用，易学，易编程，交互清晰	美观性差，可视性差，交互速度慢，多选项时增加搜索时间，从而降低系统性能	初学者，非熟练编程人员，适合简单人机交互场合
图标型	非常易学，易用，较易编程，可视性强	需占用较多屏幕空间，对抽象概念表现力不足	初学者，适合人群广、层次多
表格填写型	易用，交互速度快，交互清晰	对非数据录入不适合	需录入大量数据
命令语言型	使用功能强，灵活，能高效利用屏幕空间	用户学习、使用较难，易出错，可视性差，开发工作量大	熟练使用命令的用户，系统维护管理者
自然语言型	交流自然，基本不需要学习	编程难实现，语言识别困难、易产生歧义，交互速度慢	针对特殊场合、人群，如领导查询、不使用计算机者等

2. 人机交互界面应遵循的认知原则

在人的感知系统（视觉、听觉、触觉、嗅觉和味觉）中，视觉所获得的信息占 60% 以上，听觉获得的信息占 20% 左右，其他触觉、嗅觉、味觉、脸部表情、手势等占剩余部分，因此，在开发多媒体应用系统的人机交互界面时，要充分利用人的感知系统的这个特点。根据用户心理学和认知科学的规律，在设计人机交互界面时，应遵循如下原则。

（1）一致性

一致性是指从任务、信息的表达、界面的控制操作等方面与用户理解的、熟悉的模式要尽量保持一致。例如，在 Windows 应用程序的菜单设计中，通常秉承了 Office 软件操作习惯，将 Ctrl+C 组合键、Ctrl+V 组合键等定义成为"复制"、"粘贴"操作，这样在不同的应用软件中保持了操作的相似性，从而减轻用户操作的负担且避免了产生混乱。

（2）适应性

应用系统的设计应该坚持以人为本的原则。用户应该是第一位的，因此需要充分考虑用户在系统运行速度、操作便利性、用户存在的个体行为或背景差异等方面的需求。

（3）向导性

向导性指系统的运行节奏或方向，应根据系统运行需要、用户提交的信息和反馈信息等来确定系统的运行方向或响应用户需求，而不是由计算机来控制用户。因此，在开发系统时，需要系统具有预测用户行为的能力，能够根据用户目前所提交的信息或历史信息，提示性地给出用户的下步操作。

（4）简洁性

简洁性指人机交互界面的设计结构要简单，降低复杂性，操作步骤要少而精。例如，目前流行的类似于 IE 浏览器的树型菜单结构就非常适合于组织结构化信息，如单位的层次结构、数据库内容等，其操作的直观性、简便性就非常好。

3．人机交互界面设计应遵循的美学原则

所谓美学，就是通过绘画、色彩和版面展现自然美感的学科。美学不是抽象的概念，而是由多种因素共同构成的一项工程，通过绘画，对两种以上色彩的应用和搭配，设计出多个对象在空间中的位置关系等具体的艺术性手段，增加多媒体系统的人性化和美感，其中包含了以下 3 种艺术表现手法。

- 绘画。这是美学的基础。通过绘制、图像处理，使线条、色彩具有美学的意义，从而构成图形、图案等。
- 色彩构成。这是美学的精华。色彩历来是人最敏感的内容，研究两种以上色彩的搭配关系是它的主要内容。
- 版面构成。这是美学的逻辑规则。研究若干媒体元素在平面、空间的位置关系是它的主要内容，而具体体现为对版面上的"点"、"线"、"面"位置关系的研究。

（1）平面构图

版面构成也称平面构成。平面构图是平面构成的具体形式，其研究内容是对平面上的两个及两个以上的媒体元素进行设计，如图像、图形、文字、线条、点需要确定层叠、排列、交叉等，以表现不同的媒体元素的属性和视觉效果。以美学为基础的平面构图需要遵循一定的原则，主要包括以下 6 点。

① 突出艺术性与装饰性原则。艺术性是指追求感觉、时尚与个性，而装饰性是指追求效果、夸张和比喻。

② 突出整体性与协调性。整体性是指追求表现形式和内容的整体效果，使之具有完整、不可分割的艺术效果；而协调性是指把多个对象协调布局，强调版式和内容的统一，达到均匀、对称、协调、均衡的视觉效果。

③ 点、线、面构图原则。点、线、面是构图的三种不同形式，如果一个平面构图中突出了其中一种构图形式，则该构图就体现了这种构图形式所具有的属性和视觉效果。这三种构图形式分别具有如下特点。

- 点的构图规则。在平面上，利用点的大小、位置、颜色甚至形状等属性，对以点的形式存在的主体进行修饰，突出局部效果，达到集中人的视线，抓住人的注意力的功效。
- 线的构图规则。在平面上，利用线条的长短、粗细、方向、位置及颜色等属性，使用线条对需要表现的内容进行分隔、分类，达到版面多样性、突出思想性和鲜明个性的功效。
- 面的构图规则。与前两种构图形式比较，面的构图占用的平面空间更大，视觉效果更强烈，通常采用两种形式：几何形式和自由形式。

几何形式是指把平面几何图形按照一定的排列方式进行搭配，强调形成纵深、层次丰富的布局效果。而自由形式则根据设计者的意图进行几何图形的设计，强调整体效果。

④ 重复性与交错性原则。重复性是指多个形态一致的对象规则排列，体现整齐划一的视

觉效果。交叉性是指多个对象交错排列，达到版面错落有致的视觉效果。

⑤ 对称性与均衡性原则。对称性是指在平面上，以 X 或 Y 坐标轴，以及其他线条为对称轴，采用相同形态或反转形态，实现两个相同对象的表现形式，强调的是平衡、整齐和稳重视觉效果。均衡性表现形式是指版面布局均匀、对称、重心稳定，强调的是庄重、宁静的气氛。

⑥ 对比性与调和性。对比性是指利用大小、明暗、颜色、直曲、长短、动静及位置等手段，描述两个对象或更多对象之间的差异，强调对视觉的强烈冲击效果。而调和性与对比性效果相反，强调的是两个对象或更多对象之间的相似性和共性效果，以实现舒适、安宁、统一的视觉效果。

（2）色彩构成

色彩构成就是根据不同目的把两种或两种以上的色彩按照一定的原则进行色彩组合和搭配，其目的是创造美。关于颜色的基本知识参见 4.1 节的介绍，本节主要介绍颜色搭配的类型和要点。

① 颜色搭配的类型

颜色搭配类型的划分有许多种方式，这里讨论按照实现主题不同进行的划分。

- 利用颜色明亮度、色度、纯度等属性为主调节颜色的表现效果。
- 利用颜色冷暖对比为主调节颜色的表现效果。
- 利用不同颜色块所占用面积的大小为主调节颜色的表现效果。
- 利用颜色互补对比为主调节颜色的表现效果。

② 颜色搭配的要点

- 突出标题。例如，采用字号、字体、颜色、添加边框或改变边框颜色、产生动感等手段都可以达到突出标题的作用。
- 丰富标题的前景色和背景色。可以采用片头音乐、背景画面变化、颜色过渡等手段。这里需要注意，前景颜色通常要求明亮度低些，而背景色的明亮度要高些。
- 不同颜色代表或象征的含义是不同的，特别需要注意不同民俗习惯的不同要求。表 8.2 中列出了不同颜色代表的一些象征意义。

（3）图像美学

图像是多媒体应用系统中非常重要的表现元素，也是视觉系统中影响最大的表现元素。为了提高图像的美感，通常从以下 3 个方面进行设计和处理。

- 图像真实性。就是图像要真实、准确地表达自然现象和思想。例如，不能"图"过饰非，破坏了图像处理的本来面目，可以适当调整原始图像的尺寸、分辨率、明亮度和对比度，利用图像处理技术除去或淡化非主题部分，保存文件时需要注意不同格式对图像质量的影响。
- 图像情调。是指表达人们心情创设的某种意境。例如，采用高色差或亮度所形成的强烈对比等。
- 图像题材。图像应用场合不同，选材也应该不同。

表 8.2　颜色的象征意义

颜　色	直　接　联　想	象　征　意　义
红	太阳、旗帜、火、血	热情、奔放、喜庆、幸福、活力、危险
橙	柑橘、秋叶、灯光	金秋、欢庆、丰收、温暖、嫉妒、警告

颜　色	直 接 联 想	象 征 意 义
黄	光线、迎春、香蕉等	光明、快活、希望、帝王专用色、古罗马的高贵色
绿	森林、草原、青山	和平、生意盎然、新鲜、可行、生机勃勃
蓝	天空、海洋	希望、理智、平静、忧郁、深远、西方象征名门血统
紫	葡萄、丁香花	高贵、庄重、神秘、我国和日本古代服装的最高等级、古希腊国王服饰
黑	夜晚、没有光线的地方	严肃、刚直、恐怖
白	光明、白雪、纸、白天	纯洁、神圣、光明
灰	乌云、路面、污染	平凡、朴素、默默无闻、谦逊

8.4.2　人机界面设计的原则

多媒体应用系统的人机界面设计在遵循一般计算机应用系统的设计原则基础上，还需要遵循如下 5 个原则。

1．面向用户原则

界面设计的最终目的是为用户服务，因此，在满足用户需求的情形下，应该减少界面信息量，界面展示的信息应能够被用户正确阅读、理解和使用，并且采用用户熟悉的术语和词汇，尽量减少用户操作步骤或击键次数。

2．一致性原则

界面设计要始终保持任务的描述、信息的表达、问题的描述及操作的提示等前后一致。当然，在布局上还表现为显示风格、位置、颜色、字体、字号、图案及风格等一致。

3．简洁性原则

界面设计要保持显示信息内容的准确、简洁，对需要强调的内容可以采用前面讲述的美学设计原则进行突出显示。

4．恰当性原则

界面设计要注意显示的逻辑顺序，以及显示时间长短、位置、速度等，使布局合理、美观大方，具有可理解性和可阅读性。

5．顺序性原则

界面设计要注意各媒体元素的显示顺序问题，通常可以按照不同目的来实现。
- 按照被使用的顺序。
- 按照习惯用法。
- 按照信息的重要程度。
- 按照信息的使用频度。
- 按照专用性和一般性。
- 按照某种排列顺序，如字母、部门和时间等。

根据多媒体中各不同媒体的特点和表现手法的不同，在界面设计时要恰当、合理地交叉使用多媒体各元素。例如，声音比图像和文字产生的作用更强烈，动态元素（视频、音乐、音效）能引起用户更多的注意。

最后，还可以使用多窗口技术改善人机界面的输出交互能力，利用美学知识提高人机界面的美感，以及改善视觉效果等多媒体技术手段。

8.4.3　屏幕设计原则

屏幕设计是多媒体应用系统的界面设计中最重要也是最直接体现视觉效果的设计项目，此时必须接纳艺术专家的指导，有条件的系统可以考虑将艺术专家吸收为项目成员。屏幕设计主要包括屏幕布局、屏幕大小、屏幕背景、屏幕前景与背景颜色、屏幕显示信息等内容，需要遵循的原则如下。

1．布局原则

屏幕布局需要考虑不同功能需求和多媒体应用系统的不同类型，当然其宗旨是协调并使之符合前面所讲述的一些原则。根据屏幕设计的特点，具体需要遵循如下布局原则。

① 平衡性原则。保持屏幕布局的协调、平衡，注意各对象的大小及其对比性、颜色和色差，以及摆放位置及其间距等。

② 向导性原则。保持屏幕上所有元素处理的一致性和前后的可预测性。

③ 经济性原则。用最少的信息交换提供最大的人机交流，既要注意交互信息量少，又要注意交互时间短、速度快、操作步骤少。

④ 顺序性原则。各对象显示的顺序要符合逻辑，不能混淆。

2．文字与用语原则

多媒体应用系统在屏幕上还需要显示信息、提出与回答问题等，它们的设计需要遵循如下原则。

① 简洁性原则。采用用户熟悉的术语、词汇，尽量避免采用计算机专业术语。

② 主次性原则。屏幕上的显示元素要主次分明，例如，重要的或要强调的元素要加粗、采用醒目的颜色、字号加大、加边框、增加亮度等。

3．颜色原则

颜色的搭配是美学的精华，因此对颜色的使用在遵循 8.4.1 节所介绍的原则基础上，还要注意以下几点。

① 限制每个多媒体应用系统屏幕显示的颜色数量，通常不要超过 5 种。

② 活动与非活动对象的颜色或亮度对比鲜明。

③ 色度相差不大的颜色尽量不一起使用，如红与绿、黄与蓝。

④ 颜色要有象征意义，参考表 8.2 中列出的内容。

最后，还需要考虑界面结构的设计。这可以根据用户的需求和技术条件，以及成本和时间因素，综合确定采用什么结构，还可以参考市面上的多媒体应用系统，分析其得失，最终确定系统界面的结构。当然，这个过程在开发过程中是存在反复现象的。

8.4.4　人机界面设计的评价

良好的界面设计不仅能产生良好的视觉效果，而且能使问题表达更形象化，同时还能增加系统的产品价值。因此，在多媒体应用系统的开发设计中，必须重视界面设计，要遵循上述原则，还要进行界面评价或评审，并且这个评价或评审在系统开发的各个阶段都要进行。

评价或评审界面设计时，主要从以下几个方面开展工作。

① 界面设计有利于完成系统目标吗？

② 用户对界面的学习、操作和使用方便吗？容易吗？

③ 界面使用效率如何？

④ 界面美观、简洁吗？

⑤ 界面设计是否违背了上述某条原则？

⑥ 通过长时间和多人次的使用，统计界面设计的稳定性指标、出错率、响应时间、环境及其各设备的使用率等数据，从而判断界面设计的优劣。

⑦ 用户满意界面设计吗？不满意的具体地方有哪些？

⑧ 界面设计还存在哪些潜在问题？

8.4.5　人机界面设计的未来

目前，人机界面设计的研究不仅大量利用心理学知识，而且还要利用人工智能、社会学的一些成果，呈现出如下发展趋势。

① 人机交互更接近于客观现实世界的交互，减轻了认识和操作系统的负担。

② 人机交互界面出现了多模态和高带宽的特点。例如，除人的视觉、触觉、听觉被大量引入人机界面设计外，甚至设想把人的神经元也引入进来。

③ 计算机网络技术的发展，Internet 的普及，使计算机日益成为人类社会交互的重要工具，因此群体用户界面将得到发展，以适应这个群体特点。

8.5　实验 9——多媒体光盘制作

要求和目的

（1）学会收集、整理和分类多媒体数据。

（2）学会如何组织多媒体数据。

（3）掌握光盘录制技术。

（4）了解多媒体光盘使用说明书和技术说明书的编写方法。

（5）了解光盘的包装和发行方法。

实验环境和设备

（1）硬件环境：计算机的处理器配置要求至少为主频 1.5GHz、内存 512MB 以上，容量 50GB以上的高速硬盘，显卡的分辨率至少 1024×768 像素，24 位真彩色，可刻录光驱及其盘片。

（2）软件环境：Windows XP，Nero Burning ROM 6.0 汉化版。

（3）学时：课内 2 学时。

实验内容及步骤

1. 实验内容

（1）制作一张音频和数据混合的光盘。

（2）收集需要的音频文件和数据文件，并分类整理。

（3）组织光盘需要的数据文件。

（4）启动刻录软件，刻录光盘。

（5）编写说明书和设计包装盒。

2．实验步骤

（1）上网收集需要的音频文件，如百度搜索引擎。

（2）下载需要播放这些音频的播放软件，如豪杰超级解霸软件。

（3）编写光盘使用说明书、帮助信息和版权信息，并把它们存储到 System 文件夹中。

（4）按照类别分别建立具有图 8.2 所示结构的数据组织结构。

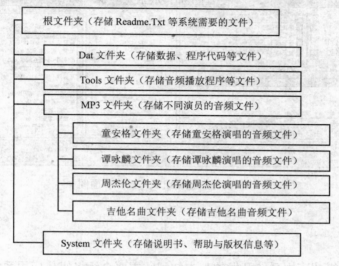

图 8.2　光盘数据文件的组织结构图

（5）启动 Nero-Burning ROM，选择刻录类型，操作"CD 光盘"→"编辑新光盘"→"其他光盘格式"→"音频数据混合光盘"。按完成按钮后，获得如图 8.3 所示的操作界面。

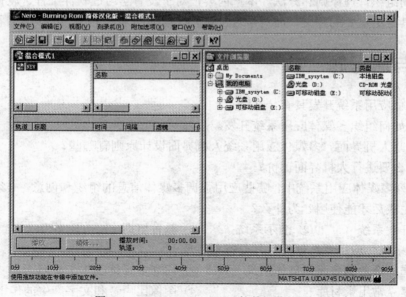

图 8.3　Nero-Burning ROM 软件操作界面

（6）按照如图 8.4 所示的操作界面，建立目标文件夹，并拖放需要的文件到指定的文件夹中。要注意光盘的容量大小，存储的数据不能超过此容量大小限制。

（7）其他参数设置，如光盘的标题、类型、作者及备注等描述性信息，可以通过查阅此软件的帮助信息获得。

（8）在光驱中放入空白光盘，选择"刻录机|选择刻录机"命令，开始完成光盘的刻录。

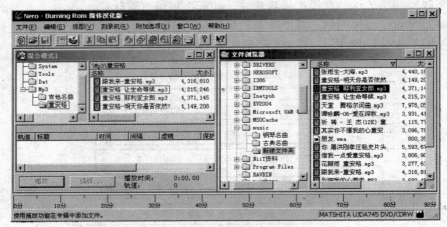

图 8.4 光盘数据组织与操作界面图

小结

本章介绍了多媒体应用系统开发的基本知识，主要介绍多媒体应用系统开发作为一种特殊的计算机应用系统的开发所具有的独特地方，如开发设计的组织方法、设计原则。由于人机界面设计的重要性，特别将多媒体应用系统的人机界面设计单独进行介绍。接着介绍多媒体应用系统的组织管理原则和方法。本章内容，对于没有学习过软件工程、软件项目管理等课程的同学具有更重要的意义，而对学习过这些课程的同学，也具有积极的借鉴意义。

习题与思考题

1．多媒体应用系统开发具有什么特点？

2．谈谈如何组织多媒体应用系统开发。

3．什么是人机界面？多媒体应用系统人机界面设计原则有哪些？

4．为什么要进行人机界面评价？

5．在下列多媒体应用系统中，哪些应用强调多媒体信息的组织和创意，必须用合适的创作工具进行生成后才能使用？为什么？

    ① 开发系统   ② 演示系统   ③ 教育培训   ④ 娱乐

6．进行多媒体应用系统创作时，要特别注意＿＿＿＿＿＿＿＿＿。

    ① 选择合适的多媒体创作工具   ② 建立多媒体创作工具箱

    ③ 建立常用素材库   ④ 图像比声音和文字产生的作用更强烈

7. 下列说法哪些是不正确的？

① CAI 课件的制作过程可分为：分析与选题、开发团队组织、脚本编写和制作、创意设计、测试与发行等步骤。

② 学生的特征分析、知识结构流程图等在文字脚本中说明。

③ 软件系统结构说明、屏幕的设计等在制作脚本中说明。

④ 文字脚本中还应包含知识单元的分析和链接关系的描述。

8. MMCAI 是一种全新的教学方法，使用 MMCAI 软件进行教学活动的目的是__A__，而不是代替教师的教学工作。CAI 课作的制作可按如下步骤：__B__ → __C__ → __D__ → __E__。在 D 步骤中，一般采用多媒体著作工具如__F__，并辅以一些动画制作软件来模拟计算机的工作过程，加强教学效果。

供选择的答案有：

A. ① 辅助　　② 强化　　③ 制作　　④ 指导

B、C、D、E. ① 编写脚本　② 确定选题　③ 数据准备　④ 系统制作

F. ① Diretor　　② Action　　③ 3D Studio MAX　　④ Authorware

第9章 多媒体应用系统创作工具

本章知识点

- 掌握图形、图像的获取技术
- 明确动画的制作方法和过程
- 掌握 Authorware 图形、图像的处理技术
- 掌握使用 Director 制作电影动画的基本原理及过程
- 了解 Director 的基本要素
- 了解常用的图像、动画和视频处理软件的使用

　　前面几章已经分别介绍了多媒体元素的基本知识和处理方法与技巧，那么，如何设计一个简单易用、功能强大的多媒体应用系统制作软件呢？现在市场上涌现了大量的多媒体创作工具软件，如 LiveMotion、Authorware、Firework、Director 等，这些软件功能类似，都能够支持多媒体应用系统开发，而且是各有千秋，各有特色。

　　本章主要介绍了两个多媒体创作工具：Authorware 和 Director，前者基于图标和流程进行多媒体产品开发，后者依据电影拍摄过程进行系统设计。建议本章 10 个学时，如果学时有限，可考虑将实验部分放到实验课中进行。重点讲述 9.2 节和 9.3 节，其中 9.2 节可以作为选学或学生自学内容，但 9.3 节是必修内容。

　　学习本章之前，学生应对多媒体基本元素的基本概念和编辑方法有所了解。此外，由于本章涉及应用软件的使用，因此需要学生课后多花点时间上机练习，这样才能较好地完成学习目标。

9.1 创作工具概述

　　对于多媒体应用系统的设计，不仅要求能利用计算机完成图像、文本、声音等多种媒体信息的编辑和处理，同时也要求能将这些媒体信息有机地集成在一起，形成声、文、图、形并茂的多媒体产品。而多媒体创作工具，又称为多媒体著作工具（Author tool）或多媒体编辑软件，就是专门为制作多媒体产品而设计的。

　　多媒体创造工具能够集成处理和统一管理各种媒体信息，不仅能提供各种媒体组合的功能，还能提供各种媒体对象显示顺序和导航结构。大多数创作工具都具有可视化的创作界面，并具有直观、简便、交互能力强、无须编程、简单易学的特点。它非常适合于广大教育工作者学习和使用。

　　目前编辑流行的多媒体创作工具有：Authorware、Director、Toolbook 和 Action 等，其中，Director 和 Authorware 都可以用来制作大型的动画。但是，这两个工具的用法却截然不同，Director 是基于导演的角度来安排角色的出场的，使用的术语与电影术语非常类似；而

Authorware 的创作是基于图标和流程的，对角色的安排大多是在流程图中完成的。另外，还有适合制作网络课件的 Flash 和适合展示课件与演讲的 PowerPoint，只是交互性差些。

本章通过对 Authorware 7.0 和 Director MX 的基本介绍，让读者对 Authorware 和 Director 有一个初步的认识，并掌握利用它们制作多媒体系统的基本方法。

9.2　Authorware 应用简介*

Authorware 是 Macromedia 公司推出的多媒体工具软件，它允许使用图片、动画、声音和视频等信息来创作一个交互式的多媒体系统。Authorware 功能强大，应用范围涉及教育、娱乐、科学等各个领域。

9.2.1　软件功能简介

1. Authorware 的基本功能大致有：

① 面向对象的可视化编程环境：Authorware 提供图标流程控制界面，通过对各种图标的拖动来完成综合布局，从而实现整个应用系统的制作。

② 丰富的媒体素材集成环境：Authorware 提供集成环境，支持多种格式的多媒体文件。

③ 强大的数据处理能力：Authorware 为用户提供丰富的系统函数和变量，同时也允许用户自定义变量和函数，方便用户控制应用程序，制作出具有专业水平的多媒体产品。

④ 多样化的交互手段：Authorware 提供数十种交互手段，每种交互手段又有不同的响应类型，可以方便用户制作出形式多样的多媒体产品。

2. Authorware 7.0 新增功能

① 采用 Micromedia 通用用户界面。

② 支持导入 Microsoft PowerPoint 文件。

③ 在应用程序中可以整合播放 DVD 视频文件。

④ 通过内容创建导航、文本等功能将更简便、容易。

⑤ 支持 XML 的导入和输出。

⑥ 在 Authorware 7.0 中可以编写和运行 JavaScript 代码。

⑦ 增加学习管理系统知识对象。

⑧ 只需一步操作，就可保存项目并将项目分布到 Web 站点、本地磁盘或局域网上。

⑨ 用户可通过脚本进行 commands 命令、Knowledge Objects 知识对象，以及延伸内容的高级开发。

⑩ Authorwave 7.0 创作的内容可在 Apple 苹果机的 Mac OS X 上兼容播放。

9.2.2　软件界面简介

Authorware 7.0 的工作界面由标题栏、菜单栏、常用工具栏、设计窗口、图标工具栏、属性设置面板、浮动面板等组成，如图 9.1 所示。

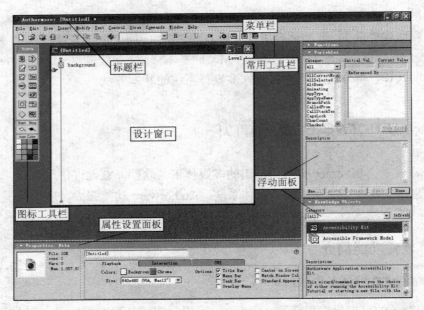

图 9.1　Authorware 7.0 主界面

① 标题栏。显示 Authorware 图标和应用程序的名称。

② 菜单栏。Authorware 提供了文件、修改、插入及文本等 10 个菜单，用来实现特殊控制和进行指令操作。

③ 常用工具栏。Authorware 提供了 17 个命令按钮和 1 个"正文样式"列表框，便于编辑流程线和图标内容设置。

④ 图标工具栏。Authorware 提供了 17 个图标。这是 Authorware 的核心内容。

⑤ 设计窗口。左侧的竖直线是程序主流程线，在程序主流程线上方的手形标志为程序指针，它的位置随着操作位置的改变而改变。

9.2.3　Authorware 图标

图标是 Authorware 制作多媒体产品的关键所在。Authorware 提供了 17 个图标，其中，前 14 个用于开发多媒体应用程序，后 3 个用于调试多媒体程序，具体如图 9.2 所示。

1．图标的功能

（1）显示图标

显示图标是 Authorware 设计流程线上使用最频繁的图标之一，在显示图标中可以存储多种形式的图片及文字，另外，还可以在其中放置函数变量进行动态地运算执行。

（2）移动图标

移动图标是设计 Authorware 动画效果的基本方法，它主要用于移动位于显示图标内的图片或者文本对象，但其本身并不具备动画能力。它可以控制对象移动的速度、路线和时间等内容，被移动的对象可以是文本、图像或电影等。

（3）擦除图标

擦除图标主要用于擦除程序运行过程中不再使用的画面对象。它可以指定对象消失的效果，如覆盖、百叶窗等。

（4）等待图标

等待图标主要用于控制程序运行时的时间暂停或停止，以便让观看者对精彩的画面多看几眼。

（5）框架图标

框架图标提供了一个简单的方式来创建并显示Authorware 的页面功能。框架图标右边可以下挂许多图标，包括显示图标、群组图标、移动图标等，每一个图标被称为框架的一页，而且它也能在自己的框架结构中包含交互图标、判断图标，甚至其他的框架图标内容，功能十分强大。

（6）导航图标

导航图标主要用于控制程序流程间的跳转，通常与框架图标结合使用，在流程中用于设置与任何一个附属于框架设计图标页面间的定向链接关系。

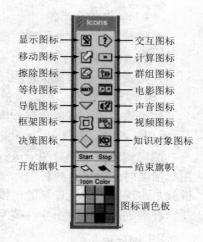

图 9.2　图标工具栏

（7）决策图标

决策图标通常用于创建一种决策判断执行结构。附属于决策图标的其他图标称为分支图标，分支图标所处的分支流程称为分支路径。当 Authorware 程序执行到某一决策图标时，它将根据用户事先定义的决策规则而自动计算执行相应的决策分支路径。

（8）交互图标

交互图标是 Authorware 突出强大交互功能的核心。有了交互图标，Authorware 才能完成各种灵活复杂的交互功能。附属于交互图标的其他图标称为响应图标。交互图标和响应图标共同构成了交互作用分支结构。与显示图标相似，交互图标中同样也可插入图片和文字。

（9）计算图标

计算图标是用于对变量和函数进行赋值及运算的场所。它的设计功能看起来虽然简单，但是灵活运用往往可以实现难以想象的复杂功能。值得注意的是，计算图标并不是 Authorware 计算代码的唯一执行场所，其他的设计图标同样有附带的计算代码执行功能。

（10）群组图标

Authorware 引入的群组图标，更好地解决了流程设计窗口的工作空间限制问题，允许用户设计更加复杂的程序流程。群组图标能将一系列图标进行归组包含于其下级流程内，从而实现了模块化子程序的设计，提高了程序流程的可读性。

（11）电影图标

电影图标，即数字化电影图标，主要用于存储各种动画、视频及位图序列文件。利用相关的系统函数变量可以轻松地控制视频动画的播放状态，实现回放、快进/慢进、播放/暂停等功能。

（12）声音图标

与数字化电影图标的功能相似，声音图标是用来完成存储和播放各种声音文件的。利用相关的系统函数变量同样可以控制声音的播放状态。

（13）视频图标

视频图标通常用于存储一段视频信息数据，并通过与计算机连接的视频播放机进行播放。视频图标的运用需要硬件的支持，普通用户很少使用该设计图标。

（14）知识对象图标

知识对象图标主要用来在流程上添加自定义的知识对象。

（15）开始旗帜

开始旗帜用于调试执行程序时，设置程序流程的运行起始点。

（16）结束旗帜

结束旗帜用于调试执行程序时，设置程序流程的运行终止点。

（17）图标调色板

图标调色板主要对图标进行着色，从而直观地表达该图标的某种信息。当设计窗口中的图标很多时，如果给同种图标加上某种颜色标识，这样就有利于程序阅读和调试。图标调色板就是实现图标颜色设置的，操作方法为：先选中流程线上的图标，然后在图标调色板内选择一种颜色，这样该图标就被涂上所选的颜色。

2．图标操作

图标工具栏中提供了各式各样的图标，用于开发交互式多媒体程序。多媒体产品的所有高级功能都是通过一个个图标组合使用实现的，每个图标都有其独特的工作方式和功能。要想设计出优秀的多媒体作品，就必须要掌握这些图标的基本操作。

（1）拖放图标

将鼠标指针移向图标工具栏中的某个图标，单击并按住鼠标左键将该图标拖动到流程线上，释放鼠标左键即可。

（2）选择图标

① 选择单个图标：单击流程线上的某个图标，则选中该图标，被选中的图标变为深色。

② 选择多个图标：拖动鼠标指针在流程线上画矩形框，则矩形框内的图标全部被选中。

（3）命名图标

为了区分不同的功能，提高程序的可读性，需要给图标命名，操作方法为：选中需要命名的图标，直接输入名称。

（4）打开图标

如果想在图标中添加媒体信息，需要打开图标。双击该图标，即可打开该图标的演示窗口。在打开演示窗口的同时，绘图工具箱也被打开。绘图工具箱主要包括：基本绘图工具、颜色工具、线型工具和模式工具等。

（5）删除图标

要删除流程线上的某个（或某些）图标，其操作方法为：选中某个或某些图标，然后按Delete 键，或者右键单击，从弹出的快键菜单中选择"Delete"命令，或者利用常用工具栏中的剪刀按钮，都可以完成删除操作。

同理，也可以完成图标的复制、剪切和粘贴等操作。

前面已经提及，文本、图像、图形等是构成多媒体作品的主要素材。Authorware 提供了对这些素材的支持，下面就分别介绍在 Authorware 7.0 中如何进行文本、图形、图像等的处理。

9.2.4　文本编辑

1．显示图标的属性设置

因为文本信息需要显示出来，所以在编辑文本前，先要对显示图标进行属性设置。

先在流程线上添加显示图标，然后双击该显示图标，即可打开演示窗口。可以对演示窗口的窗口大小、菜单样式及背景颜色等进行设置，操作方法为：选择"Modify|File|Properties"命令，得到如图 9.3 所示的演示窗口属性设置对话框。

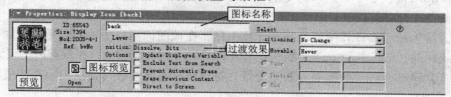

图 9.3　演示窗口属性设置对话框

如果想对显示图标的属性进行设置，就需要先在流程线上选中该图标，然后选择"Modify|Icon|Properties"命令，打开显示图标属性设置对话框，如图 9.4 所示。

图 9.4　显示图标属性设置对话框

2．文本的建立

在流程线上添加了显示图标后，可以为其创建一个文本对象，方法为：双击显示图标，在绘图工具箱中选择文本工具 **A**，然后将鼠标指针移动到演示窗口中需要输入文本的地方单击，即可得一条文本标尺和文本输入的光标点。如果设置了右起缩进标志，则文本输入到该标记时会自动转行，另外，按回车键也可换行。

输入完毕，可单击绘图工具箱中的箭头工具，此时文本对象周围出现 6 个控制点，拖动控制点可改变文本框的大小。

3．文本的编辑

建立文本后，可以对文本进行进一步的编辑，如插入、删除及移动文字等，同时可以设置文本对象的宽度和对齐方式等。

① 插入、删除文字：选中需要编辑文本，然后在绘圆工具箱中选择文本工具并单击"编辑"按钮即可。

② 复制、移动文字：选中需要复制、移动的文本，然后在绘圆工具箱中选择文本工具，用鼠标拾取需要编辑的文字即可。

③ 设置文本对齐方式：在绘圆工具箱中选择文本工具，单击文本中需要对齐的某一段落，然后选择"Text|Alignment|Left"命令，即可实现左对齐。类似地，可设置其他对齐方式。

④ 设置文本字体：选中需要编辑文本，然后选择"Text|Font|Other"命令，在打开的 Font 对话框中选择需要的字体。

⑤ 设置文本字号：选中要改变字号的文本内容，然后选择"Text|Size"命令，在其子菜单中选择一种字号即可。

⑥ 设置文本颜色：选中要进行颜色设置的文本内容，然后选择"Window|Inspectors|

Colors"命令，打开颜色选择板，选择需要的颜色即可。

⑦ 嵌入变量：先把变量输入到文本对象中，然后用花括号{}把变量括起即可。

Authorware 提供了丰富的系统变量，同时也允许用户自定义变量。自定义变量需要预先赋值，这需要用到计算图标。

赋值方法为：添加计算图标，打开计算图标，在该图标窗口中输入表达式，如"ct:="表示当前系统时间""，其中，":="为赋值运算符，然后关闭计算窗口，在保存时，因为 ct 是新变量，系统会弹出 New Variable（新建变量）对话框，需要在该对话框中输入初值和描述等内容。

4．应用举例

下面就以制作阴影字为例，讲解文本对象的编辑方法。

（1）启动 Authorware，新建一个文件，取名为"阴影字制作"。

（2）拖动显示图标到流程线上，取名为"背景"。双击该显示图标，利用常用工具栏中的导入文件按钮 ⊡ 添加一个背景图片。

（3）再添加一个显示图标到流程线上，取名为"背景字"。双击该图标，在演示窗口中，利用绘图工具箱中的文本工具输入"我们是中国人"几个字，然后设置其尺寸为 48，字体为隶书，选择工具箱中的覆盖模式工具 ▤ ，将其设置为 Transparent（透明）模式。

（4）单击"背景字"显示图标，利用 Ctrl+C 组合键复制该图标，然后单击"背景字"图标下的流程线，利用 Ctrl+V 组合键完成粘贴。

（5）将新复制的图标重新命名为"前景字"，单击工具箱中的边框颜色工具 ◢▤ ，将文字设置为粉色，并向左移动文本内容；

（6）单击常用工具栏中的播放按钮 ◩ ，查看效果。设计好的程序流程和显示效果如图 9.5 所示。

图 9.5　制作阴影字

9.2.5　图形编辑

Authorware 提供了强大的图形、图像处理功能，包含一系列二维图形创作工具，下面就简单介绍 Authorware 中图形编辑的一些知识。

1．绘图工具箱

绘图工具箱如图 9.6 所示，它同演示窗口一起打开，提供了一系列在演示窗口中输入文字、选择对象和绘制图形的工具。

2. 绘制图形

先在流程线上添加一个显示图标，然后双击该图标，打开演
示窗口，可完成如下操作。

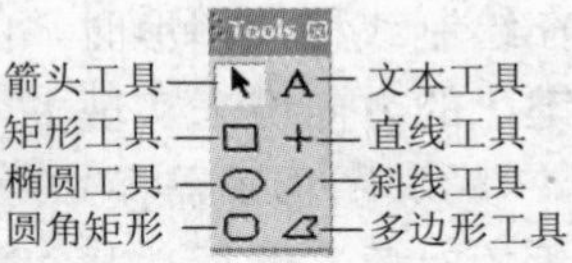

图 9.6　绘图工具箱

① 绘制线段：Authorware 提供了两种绘制线段的工具，即
直线工具和斜线工具。其区别是，斜线工具可以绘制任意倾斜角度的线段，而直线工具只能
绘制倾斜角度为 0°、45° 和 90° 的线段。

方法为：选择直线工具或斜线工具，在演示窗口中单击设置起点，然后按住鼠标左键拖
动，即可画出一定倾斜角度的线段。

② 绘制椭圆和圆：选择椭圆工具，在演示窗口中单击设置起点，然后按住鼠标左键拖动，
即可画出一个椭圆。如果想画圆，同时按住 Shift 键即可。

③ 绘制矩形和圆角矩形：选择矩形或圆角矩形工具，在演示窗口中单击设置起点，然后
按住鼠标左键在演示窗口中拖动即可。在画图时，按住 Shift 键不放可以绘制正方形和等边圆
角矩形。

④ 绘制多边形：选择多边形工具，在演示窗口起点位置单击，获得第一个顶点，然后移
动鼠标指针，在适当位置单击获得第二个顶点，其余类推，在最后一个顶点位置处双击，即
可绘制一个多边形。

3. 设置图形样式

绘制好图形后，可以进一步设置图形的样式。

① 修改线型：选中需要修改线型的图形对象，然后选择 "Window|Inspectors|Lines" 命
令，或双击绘图工具箱中的直线工具或斜线工具，打开线型选择框，选择一种即可。

② 修改图形颜色。在默认情况下，图形的边框和线条颜色为黑色，并且不填充颜色。利
用 Authorware 的颜色选择板可以修改其颜色。方法为：选中要进行修改的图形对象，单击工
具箱中的边框颜色工具 ✐▊，在打开的颜色选择板中选择一种颜色即可。如果要给图形填充
颜色，则需要选择工具箱中的填充颜色工具 ▨▢。

③ 修改填充方式：选中需要进行填充效果设置的图形对象，单击工具箱中的填充模式工
具，在打开的填充选择板中选择一种填充方式即可。

4. 图形编辑

Authorware 提供了如下编辑操作。

① 调整前后位置。在默认情况下，后绘制的图形会放在先绘制的图形前面。如果用户要
调整多个对象的前后位置关系，方法为：先选中需要修改位置的对象，然后选择 "Modify| Bring
to Front" 命令或 "Modify|Send to Back" 命令，就可完成对象的置于最前或置于最后的操作。

② 图形排列与对齐。Authorware 提供两种排列和对齐图形的方法，一是利用对齐方式选
择板，二是利用网格线。

对齐方式选择板的使用方法为：先按住 Shift 键，用鼠标逐个单击需要排列的多个对象，
然后选择 "Modify|Align" 命令，打开对齐方式选择板，从中选择一种对齐方式即可。

网格线的使用方法：先选择"View|Grid"命令，然后选择"View|Snap to Grid"命令，在绘制或移动图形时，图形将自动以半网格单位进行缩放或移动，此时可以通过鼠标拖动或键盘的方向键来实现多个对象的对齐。

③ 图形覆盖模式：Authorware 提供了 6 种覆盖模式，使用方法为：选中需要进行模式修改的对象，然后选择"Window|Inspectors|Modes"命令或工具箱中的覆盖模式工具 🖰，打开覆盖模式选择板，选择一种即可。

9.2.6　图像编辑

Authorware 提供了导入外部图像的功能，从而使多媒体产品的开发更加丰富。

1．导入外部图像

Authorware 提供三种导入外部图像的方式：直接导入，复制和粘贴，拖动导入。

① 直接导入：先双击需要导入图像的图标，打开演示窗口，然后选择"File|Import"命令，或单击常用工具栏中导入文件按钮，打开导入文件对话框，选择需要导入的文件，单击"确定"按钮即可。

② 复制和粘贴：利用外部图像处理工具，打开需要导入的图像文件，然后复制该图像，再双击 Authorware 中需要导入图像的图标，打开演示窗口，然后利用 Ctrl+V 组合键完成粘贴即可。

③ 拖动导入：新建一个 Authorware 应用程序，然后打开 Windows 的资源管理器，选择需要导入的图像文件，拖动到 Authorware 的流程线上，在流程线上将自动产生一个显示图标，并且以被拖入的图像文件名命名。

2．设置图像属性

从外部导入图像，用户可以进一步对其属性进行设置，方法为：双击导入的图像文件，即可打开图像属性设置对话框，如图 9.7 所示。其中，Image 选项卡可以对图像的存储方式、覆盖模式及前景、背景颜色等进行设置，如图 9.7（a）所示。Layout 选项卡可以设置图像的显示方式。Authorware 提供了三种显示方式，一是 Scaled（缩放显示），二是 Cropped（剪切显示），三是 As Is（按图像原大小显示），可通过 Display 下拉列表进行选择，如图 9.7（b）所示。

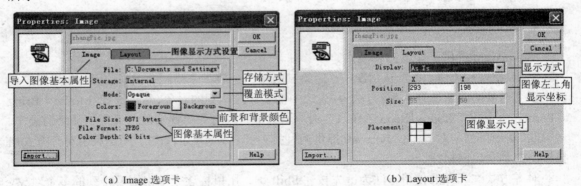

（a）Image 选项卡　　　　　　　　　（b）Layout 选项卡

图 9.7　图像属性设置对话框

9.2.7　声音编辑

在多媒体产品中加上图形、图像会使其更加形象，而加上声音会使其更加生动，在 Authorware 中要添加声音，需要利用声音图标。

1．声音图标的属性设置

在图标工具栏中选择声音图标 ，拖动到流程线上，双击该图标打开其属性设置对话框。其中， 按钮组用于控制声音文件的播放；Import 按钮用于导入声音文件；Sound 选项卡显示了声音文件的基本信息，如文件大小、声道数及采样频率等。

Timing 选项卡用于设置声音文件的播放属性。在 Concurrency 下拉列表中提供了三种同步方式：Wait Until Done（等待直至完成）、Concurrency（同时）和 Perpetual（永久）。

2．导入声音文件

在声音图标中还可以导入声音文件，方法如下。

① 从声音图标导入：拖动一个声音图标到流程线上，然后双击该图标打开属性设置对话框，单击 Import 按钮，打开导入文件对话框，选择需要导入的声音文件，单击"确定"按钮即可。

② 用拖动方式导入：打开 Authorware 设计窗口，然后打开 Windows 资源管理器，选择需要导入的声音文件，拖动到 Authorware 流程线上，此时会自动产生一个声音图标，其名称是原声音文件名。

③ 利用菜单导入：打开 Authorware 设计窗口，选择"File｜Import and Export｜Import Media"命令，打开导入文件对话框，选择需要导入的声音文件，单击"确定"按钮，此时会自动产生一个声音图标，其名称是导入的声音文件名。

导入声音文件之后，就可以利用声音图标的属性设置对话框来进一步控制声音对象，得到各种声音播放效果。

9.2.8　视频编辑

视频是声音和图形、图像等的综合体，它能提供生动、形象、逼真的效果，因此，在多媒体产品开发中，视频信息也是不可缺少的。Authorware 支持 AVI、MOV、FLC、MPG、DIR（Director）等多种数字化电影格式。

在 Authorware 中要导入视频文件，需要利用数字化电影图标 。如果需要导入的是 DVD 资源，则要利用 DVD 图标 。下面简单介绍 Authorware 中有关视频文件的处理方法。

1．数字化电影图标的属性设置

数字化电影图标的使用方法和声音图标类似，它可以导入外部电影文件进行播放，也可以将一些类型的电影存储在程序文件内部。添加数字化电影图标，双击该图标，打开其属性设置对话框。

（1）Movie 选项卡

Movie 选项卡，其中，Storage 表示电影对象的存储方式，External 表示电影对象以文件形式存储在程序外部，Internal 表示电影对象存储在程序内部。

Layer 表示电影对象的层数，主要用于区分多个显示对象时的前后顺序，Layer 数值越大，表示该对象显示越在前面。

Mode 下拉列表框用于设置电影对象的覆盖模式，有不透明、遮隐、透明和反转 4 种覆盖模式。

Options 复选框组用于设置电影对象的播放属性。

- Prevent Automatic Erase：表示电影对象不会被其他图标的 Automatic Erase 选项擦除。
- Erase Previous Content：表示播放电影之前，先将以前显示的内容擦除。
- Direct to Screen：表示电影对象永远处于最高层，该选项只有在 Opaque（不透明）模式下才有效。
- Audio On：表示播放电影文件中的音频。如果不选，则表示电影对象不支持音频信息。
- Use Movie Palette：表示用电影对象的调色板代替 Authorware 的系统调色板。
- Interactivity：表示允许用户通过鼠标或键盘与电影对象交互，该项仅适用于 DIR 文件。

（2）Timing 选项卡

Timing 选项卡中的 Concurrency 下拉列表用于设置数字化电影图标与其他图标的同步关系，该下拉列表框中各选项的意义参见声音图标属性设置。

Play 下拉列表用于设置电影对象的播放，包含 7 个选项，具体功能如下。

- Repeatedly：表示反复播放电影对象，直到使用擦除图标或其他函数将其停止。
- Fixed Number of Times：用于控制播放的次数，选择该项后可以在其下方的文本框中输入一个数值或变量来指定电影对象播放的次数。
- Until True：表示反复播放电影对象，直到其下方文本框中输入的变量或表达式为真。
- Only While In Motion：表示电影对象只在用户拖动鼠标时或用移动图标控制其移动时才播放。该项只对内部存储的电影对象有效。
- Times/Cycle：用于指定电影对象每次移动过程中播放的次数，该项只对内部存储的电影对象有效。
- Controller Pause：该项适用于 QuickTime（MOV）电影对象。选择该项后，电影对象播放画面会出现一个控制条，用于控制电影对象的播放、停止、向前/向后单步播放等。
- Controller Play：该项与 Controller Pause 类似，不同之处是，Authorware 执行到数字化电影图标时，会自动对数字化电影进行播放。

Rate 文本框：控制电影对象的播放速度，可以输入数值、变量或表达式等内容。

Play Every Frame 复选框：表示 Authorware 将以尽可能快的速度播放电影对象的每一帧。该项只对内部存储类型的电影对象有效。

Start Frame 文本框和 End Frame 文本框：控制电影对象播放的起始帧数和终止帧数。

2. 数字化电影文件的导入

数字化电影文件的导入和声音文件、图像文件的导入方法类似。

3. 使用 GIF 动画

GIF 格式的动画具有体积小和可交互等特点，被广泛应用于网络上。Authorware 支持 GIF 动画的导入与编辑。导入 GIF 动画的方法如下。

① 选择"Insert|Media|Animated GIF"命令，打开 Animated GIF Asset Properties 对话框，如图 9.8 所示。

图 9.8　Animated GIF Asset Properties 对话框

② 单击 Browse 按钮，打开选择文件对话框，选择一个 GIF 动画。

③ 在 Animated GIF Asset Properties 对话框中设置相应属性，然后单击 OK 按钮，返回设计窗口，此时流程线上显示一个添加的 GIF 动画图标。

④ 双击该图标，打开属性设置对话框，其中，Sprite 选项卡显示 GIF 动画文件信息，Display 选项卡和 Layout 选项卡与前面其他图标的设置基本相同。

⑤ 属性设置完毕，单击常用工具栏中的运行按钮，就可以查看 GIF 动画的播放效果。

4．使用 Flash 动画

Flash 动画是一种矢量动画，它的文件数据量小，图像画质清晰，被广泛应用于各种场合。下面简单介绍 Flash 动画在 Authorware 中的使用。

导入 Flash 动画的方法和导入 GIF 动画的方法类似，选择"Insert|Media|Flash Movie"命令，打开 Flash Asset Properties 对话框。

Linked 复选框：选中表示 Flash 动画将被连接到打包后的文件中；如果不选，则 Flash 动画和最后的文件一起打包。

Preload 复选框：在 Linked 复选框被选中后有效，它表示在程序运行过程中提前加载 Flash 动画，以获得流畅播放的效果。

Playback 复选框组：用于控制动画的播放，选中 Image 项表示动画立即显示，选中 Paused 项表示动画在开始帧暂停，选中 Sound 项表示动画带有声音，选中 Loop 项表示动画循环播放，选中 Direct to Screen 项表示动画直接显示在屏幕最前端。

Quality 下拉列表：用于设置动画画面质量。质量设置得越高，则动画播放的速度越慢。

Scale 下拉列表：用于控制动画的显示尺寸，包含了 5 个选项。

- Show All：程序运行时维持原窗口长宽比来进行缩放，以显示所有的 Flash 动画。
- No Border：维持原窗口长宽比进行剪裁，同时保持窗口边界。
- Extract Fit：程序根据 Flash 动画大小进行缩放，不用保持原窗口的长宽比。
- Auto Size：程序根据 Flash 动画的大小自动调整。
- No Scale：程序保持原窗口大小。

Rate 下拉列表用于控制 Flash 动画的播放速率。Scale 文本框用于控制显示动画的缩放比，100 为原始大小。关于 Flash 动画的播放可参见 GIF 动画的操作，这里就不详细介绍。

9.2.9　对象效果设置

1．媒体同步播放效果

在一个多媒体产品中，可以同时添加多种媒体信息，如声音、图像、动画及视频等，因此，对这些媒体信息的同步播放控制就显得极为重要。

Authorware 提供了媒体同步播放功能，用户可以控制数字化电影图标或声音图标与其他图标的同步播放，操作方法为：将其他类型的图标拖动到数字化电影图标或声音图标的右侧。此时，程序会自动生成一个媒体同步播放分支结构，拖放的其他图标作为该分支结构中的子图标，每个同步分支都有一个与之相连的时钟状同步标志，如图 9.9 所示。

下面就以一个例子来介绍媒体同步的应用。

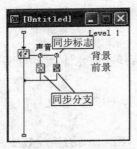

图 9.9　媒体同步分支结构

① 拖动一个声音图标到流程线上，取名为"music"，然后导入一个声音文件，再设置声音图标的属性，将 Timing 选项卡的 Concurrency 项设为 Concurrent。

② 依次添加 4 个显示图标到声音图标的右侧，形成 4 个同步分支，分别取名为"back1"、"back2"、"back3"和"back4"，并为每个显示图标导入一幅图像文件。

③ 双击"back1"子图标上的同步标志，打开属性设置对话框，设置其同步方式为 Seconds，擦除方式为 Don't Erase，如图 9.10 所示。

其中，Synchronize 下拉列表用于设置同步方式，包括两个选项。

- Position：表示在位置上进行同步。用户可以在其下方的文本框中输入程序开始执行子图标时媒体已经播放到的位置。
- Seconds：表示在时间上同步，单位为秒。用户可以在下方的文本框中输入程序开始执行子图标时媒体已经播放的秒数。

Erase 下拉列表用于控制何时擦除子图标中的内容，包含 4 个选项。

- After Next Event：表示在执行下一个子图标中的事件后擦除。
- Before Next Event：表示在执行下一个子图标中的事件前擦除。
- Upon Exit：表示在退出媒体同步分支结构后，执行主流程线上的下一个图标前擦除。
- Don't Erase：表示不擦除，直到使用擦除图标将其擦除。

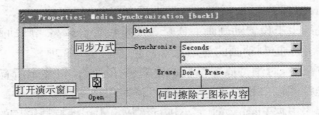

图 9.10　媒体同步属性设置对话框

④ 同理设置其他三个显示图标的同步属性，在同步方式下方的文本框中分别输入 5、7 和 9，其他同"back1"的设置。

⑤ 单击运行按钮查看播放效果。

播放效果为：先播放声音，在 3 秒后显示 "back1" 中的内容，以后每隔 2 秒显示其他显示图标的内容。

2．擦除效果

在多媒体产品的开发中，有时为了更好地显示后面图标中的内容，需要将前面图标显示的内容擦掉，这就要用到擦除图标 📝 。

拖动擦除图标到流程线上，然后双击该图标，打开属性设置对话框。

Transition 文本框：用于设置擦除过渡效果，单击后面的浏览按钮，可以打开擦除效果对话框，其作用和显示图标的过渡效果类似，这里就不再详细说明。

Prevent Cross Fade（防止交叉过渡）复选框：用于设置多种效果之间的关系。选中该复选框，表示在显示下一个图标内容之前将选中图标的内容完全擦除；不选中，则在擦除当前图标内容的同时，显示下一个图标的内容。

List 单选按钮组：用于选择要擦除的图标（Icons to Erase）或要保留的图标（Icons to Preserve），选中的图标将显示在其右侧的图标列表框中。选择 Icons to Preserve，则出现在图标列表框中的图标将被保留，其他图标将被擦除；选择 Icons to Erase 表示将擦除图标列表框中出现的图标。

Remove 按钮：用于删除图标列表中的图标。

3．运动效果

如果一个多媒体产品中的对象都是静态的，那将非常枯燥。可以利用 Authorware 提供的运动图标 📝 来控制对象的运动，从而产生动态效果。

值得一提的是，运动图标控制的是一个显示图标中的所有对象，而且一个运动图标只能对应一个显示对象的运动。如果想要使多个对象做不同的运动，就要把这些对象分别放在不同的显示图标中，然后为它们分别添加运动图标，设置不同的运动方式。

（1）运动图标的属性

拖动一个运动图标到流程线上，然后双击该图标，打开属性设置对话框，如图 9.11 所示。

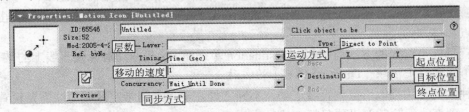

图 9.11　运动图标属性设置对话框

其中，Layer 文本框：用于设置显示对象移动时所处的层数。

Timing 下拉列表：用于控制显示对象移动的速度，包含两个选项。

- Time（sec）：可以在其下方的文本框中输入数值、变量或表达式，控制显示对象移动过程所需的时间。
- Rate（sec/in）：在其下方文本框中输入的内容决定了显示对象移动的速度。

Concurrency 下拉列表：用于设置移动对象在执行过程中与其他图标间的同步方式，可参见声音图标的属性设置。

Click object to be 文本框：用于显示当前运动图标作用的对象，可以用鼠标在演示窗口中单击的方式来获得该对象。

Type 下拉列表：用于选择动画设计类型，包含了 5 种运动功能，后面将详细介绍。

Base 单选钮：用于设置被移动对象的起点位置坐标，可以先选中该按钮，然后用鼠标拖动对象到相应位置来获得该坐标值。

Destination 单选钮：用于设置被移动对象的目标点坐标，操作方法同 Base 单选钮。

End 单选钮：用于设置被移动对象的终点位置坐标，操作方法同 Base 单选钮。

（2）固定终点（Direct to Point）的运动

这种运动方式是一种最基本、最简单的运动，就是从起点沿直线运动到终点。下面以小球移动的例子来说明这种运动方式的应用。

① 在主流程线上添加两个显示图标，分别取名为"背景"和"小球"，然后添加一个移动图标，取名为"移动"。

② 双击"背景"图标，插入背景图。

③ 双击"小球"图标，插入一个小球图片，并将其覆盖模式设为透明（Transparent）。

④ 双击"移动"图标，打开属性设置对话框，Type 选项设为 Direct to Point，同时在 Timing 文本框中输入 5，表示运动时间为 5 秒。

⑤ 单击演示窗口中的小球图片，表示选择小球图片作为运动控制的对象，然后用鼠标拖动至目标位置。

⑥ 单击常用工具栏中的运行按钮，查看播放效果，可以看到，小球从左边沿直线运动到右边。

（3）点到直线（Direct to Line）的运动

这种运动方式就是将对象从当前位置移动到一条直线上的通过计算得到的位置处。这种运动方式需要指定对象移动的起点和终点，以及计算对象移动终点所依赖的直线。对象移动的起点就是该对象在演示窗口中的初始显示位置，终点是该对象在给定直线上的位置。这种类型的移动对象可以利用变量或表达式控制规定直线路径上的对象和位置。

设置起始位置的方法为：选中 Base 单选钮，然后拖动对象到相应位置。

设置终止位置的方法为：选中 End 单选钮，然后拖动对象到相应位置，此时会出现一条连接起点和终点的直线。

设置目标点位置的方法为：选中 Destination 单选钮，然后拖动对象到直线上的某个位置。

（4）点到指定区域（Direct to Grid）的运动

这种运动方式类似于点到直线运动，不同之处在于，点到指定区域运动需要设置目标区域，而点到直线运动需要设置目标直线。

设定目标区域的方法为：先选中 Base 单选钮，然后拖动对象到起点；再选中 End 单选钮，拖动对象到终点位置，这时会出现一个矩形框；再选中 Destination 单选钮，拖动对象到矩形框中的任意位置。注意，此时对象的目标位置只能是矩形区域中的某一位置。

（5）沿任意路径到终点（Path to End）的运动

这种运动方式表示对象沿着任意设计的运动路线移动到终点。其方法为，在运动图标属性对话框中选择 Type 为 Path to End，然后在演示窗口中单击要移动的对象，按住鼠标左键拖动对象移动，放开鼠标时会产生一条直线。继续拖动对象会再产生一条直线。直线间有三角形的控制节点，双击该节点，则该节点变成圆形，并且其两侧的直线变成光滑的弧线。

（6）沿任意路径到指定点（Path to Point）的运动

这种运动方式的设置与沿任意路径到终点运动相似，区别在于：沿任意路径到指定点的运动可以选择路径上的任意一点作为运动的目标点，而沿任意路径到终点的运动中被移动的对象只能沿路径一次到达终点。

9.2.10 人机交互控制

前面已经讲述了如何把各种各样的多媒体信息集成到多媒体作品内，下面将就多媒体作品的交互性进行讨论。Authorware 的交互功能主要是通过交互图标 来实现的，使用交互图标来建立各种类型的交互方式。Authorware 利用交互图标提供了 11 种交互手段。

交互图标本身兼有显示图标和定向图标的功能：一方面具有存储交互作用和显示信息的能力；另一方面具有强大的分支功能。

1．交互图标的使用

一个交互图标可以允许有多个分支，下面简单介绍有关交互图标的使用方法。

（1）从图标工具栏中将一个显示图标拖放至交互图标的右侧，该图标便会自动被分支流程线连接起来，同时弹出 Response Type 对话框。用户只需要单击所需的响应类型单选钮，然后单击 OK 按钮即可，如图 9.12 所示。

（2）在交互作用分支结构中，双击各分支的响应类型标识按钮，在弹出的对话框中分别选择不同的响应类型，其各自的响应类型按钮相应地显示出不同的标识符号，每个符号代表相应的响应类型。

（3）交互程序中一般使用 3 种反馈分支类型：Try Again、Continue 和 Exit Interaction。

选择 Try Again 分支类型，程序流向将在分支结构中，等待用户执行另外一个响应。

选择 Continue 分支类型，程序流向沿原路返回，期待下一响应。

选择 Exit Interaction 分支类型，执行完分支中内容后，程序退出交互。

具体上述 3 种反馈分支类型如图 9.13 所示。每种反馈方式的切换方法为：按住 Ctrl 键，然后在反馈位置单击，单击一次切换一种反馈方式。

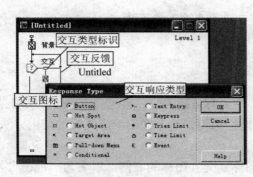

图 9.12　交互响应类型

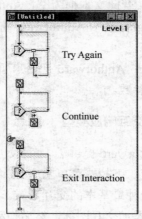

图 9.13　交互反馈类型

（4）设置交互图标属性。拖动一个交互图标到流程线上，然后双击该图标，打开交互图标属性设置对话框，下面对其中的 4 个选项卡分别进行介绍。

① Interaction 选项卡

Erase 下拉列表中包含如下内容。

- Upon Exit：表示退出该交互图标后，将交互图标里的显示内容擦除。
- After Next Entry：表示用户给出响应后，在进入下一分支前擦除交互图标里的内容。
- Don't Erase：表示不擦除该交互图标中内容，除非使用擦除图标。

单击 Erase 后面的浏览按钮，可以设置在擦除交互图标显示对象时采用的方式。有关过渡方式的具体含义可参见显示图标的过渡效果设置。

Options 选项组包含两个选项，如果选中 Pause Before Exiting 复选框，则程序执行完交互图标后，会暂停下来，以便让用户看清屏幕上的显示内容，然后可按任意键继续执行；若同时选中 Show Button 复选框，屏幕上会显示一个 Continue 按钮，单击它，也可以继续执行程序。

② Display 选项卡

Layer 文本框用于设置该交互图标的显示层数。Options 选项组中的各选项用于控制对象的显示方式，可参见显示图标属性设置。

③ Layout 选项卡

Positioning 选项用于设置当前对象的位置，而 Movable 选项用于设置对象的移动方式，可参考显示图标属性设置。

④ CMI 选项卡（计算机管理教学）

CMI 提供了计算机管理教学方面的功能。Authorware 把 CMI 选项卡中的内容作为系统函数 CMIAddInteraction() 的参数，然后通过系统函数 CMIAddInteraction() 向用户的 CMI 系统传递在交互过程中收集到的信息。

Interaction ID：表示此处输入的数值将被 Authorware 用于作为 CMIAddInteraction 函数的交互 ID 参数。

Objective ID：表示此处输入的数值将被 Authorware 作为 CMIAddInteraction() 函数的目标 ID 参数。若此文本框为空，Authorware 将使用图标标题作为目标 ID 参数。

Weight：表示 Authorware 将把此处输入的数值作为 CMIAddInteraction() 函数的 Weight 参数。

Type：Authorware 把用户所设的下拉菜单选项或输入的函数 CMIAddInteraction() 参数作为 Type 参数。

2．交互响应类型

Authorware 提供了 11 种交互响应类型，主要有按钮响应、热区响应、热对象响应、目标区域响应、下拉式菜单响应等。下面以按钮响应为例，简单介绍响应图标的使用方法。按钮响应是一种最基本的交互形式。

① 添加交互图标，然后拖动一个计算图标到交互图标的右侧，取名为"退出"，在弹出的响应类型对话框中选择 Button 单选钮，完成按钮响应类型的设置。

② 双击此分支的响应类型标识符，弹出 Properties:Response 对话框。

③ 单击 Button 按钮，弹出 Buttons 对话框，在 Preview 列表框中显示了按钮的样式。如果想加入自己制作的按钮，可选择 Add 按钮，打开 Button Editor 对话框。选择一种样式，单击 OK 按钮。

④ 在按钮响应类型属性对话框中选择 Cursor 旁的浏览按钮，在弹出的 Curors 对话框中选择手形的鼠标指针，单击 OK 按钮。

⑤ 选择按钮响应类型属性对话框的 Response 选项卡，选中 Perpetual 复选框，则定义的按钮在整个文件中都有效。此时可拖动该按钮到合适的位置。

⑥ 保存程序，运行查看效果。

有关其他交互响应类型的使用可参阅相关书籍，这里就不再详细介绍。

9.2.11 应用示例

该示例包括登录、看图学习、教案学习和退出等内容，其主流程如图 9.14 所示。下面详细讲解有关操作步骤。

1. 窗口属性设置

运行 Authorware 应用程序后，系统自动给出一个名为 Untitled 的设计窗口，下面需要对这个窗口的属性进行设置，选择 "Modify|File|Properties" 命令或按 Ctrl+I 组合键打开属性设置窗口，将 Size 设为 640×480（VGA）。

2. 添加背景

拖动一个显示图标到流程线上，取名为"主背景"，然后双击该显示图标，打开演示窗口，利用常用工具栏上的导入按钮 添加一个背景文件。

单击该显示图标，打开显示图标的属性设置对话框，在其中选择 Transition 项，设置显示图标的过渡效果，对话框如图 9.15 所示。

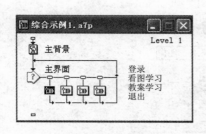

图 9.14　主流程

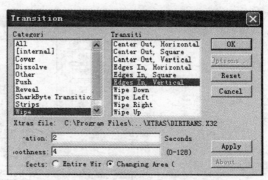

图 9.15　过渡效果设置对话框

3. 添加交互图标

拖动一个交互图标到显示图标下方，取名为"主界面"，然后分别拖动 4 个组图标到该交互图标的右侧，分别取名为"登录"、"看图学习"、"教案学习"和"退出"。

在添加第一个组图标时，会弹出响应类型设置对话框，如图 9.16 所示，选择 Button 单选钮。第一个响应类型设置好后，后面的组图标就会默认选择该响应类型。

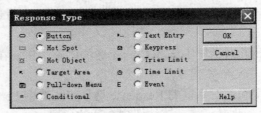

图 9.16　响应类型设置对话框

4．交互响应按钮的设置

双击"登录"组图标上的按钮标志，窗口下方显示 Properties:Repones 对话框，单击 Buttons 按钮，打开 Buttons 对话框，如图 9.17（a）所示。

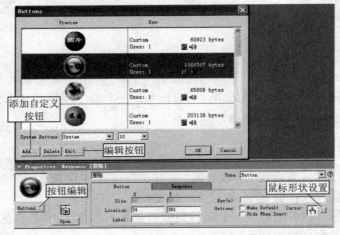

（a）编辑按钮

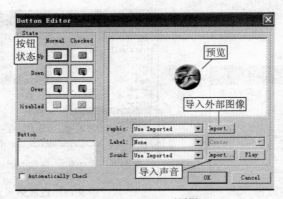

（b）Button Editor 对话框

图 9.17　交互响应按钮设置对话框

在 Buttons 对话框中单击 Add 按钮添加自定义按钮，打开 Button Editor 对话框，如图 9.17（b）所示。单击左上角 Normal 栏中的 Up 状态项，设置按钮弹起时的状态，然后单击 Graphic 下拉列表右边的 Import 按钮，在弹出的 Import Which File 对话框中选择已经制作好的按钮图片，单击 OK 按钮，选择 Sound 下拉列表右边的 Import 按钮，为该按钮添加背景音乐。

返回 Properties:Repones 对话框，单击 Cursor 框右边的按钮，设置鼠标移动到该按钮上方时的形状，选择"手形"。

类似地，可以设置其他几个交互响应按钮。

5. 登录界面的设置

该部分主要完成登录界面和口令的设置，其运行流程是：先擦除系统背景，然后跳出"欢迎使用本软件！"字样，并显示"请输入密码，按 Enter 键！"字样，用户可在其下方的文本框中输入密码，如果密码正确，则提示是合法用户，延迟 2 秒后，进入后续界面；如果密码不正确，则提示密码错误，重新输入，延迟 1 秒后，显示输入密码界面；如果持续了 10 秒还没有输入密码，则提示是非法用户并关闭系统。

该部分的 Authorware 流程设计如图 9.18 所示。

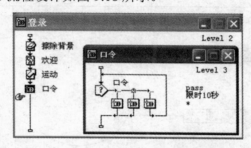

图 9.18 "登录"组流程设计界面

① 双击"登录"组图标，打开 Level 2 窗口。

② 在 Level 2 流程线上添加一个擦除图标，取名为"擦除背景"。双击该擦除图标，打开属性设置对话框和演示窗口。在演示窗口中单击需要擦除的对象（这里是主界面），然后在属性设置对话框中单击 Transition 项右边的浏览按钮，打开 Erase Transition 对话框，选择一种擦除效果，如图 9.19 所示。

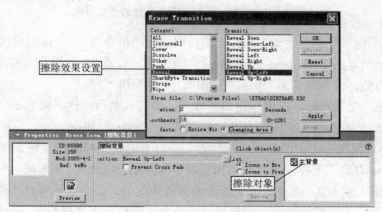

图 9.19 Erase Transition 对话框

③ 拖动一个显示图标到擦除图标下方，命名为"欢迎"。双击该显示图标，打开演示窗

口，然后选择绘图工具栏中的文本工具 $\overline{\mathbf{A}}$，在演示窗口中输入"欢迎使用本软件！"字样，再使用 Text 菜单，设置其 Font 为楷体_GB2312，Size 为 18，Style 为 Bold。

④ 拖动一个运动图标 ☑ 到"欢迎"图标下方，取名为"运动"。双击该运动图标，打开演示窗口和运动图标属性设置对话框，如图 9.20 所示。

在演示窗口中单击"欢迎使用本软件！"文本，表示将对该内容进行运动控制。

单击运动图标属性设置对话框中 Type 项右边的下拉按钮，在下拉列表中选择 Path to Point（沿任意路径到指定点的运动）运动方式，然后拖动演示窗口中的对象来设置运动轨迹。运动轨迹默认是线段形式的，中间由三角形标志连接，双击该三角标志可以使该标志连接的线段变成光滑的曲线。设置好运动轨迹后，单击 Destination 项后面的文本框，进行目标位置设置，方法为：用鼠标拖动对象到目标位置即可，这里的目标位置是运动轨迹上的某一个位置，如图 9.20 所示。

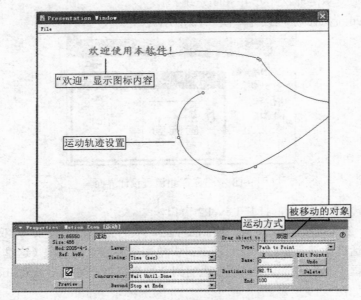

图 9.20　演示窗口和运动图标属性设置对话框

⑤ 拖动一个组图标到"运动"图标下方，取名为"口令"。双击该组图标，打开 Level 3 窗口，拖动一个交互图标到 Level 3 流程线上，取名为"口令"。然后分别拖动三个组图标到该交互图标的右侧，分别取名为"pass"、"限时 10 秒"和"*"。

双击"口令"交互图标，在演示窗口中输入"请输入密码，然后按 Enter 键！"字样，并通过 Text 菜单设置其 Font 为"新宋体"，Size 为 24，Style 为 Plain。

双击"pass"组图标上方的交互响应标志，在打开的交互响应设置对话框中，如图 9.21 所示，单击 Type 右边的下拉按钮，从下拉列表中选择 Text Entry（文本输入响应）项，然后在 Pattern 文本框中输入 2，这就是需要验证的密码匹配值。当系统运行时，用户输入的口令值就和 Pattern 下的该值进行比较，如果相同就是合法用户，不同就是错误的用户。

同理，分别设置"限时 10 秒"组图标和"*"组图标的交互响应类型为 Time Limit（时间响应）和 Text Entry。

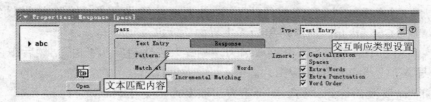

图 9.21　交互响应类型设置对话框

双击"pass"组图标，打开 Level 4 窗口，在其流程线上分别添加显示图标、等待图标和擦除图标，名称如图 9.22（a）所示。在显示图标的演示窗口中输入"你是合法用户，欢迎使用！"字样；双击等待图标打开属性设置对话框，在 Time 文本框中输入 2，表示延迟 2 秒；设置擦除图标擦除的对象是"合法用户"显示图标的内容，擦除效果设为 Internal-Venetian Blind。

（a）"pass"组图标

（b）"限时 10 秒"组图标

（c）"*"组图标

图 9.22　口令判断流程设计

双击"限时 10 秒"组图标，在打开的 Level 4 窗口流程线上分别添加显示图标、等待图标、擦除图标和计算图标，名称如图 9.22（b）所示。双击显示图标，在演示窗口中输入"超过时限，您不是一个合法用户！"字样；双击等待图标打开属性设置对话框，在 Time 文本框中输入 1，表示延迟 1 秒；擦除效果设为 Internal-Mosaic；双击计算图标，在弹出的计算窗口中输入"Quit()"，表示退出系统，如图 9.23 所示。

双击"*"组图标，在打开的 Level 4 窗口流程线上分别添加显示图标、等待图标、擦除图标，名称如图 9.22（c）所示。在显示图标中输入"密码不正确，请重新输入！"字样；等待图标设置 Time 延迟 1 秒；擦除效果设为 Internal-Mosaic。设置方法参考"pass"组图标内容的设置。

最后，还有一个比较重要的部分需要设置，就是交互响应的反馈分支。返回到"口令"图标 Level 3 窗口，按住 Ctrl 键，然后分别单击"pass"、"限时 10 秒"、"*"下方的箭头，单击一次切换一种反馈方式，Authorware 提供了 3 种反馈方式，设置好的反馈如图 9.18 所示。

6．看图学习的设置

该部分的流程如图 9.24 所示。

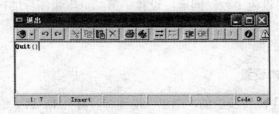

图 9.23　计算图标的内容

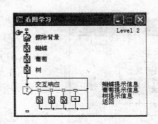

图 9.24　"看图学习"组流程设计图

① 添加一个擦除图标到流程线上，取名为"擦除背景"，擦除效果设置为 Zeus Productions-Wipe Corners In，擦除对象为"主界面"。

② 依次添加三个显示图标，分别取名为"蝴蝶"、"葡萄"和"树"，然后在它们各自的演示窗口中导入预先制作好的相应图片。

③ 添加一个交互图标到"树"图标下方，取名为"交互响应"。

④ 在交互图标右侧分别添加三个显示图标和一个计算图标，取名如图 9.24 所示。在添加第一个显示图标时，会弹出交互响应类型选择对话框，选择 Hot Object（热对象）交互响应类型，另外两个显示图标沿用。然后，双击计算图标上方的交互响应标志，在打开的交互响应对话框中，将 Type 设为 Button（按钮），并选择一种按钮形状。

⑤ 双击"蝴蝶提示信息"显示图标，在打开的演示窗口中，输入"蝴蝶"字样，并摆放在"蝴蝶"图标内容的右上角，表示鼠标移动到"蝴蝶"图片上时会显示该提示信息。同理，设置其他两个显示图标的内容。

⑥ 双击计算图标，在打开的计算窗口中输入"GoTo（IconID@"主界面")"，表示返回主界面。

7. 教案学习的设置

该部分主要完成教案学习内容的展示，流程如图 9.25 所示。

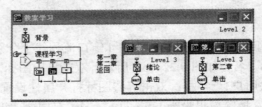

图 9.25 "教案学习"组流程设计图

① 双击主流程线上的"教案学习"组图标，打开 Level 2 窗口。

② 添加一个背景图标到 Level 2 窗口的流程线上，取名为"背景"。双击该图标，导入一张背景图片到演示窗口中。

③ 添加一个交互图标，取名为"课程学习"，然后在其右侧分别添加两个组图标和一个计算图标，取名如图 9.25 所示。

④ 在添加"第一章"组图标时，会弹出交互响应类型对话框，选择 Pull-Down Menu（下拉菜单）响应类型，其他几个图标将沿用该响应类型。

⑤ 双击"第一章"组图标，打开 Level 3 窗口，在该窗口的流程线上分别添加一个显示图标和一个等待图标，如图 9.25 所示。双击显示图标，在其演示窗口中添加学习的内容，等待图标的时间设为 1 秒。同理，设置"第二章"组图标的内容。

⑥ 双击"返回"计算图标，在打开的计算窗口中输入"GoTo（IconID@"主界面")"。

8. 退出的设置

① 双击主流程线上的"退出"组图标，打开 Level 2 窗口，如图 9.26 所示。

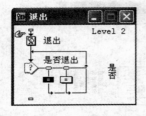

图 9.26 "退出"组流程图

② 添加一个显示图标到 Level 2 窗口的流程线上，取名为"退出"。双击该显示图标，在打开的演示窗口中导入一张背景图片。同时，在打开的显示图标属性设置对话框中，设置显示图标的过渡效果为 Dissolve-Patterns。

③ 添加一个交互图标到流程线上，取名为"是否退出"，在其右侧添加两个计算图标，分别取名为"是"和"否"，并设置交互响应类型为 Button（按钮）。

④ 双击"是"计算图标，在打开的计算窗口中输入"Quit（0）"。类似地，在"否"计算图标的计算窗口中输入"GoTo（IconID@"主界面"）"。

9. 运行

到此为止，已经完成了该系统的设计，下面就可以单击常用工具栏上的运行按钮，查看效果了。几个运行的界面，如图 9.27 所示。

（a）主界面

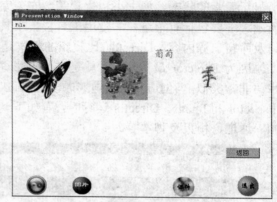
（b）看图学习界面

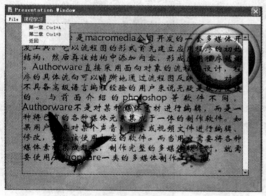
（c）教案学习界面

（d）退出界面

图 9.27　系统运行效果图

9.3　Director 应用简介

Director 是 Macromedia 公司在 1991 年开发的多媒体创作工具，现在版本为 Director MX。Director 用 Movie（影片）来比喻整个程序，所有开发程序的过程相当于安排演员在舞台上进行表演的过程，Director（英文原意是导演的意思）的名字也由此产生。它的基本概念是电影中的"帧"(Frame)。就像看电影或录像带一样，画面总是快速地、一格格地呈现出来，直到按下暂停或停止键。正是由于 Director 这种动态的特性，使得 Director 所制作出来的东西也显得相当生动活泼。

要理解 Director 中众多面板间的关系，最主要的是要掌握这样一个线索：制作的最终结果是通过舞台显示的，而播放次序和指令则通过一个 Score（总谱）面板进行操作，其他面板主要是为 Score 面板提供素材。

9.3.1 Director 简介

1. Director 主界面

Director 提供了一个易于使用的开发环境，一个形象化的界面，利用这个界面可以控制所显示元素的状态，如大小和位置等。安装完 Director 后，运行该软件，其主界面如图 9.28 所示。主要包括有菜单栏、常用工具栏、工具面板、舞台、演员表窗口、控制面板、总谱窗口及库窗口等内容。Director 比较新的版本是 11.0，通常使用 8.0 中文版或 MX 2004 即可。

因为 Director 最初开发时就是借鉴电影进行设计的，所以 Director 中使用的术语与电影术语非常类似。当创造和编辑电影时，一般都工作在 5 个关键窗口：Stage、Score、Cast、Property Inspector 和 Image。Director 运行时，有如下一些基本工作要素：演员、演员表、舞台、剧本、帧、通道、精灵及脚本等。

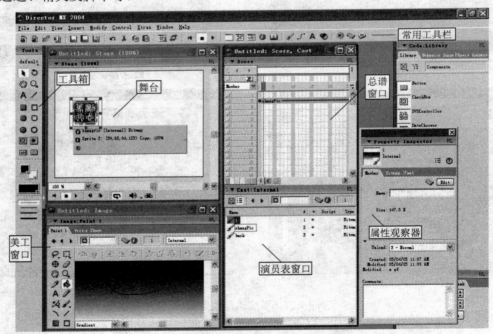

图 9.28　Director 主界面

其中，Stage（舞台）是演员进行表演的地方；Score（总谱或剧本）是记录演员在舞台上的所有信息的地方，包括演员何时出场、有什么动作等；Cast Member（演员）是 Director 的基本要素；Cast（演员表）是存放所有演员的地方；Frame（帧）是舞台上的一幅画面；Channel（通道）是用来放置演员的地方；Sprite（精灵）是演员的另外一种说法，当把演员拖动到舞台上时，就称其为精灵；Script（脚本）是控制演员和精灵等行为的命令集。

2. 工作原理

可以把 Director 的用户称为导演，那么，一个刚刚入门的导演，要想制作出精美的作品，就必须了解 Director 的工作过程或工作原理，这样才能快速有效地制作出作品。

Director 的工作原理为：导演根据作品创作的需要导入各种演员，并把它们存放在演员表（Cast）窗口中，然后根据剧本的需要，在总谱（Score）窗口中设置并记录各演员在舞台上的出场顺序及在舞台上的动作等。完成上述操作后，再利用控制面板（Control Panel）在舞台上播放作品。

9.3.2　Director 基本要素

Director 的基本要素包括舞台、演员、剧本及精灵等。因为在电影动画的制作过程中，无论是复杂的还是简单的电影，都涉及这些要素，所以把它们称为 Director 的基本要素。下面分别了解这些要素的基本知识和应用方法。

1. 舞台

舞台（Stage）就是演员们表演的地方，也就是演示多媒体的地方。因为 Director 的开发是"所见即所得"的，所以舞台上演员的表现将直接影响表演效果。

舞台界面，主要包括画布区域、控制栏和舞台、水平和垂直滚动条等部分，其中画布区域包含了舞台，主要用于放置多媒体元素；舞台是由黑线组成的矩形区域，用于显示电影；控制栏提供了播放控制按钮、声音控制和总谱所选帧等各种控制按钮。

制作电影时，可以设置舞台的属性，如舞台大小和颜色等。方法为：单击舞台窗口，选择"Window|Property Inspector"命令，打开属性观察器（Property Inspector），然后选择 Movie 选项打开舞台观察器属性设置对话框，此时就可以按要求进行舞台属性设置了。

2. 演员表窗口

演员表窗口（Cast Window）也称剧组窗口，是组织多媒体元素、程序及特殊效果的窗口，电影中用到的所有演员都列在演员表中。演员可以是位图（Bitmaps）、矢量图形（Vector shapes）、文本（Texts）、脚本（Scripts）、声音（Sounds）、Flash 影片（Flash Movies）、QuickTime 影片（QuickTime Movies）和 AVI 视频（AVI Videos）等。

当然，在实际使用中，还有许多没有列出来的演员类型。从这些可以看出，Director 是一个大熔炉，它可以接受几乎任何形式的媒体，通过演员表把这些素材集中到一起，然后通过总谱和脚本把它们有机地组织在一起，创造出绚丽多彩的影片。

演员表的显示方式有两种：一种是传统方式，另一种是列表方式。利用传统方式可以方便地查看演员的缩略图，利用列表方式可以方便查看演员的属性、类型、编号等。单击演员表窗口工具栏中的 Cast View Style 按钮就可以实现二者的切换。

演员表中的演员一般都有相应的编辑器来编辑，可以选择"Edit|Preferences|Editors"命令来指定编辑器，或通过双击演员来启动默认编辑器。

虽然演员的类型不同，不过它们还是有不少相同的属性，通过这些属性，可以很方便地在影片中对它们进行调用和编辑。

每个演员都有自己的编号和名字，利用编号可以区别任意一个演员。在一个演员表中，不可能有相同编号的两个演员。所以在编程的时候，调用演员也常通过演员编号来进行。但是需要注意的是，演员的名字不是唯一的，也就是说，可以有重名的演员存在。所以，Lingo调用时必须注意是不是有重名的演员。采用演员名称的调用的好处是，当演员从一个表中移动到另一个表中时，不需要对程序进行任何修改。

在 Director 中，演员一般都存放在一个默认的演员表中。而当演员非常多的时候，应该建立多个演员表，把演员分类安排在不同的演员表中。建立新的演员表的方法是：选择"File|New|Cast"命令，然后选择内部演员表。

在一些更大的项目中，需要很多人合作开发，每个程序员负责一个功能模块，但是他们有可能用到相同的演员，如背景和按钮等，可以把这些演员作为公用元素，单独放到一个独立的文件中，这种演员表成为外部演员表。建立外部演员表的方法是：选择"File|New|Cast"命令，然后选择外部演员表。

创建好的演员可以直接拖到舞台或总谱（Score）窗口中，成为精灵（Sprite）。多次拖动一个演员到舞台上，可以产生多个精灵。修改一个精灵的某些属性不会影响其他精灵和该演员，但修改该演员就一定会导致由它产生的精灵的改变。

3. 总谱窗口

Score（总谱也称剧本）窗口主要起编排剧本的作用，在其中可以摆放精灵、设置电影效果、控制舞台上所有精灵在时间上的属性等。

选择"Window|Score"命令可以打开总谱窗口。总谱窗口主要分为两部分：效果通道和精灵通道，中间是帧控制栏。把总谱窗口中的纵轴部分称为通道，每个通道相当于一个层，通道编号越小，它所处的层数就越低，放在它上边的精灵就会被其他通道上的精灵所遮挡。所以一般把背景放在第一个通道中，最活跃的精灵放在最高的通道中。横轴部分称为帧，它按照从左到右的顺序向前播放。整个 Director 影片是从第一帧开始运行的，每走一帧，就把此帧中所有通道上的演员按照从低到高的顺序显示一遍。Director 默认的是每秒播放 30 帧，如果想让它运行的快些或者慢些，可以选择"Edit|Preferences|Sprite"命令，在打开的对话框的跨越时间（Span Duration）一栏进行设置。

当多个精灵放置在不同的通道中时，会有重叠的情况。在默认情况下，上面的精灵将覆盖掉下面的精灵。在很多时候，只想显示上面的精灵图像，而并不想显示精灵的底色，此时就需要用到精灵的 Ink 属性。改变精灵 Ink 属性的方法是：单击一个精灵，然后在属性面板的 Sprite 项的 Ink 栏中设置这个精灵的覆盖方式。

在 Director 的总谱窗口中，提供了 1000 个普通精灵通道，此外还有 6 个特殊通道。6 个特殊通道包括：速度通道（Tempo channel）、调色板通道（Palette channel）、过渡通道（Transition channel）、两个声音通道（Sound channel）和脚本通道（Script channel）。下面简单介绍这几种特效通道。

（1）速度通道

速度通道主要用来控制电影的播放速度，其标志是 ⌨。如果想要修改某一帧内容的速度，只需双击速度通道中的该帧，就可以打开帧速度通道设置对话框，如图 9.29 所示。它主要包括了 4 个选项。

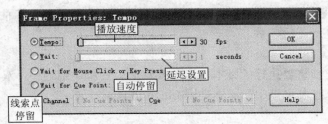

图 9.29　帧速度通道设置对话框

- Tempo：播放速度设置。可以通过拖动滑块来完成，其取值范围为 1～999，单位是 fps。
- Wait：延迟设置。使用该选项可以在当前帧和下一帧之间增加一个 1～60 秒之间的延迟。
- Wait for Mouse Click or Key Press：自动停留设置。选择该项可以使电影播放到该画面时，自动停留到该帧上，直到单击鼠标或按下键盘上的某一个键后才继续播放。
- Wait for Cue Point：停止到某个线索点的设置。选择该项，电影播放时会自动停止到选择好的线索点上，直到音频或视频播放完毕才继续向后播放。

（2）调色板通道

该通道用于设置当前影片所用的调色板，其图标是 ▦。双击调色板通道的某一帧，打开调色板属性设置对话框，它主要包括了 4 个选项。

- Palette：为当前帧选择调色板。
- Action：设置帧与帧之间的调色板过渡方式。其中，Palette Transition 表示从当前帧开始使用平滑的方式改变调色板；Color Cycling 表示使颜色在调色板的一定颜色范围内循环变动。
- Rate：设置帧之间调色板的切换速度。其中，Between Frames 表示在两帧之间切换调色板，速度取决于切换速度的设置，在切换调色板时暂停电影播放；Span Selected Frames 表示在选定的帧范围内切换调色板，切换速度由所选定帧的范围大小决定，在切换调色板时不停止播放电影。
- Options：设置舞台颜色的淡入效果和循环，该选项的内容和 Action 项有关。Action 项选择不同内容，该选项会对应不同的内容。其中，Fade to Black 表示舞台的颜色从当前帧开始逐渐淡入到黑色；Auto Reverse 表示循环结束时，自动反转循环顺序。

（3）过渡通道

该通道用于设置两个不同场景间的转换方式，以使电影画面之间的过渡平滑自然，其图标为 ▐◀。双击过渡通道中的某一帧，就可以打开过渡效果设置对话框，其设置类似于 Authorware 中显示图标的过渡效果，这里就不再详细说明。

对于设置了过渡效果的帧，电影播放到该帧时会自动执行过渡效果。当过渡效果执行完毕后，才继续播放其他内容。

（4）声音通道

该通道用于控制声音的播放，有两个声音通道，其图标为 ◀)。将声音演员拖动到某一个通道中就会创建一个声音精灵，双击声音通道中的某一帧就可以进行声音通道设置。

值得说明的是，声音演员拖动到声音通道中后，Director 不会根据声音长短自动设置帧数，需要用户自行对声音通道中的声音进行设置，方法为：使用速度通道对话框中的 Wait for Cue Point 选项设置线索点，或根据电影播放的帧速度和声音持续时间，估计所需要的帧数，然后拉伸声音精灵到所需的帧数。

（5）脚本通道

该通道设置当前帧需要执行的脚本，其图标为 ▤。在脚本通道中，双击某一帧就可以打开脚本编辑窗口，该控制窗口中的脚本是用 Lingo 语言编写的。

4．精灵窗口

将演员表窗口中的演员拖动到舞台上就变成了精灵，灵活地使用精灵可以使操作更加简单高效。下面简单介绍有关精灵的操作。

（1）属性设置

选择"Edit|Preferences|Sprite"命令，打开精灵属性设置对话框，它主要包含了 3 个选项。

- Stage Selection：用于控制在舞台上选中的精灵，它在剧本窗口中应该有多少帧被选中。其中，Entire Sprite 表示选定该精灵的所有帧；Current Frame Only 表示只选定该精灵的当前帧。
- Span Defaults：用于设置默认情况下精灵在剧本窗口中的行为。其中，Display Sprite Frames 表示剧本窗口中的所有帧都可以被选定和被编辑；Tweening 表示剧本窗口中的关键帧之间会自动加入大小、位置和混合度等变化。
- Span Duration：用于设置精灵在剧本窗口中默认所占用的帧数。

（2）显示设置

在剧本窗口中，精灵信息的默认显示方式是 Member，有时为了方便寻找精灵和修改精灵，需要使用其他显示方式，此时可以利用剧本界面特效通道左下角的 Display 下拉列表，选择一种显示方式。在 Display 中提供了 6 种信息显示方式，分别是 Member（成员）、Behavior（行为）、Location（位置）、Ink（墨水）、Blend（混合度）和 Extended（组合）。

- Member 信息：只显示精灵所对应演员的名称和序号。
- Behavior：显示精灵的行为或脚本的名称或序号。
- Location：显示精灵在舞台上的位置，单位为像素。
- Ink：显示精灵所使用的墨水效果的类型。
- Blend：显示精灵的混合度。
- Extended：显示精灵的组合信息，即以上 5 种方式的所有内容或部分内容的组合。

（3）精灵的锁定

为了避免操作过程中不慎修改精灵的某种设置，可以对精灵进行锁定设置。锁定精灵的方法为：先选中需要锁定的精灵，然后选择"Modify|Lock Sprite"命令，就可以实现精灵的锁定，被锁定的精灵名称的左侧会显示一个小锁标记。

如果要解锁精灵，先要选中被锁定的精灵，然后选择"Modify|Unlock Sprite"命令即可。

5．美工窗口

在 Director 中用到的位图演员，如 BMP 或 JPG 格式的，可以由其他图形、图像处理软件编辑好后，导入到电影中。如果想提高执行效率，可以利用 Director 提供的美工窗口制作简单的位图演员。

美工窗口提供了一整套画图的基本工具，可以进行简单的画图和图像修改。这些工具的使用方法和 Photoshop 的绘图工具类似，这里就不再详细说明。通过画图得出的图形直接存放在演员表中。另外，值得说明的是，画图可以使用外挂效果，例如，将 Photoshop 中的 Filters 文件夹复制到 Director 的 Xtras 文件夹中，就可以使用 Photoshop 的图片处理效果了。

画图和 Director 的"洋葱皮"（Onion skin）技术相结合，可以轻而易举地将一连串相似的图片做成动画效果并制作影片环，以便随时调用。所谓的"洋葱皮"技术来源于古代的动画设计。古代传统动画设计者通常将图像绘制在非常薄的洋葱皮纸上，这样就可以在同一时刻看到以前绘制的一幅或几幅图像。在 Director 的美工窗口中，同样可以使用洋葱皮技术，以其他图像为参考创建或编辑一系列连续的图像。

下面简单介绍画图和"洋葱皮"技术相结合使用的方法。

① 用 Paint 编辑一幅图片，选择"View|Onion skin"命令调用"洋葱皮"，选中 Toggle onion skinning 按钮。

② 选择 Paint 窗口左上角的加号，新建一幅图，此时出现前一幅图片的淡影。

③ 选中工具栏上的 Brush 工具，选择左下角的墨水效果为 Reveal，用鼠标在前幅图的淡影上选取保留的部分，可以看到选取的部分颜色变深。

④ 再次单击 Toggle onion skinning 按钮，关闭"洋葱皮"，淡影消失，现在就可以加工该图了。

⑤ 重复以上步骤，制作几幅连续变化的图片。

⑥ 关闭"洋葱皮"，关闭 Paint 界面。

⑦ 在演员表中选取刚刚制作的几幅图片。

⑧ 选择"Modify|cast to time"命令，这时在舞台窗口和总谱窗口中都出现由此得到的精灵，播放，就可以看到动画。复制或剪切该精灵，并粘贴到演员表中，此时要求输入影片环的名称，输入后保存，就可以在影片中直接使用该影片环了。

需要注意的是，如果在画图时总会出现一幅淡影，那是因为"洋葱皮"没有关闭，只需调出"洋葱皮"，再次单击 Toggle onion skinning 按钮就可以了。另外，组成影片环的演员均不能被删除，否则影片环将不能正常播放。

6．其他常用窗口

除了上述的基本要素外，还有其他几个窗口也会经常用到，下面简单介绍一下。

（1）文本（Text）窗口

和 Paint 窗口一样，文本界面制作的文本被直接保存到演员表中。在文本窗口中可以制作丰富多变的文本，并可以通过快捷菜单来设置文本属性。利用快捷键 Ctrl+6 可以打开文本窗口，如图 9.30 所示。

（2）域文本（Field）窗口

与文本窗口类似，但比文本窗口更好用。可以利用快

图 9.30　文本窗口

捷键 Ctrl+8 来打开该窗口。

（3）控件面板（Tool Palette）

提供了一些基本控件，可以直接拖到舞台上，并自动加入到演员表中。利用快捷键 Ctrl+7 可以打开该面板。

（4）控制面板（Control Panel）

在其中可以用不同的速率和位置来播放影片。可利用快捷键 Ctrl+2 打开该面板。

（5）矢量图形（Vector Shape）窗口

与 Paint 窗口类似，用来绘制矢量图形。可利用快捷键 Ctrl+Shift+V 调出该界面。

（6）属性观察器（Property Inspectors）

选中不同的精灵，属性观察器中的内容将自动变换。精灵的大部分属性都可以直接在属性观察器中修改。

（7）脚本（Script）窗口

为保持一致，Director 中代码被称为脚本，选择"Window|Script"命令可以打开该窗口。

值得注意的是，Director 中的脚本分为三种：电影脚本、行为脚本和父脚本。电影脚本起全局控制的作用，许多初始化动作和结束动作都在电影脚本中完成。行为脚本只在某一特殊阶段或事件发生时起作用。父脚本本身不产生任何结果，只是用来产生多个子对象，并设置各种参数以便形成各不相同的实例。在属性观察器中可以更改脚本类型，并能将脚本连接到外部文件。

（8）调试（Debugger）和消息（Message）窗口

在调试时结合使用这两个窗口可以查出脚本中的错误。

只有熟悉了上述各个窗口，才能高效地开发、制作出精品。

9.3.3　Director 中演员的编辑

1．声音演员

在 Director 中，根据应用场合的不同，有 3 种使用声音的方式：外部声音、内部声音和链接声音。

外部声音一般存储在 Director 电影外部，由 Lingo 命令播放，适合声音尺寸非常大的场合。

内部声音一般通过选择"File|Import"命令导入到 Director 电影内部，其导入对话框中的 Media 下拉列表中应设置成 Standard Import，适合声音文件比较小的场合。

链接声音是以链接方式导入到电影中的，这种声音也是通过"File|Import"命令导入的，其导入对话框中的 Media 下拉菜单应设置成 Link to External File，适合文件尺寸比较大的场合。

添加到 Director 中的声音演员，可以通过剧本窗口的声音通道来播放，也可以通过 Lingo 命令来控制其播放。下面了解如何利用声音通道来控制声音演员。

① 首先，选择"Window|Score"命令，打开剧本窗口，然后单击剧本窗口右上角的隐藏/显示特殊通道按钮，打开特殊通道。

② 从演员表窗口将声音演员拖动到任意一个声音通道的某一帧中。

③ 双击声音通道中的某一帧，打开声音通道的帧属性对话框，从中选择一个声音文件，单击 Play 按钮预览效果。

④ 此时，可以通过拖动的方式设置声音持续的帧数。

值得注意的是，声音演员是按自己的播放速度进行播放的，一般是不能被 Director 调整的。另外，如果没有设置声音的循环属性，即使声音通道中设置了较长的帧数，它也会在声音结束时停止播放。声音的循环属性是在属性观察器中设置的，只需选中 Loop 即可。

2．数字视频演员

Director 支持 QuickTime、AVI、Real Media 及 MPEG 等格式的数字视频演员，可以选择"File│Import"命令导入数字视频演员。

如果想要对数字视频演员进行编辑，单击演员表窗口中的该演员，然后选择"Window│Property Inspector"命令，打开属性观察器，然后选择和该演员类型一致的选项卡，其各个选项含义如下。

① Video：表示是否具有视频功能，选中表示有视频功能。

② Audio：表示是否具有音频功能，选中表示有音频功能。

③ Paused：表示是否暂停。选中，表示 Director 处于运行状态时，视频仍然暂停。

④ DTS（Direct to Stage）：表示数字视频是否在舞台的最上面。选中，表示运行时，该视频文件始终处于最上层。

⑤ Loop：表示是否循环播放。选中，表示该视频文件将循环播放。

⑥ Preload：表示运行前是否预先装载该视频文件。选中，表示装载完成后才执行其他内容。

3．GIF 演员

Director 支持 GIF 格式的演员，其导入方法有很多种：选择"File│Import"命令；选择"Insert│Media Element│Animated GIF"命令，从 Animated GIF Asset Properties 对话框中单击 Browser 按钮导入，在这里还可以设置该 GIF 文件的播放属性；通过资源管理器，直接将 GIF 文件拖到演员表中。

Animated GIF Asset Properties 对话框中各选项说明如下。

① Media：表示是否是链接，如果选中该项，则自动把该成员改为外部链接形式。

② Playback：用于控制播放效果，选中 Direct to Stage 表示无论 GIF 动画放在剧本窗口的哪一层，都直接在最高层播放。

③ Rate：用于控制播放速度，Normal 表示选择原文件的速度，Fixed 表示按指定速度播放，Lock-step 表示与电影帧速度同步。

把 GIF 资源导入 Director 成为演员后，还需要将其放置到精灵通道中或直接放置到舞台上，使其成为精灵，这样才能在最终的电影中看到该文件。

4．Flash 演员

Director 也支持 Flash 格式的演员，其导入方法和 GIF 类似。在利用"Insert│Media Element│Flash Movie"命令导入 Flash 文件时，可以在 Flash Asset Properties 对话框中设置该 Flash 文

件的播放属性。其各项说明如下。

① Scale Mode：表示缩放模式，有 Show All（保持电影宽高比）、No Border（通过剪裁保持宽高比）、Exact Fill（忽视宽高比，适当填充）、Auto Size（自动调整大小）、No Scale（不缩放）等选项。

② Scale：表示放大和缩小 Flash 图形的比例。

③ Playback：有 5 个复选框，Image 表示是否显示图片，Paused 表示是否停止播放，Sound 表示是否播放声音，Loop 表示是否循环播放，Direct to Stage 与 GIF 动画该项功能一致。

④ Media：包括两个选项，Linked 表示是否有链接，Preload 表示是否要预先载入 Flash。

⑤ Quality：用于播放质量控制，包括 High、Low、Medium、Auto-High、Auto-Low 和 Auto-Medium 6 个选项。

把 Flash 资源导入 Director 成为演员后，还需要将其放置到精灵通道中或直接放置到舞台上，使其成为精灵，这样才能在最终的电影中看到该文件。

5．按钮演员

Director 提供了 Macintosh 风格的按钮，主要有 Radio Button（单选钮）、Check Box（复选框）和 Push Button（按钮）等几种形式，它们放置在 Director 的工具面板中。使用时只需在工具面板中单击某个按钮，然后在舞台窗口中单击即可。

其他演员，如文本演员、矢量图形演员、图像演员等前面已经涉及，这里就不再详细叙述，如文本演员可以利用文本窗口来进行编辑，图像演员可以利用美工窗口进行编辑，矢量图形演员可以利用矢量图形窗口进行编辑等。

9.3.4 Director 应用示例

本节通过一个例子来学习如何使用 Director 制作电影动画。

在用 Director 进行制作时，必须把握住它的主要特点，合理地安排演员演出的顺序，以及演员或背景交换时的转场形式，并且在影片需要停顿或跳转的时候，在脚本通道中及时地加入暂停或跳转指令。

1．准备演员

运行 Director，如果演员表窗口没有打开，则单击工具栏中的 Cast Window 按钮 🔢，或者选择"Window|Cast"命令，调出演员表窗口。在演员表窗口上方的工具栏中单击 Cast View Style 按钮，使窗口呈现缩略图模式。

① 在第一个窗口中单击鼠标右键，在弹出的快捷菜单中选择"Import"命令，系统弹出演员输入选择面板，选择一幅已经制作好的背景图像，然后单击 Import 按钮，接着系统弹出输入图像设置的选项，通常不需要进行任何改动，单击 OK 按钮，就可以看到这幅背景图像被导入演员表窗口中，如图 9.31 所示。

② 单击工具栏中的 Text Window 按钮，系统弹出文本窗口，输入"多媒体"字样，然后选中这几个字，在文本窗口的工具栏中，设置文字的大小，并拖动文字后宽度标尺，使标尺刚好对齐文字，如图 9.32 所示。

然后右键单击文字，在弹出的快捷菜单中选择"Font"命令，可以在弹出的 Font 面板中进行更多的设置。单击颜色按钮，选择一种自己喜欢的颜色。

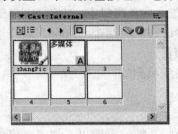

图 9.31 演员表窗口

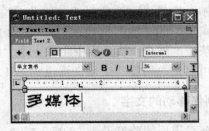

图 9.32 文本设置界面

用同样的方式，建立出"Multimedia"和"学习的动力"两个文字演员。

2. 放置演员

在制作多媒体程序前，应该知道它的最后发布尺寸。在这个例子中采用 Director 预设影片的大小：320×240，所以制作的背景大小也是 320×240。

拖动演员到舞台上的方法有两种：一种是直接拖动到舞台上，另一种是拖动到总谱窗口的通道中。我们建议选择后一种方法，其原因是：拖动到总谱窗口的通道中时，演员会自动地居中对齐；另外，用户可以清楚地了解这个演员被放置在哪个通道上，以及开始和结束的帧数。

直接拖动背景演员到总谱窗口（即剧本窗口）的第一个精灵通道上，起始位置从第一帧开始。Director 默认演员的跨度是 30 帧。

3. 制作一个 Loop 演员

熟悉 Flash 的用户肯定对 Movie Clip 的用法比较熟悉，其实 Director 中的 Loop 演员就相当于 Flash 中的 Movie Clip。它是指把一段动画作为一个演员来看待，并且可以在影片中循环播放。

制作 Loop 演员时，必须先制作一段动画。

首先把"学习的动力"文字演员拖动到第 2 通道的第 1 帧处，可以看到文字中白色的底遮住了背景，所以应该把白色的底去掉。单击舞台中的此演员（此时的演员严格来说应该叫"精灵"），在属性面板的 Sprite 一项中，可以看到该精灵的各种属性。在 Ink 栏中，从下拉列表中选择 Matte 项，此时舞台上的文字底色将被完全去掉。

选中文字精灵，选择"Edit|Copy Sprites"命令，单击通道 3 的第 1 帧，然后选择"Edit|Past Sprites"命令，在通道 3 中复制出一个新的精灵；同理，在通道 4 中复制出另一个新的精灵。

我们想把第 3 通道和第 4 通道的精灵做成第 2 通道精灵的移动残影，在文字显示一段时间后，向外飘出两个残影。用鼠标拖动第 3 通道精灵的开头，把它移动到第 15 帧处，同样把第 4 通道的精灵开头也拖到第 15 帧处。

单击第 3 通道的最后 1 帧，然后按住 Shift 键，连续按向下和向左的箭头，把此帧的精灵移动到原来位置的左下方；同样，把第 4 通道的最后一帧处的精灵移动到原位置的右下方。在移动的时候，可以看到从原位置处生成一个线段，而最后一帧也由原来的方形标识变为圆形标识，这表示在此通道中已经生成了一个关键帧动画。

此时虽然可以生成动画，但是还没做到残影效果，单击第 3 通道的最后一帧，在属性面板处的 Sprite 中，把 Ink 一栏后的 100%设置为 0%。同样处理第 4 通道的最后 1 帧。

单击第 2 通道的第 1 帧，然后按 Shift 键，再单击第 4 通道中的最后 1 帧，选中这 3 个通道所有的帧，选择"Edit|Copy Sprites"命令。然后在演员表窗口中，右键单击一个空演员，选择快捷菜单中的"Past Sprites"命令，系统弹出对话框，给这个"Loop"取个名字，然后单击 OK 按钮，就会在演员表中生成一个"Loop"演员。

此时可以把总谱窗口中第 2 通道到第 4 通道中的演员删除。

4．制作移动的文字

先把背景通道的跨度设为 50 帧，拖动最后 1 帧到 50 帧位置即可。把"多媒体"文字演员拖动到第 2 通道中的第 1 帧，把它的跨度设为 5 个帧，然后把第 1 帧移动到屏幕左上角，把第 5 帧移动到合适的位置。复制第 5 帧，然后把它粘贴到第 6 帧，单击第 6 帧中的精灵，选择"Window|Property Inspector"命令，在属性面板中把它的结束帧设置为 50。

5．设置转场

把"Multimedia"演员拖到第 3 通道的第 6 帧，在舞台上把它移动到"多媒体"的后方，在属性面板中设置其 Ink 为 Matte，结束帧为 50。单击总谱窗口右上角的 Hide/Show Effects Channels 项，显示出特效通道。特效通道的第 3 个为转场通道，在转场通道的第 6 帧处双击鼠标，系统弹出转场面板，单击 Wipe 类别，在右栏选择 Wipe Right 项，然后单击 OK 按钮。此时可以通过工具面板中的播放按钮来看看初步的效果。

6．控制影片的播放

把 Loop 演员拖到第 4 个通道的 20 帧处，在舞台上设置合适的位置。此时，整个 Director 电影将近尾声，但是播放时还是从头到尾的循环播放，如果想让它到最后一帧就停止不动，就需要编写简单的 Lingo 语句。双击特效通道的最后一个脚本通道的第 50 帧，在弹出的窗口中，输入 go to the frame，如图 9.33 所示。

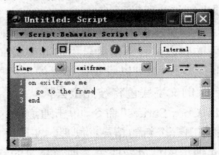

图 9.33　编写 Lingo 语句

7．生成项目

在所有的操作完成后，就可以进行打包输出.exe 文件了。首先保存这个 Director 源文件，然后选择"File|Save and Compact"命令，在弹出的对话框中选择打包的文件格式，以及帧数，然后单击 Creator 按钮，选择需要打包到的目录，然后取好文件名，单击 OK 按钮即可。

通过本例的学习，大家应该对 Director 的基本制作方法有所了解，如果要进一步掌握该软件的使用，可以参阅有关书籍。

9.4 实验 10——Authorware 的使用*

要求和目的

（1）通过实验应熟悉 Authorware 提供的各种主要功能，并能够融会贯通，创造出自己的多媒体作品。

（2）熟悉 Authorware 提供的大多数图标，掌握各种图标的使用方法，尤其是交互图标和框架图标的最基本使用。

（3）掌握每种图标的基本设置方法，如声音图标和数字视频图标，并尝试实验中未涉及的参数或选项，如擦除图标。

（4）了解最基本的函数设置。

实验环境和设备

（1）硬件环境：带有浮点协处理功能的奔腾协处理器，64MB 以上内存，1GB 以上硬盘空间。

（2）软件环境：Windows 95/98 或 Windows NT 操作系统，CD-ROM 驱动器、声卡、扫描仪等辅助设备，安装有 Authorware 7.0 软件。

（3）学时：课内 4 学时，课外 4 学时。

实验内容及步骤

（1）主流程图的设置。设置 5 个群组图标，搭建整个程序的主框架。5 个群组图标分别取名为"前言"、"主界面"、"视频设计"、"图片库"和"结束"，如图 9.34 所示。

（2）前言部分的制作。它包括声音、数字影像、显示图标及与之相配合的擦除图标。其中，声音图标主要为前言部分的背景音乐，要求贯穿整个前言部分。而其他几个显示图标相互组合，其中 tools 图标所显示的画面可以保留到"主界面"、"视频部分"及"图片库"图标之后，如图 9.35 所示。

图 9.34　主流程设计图

图 9.35　前言部分流程设计图

（3）主界面的制作。包括两个显示图标。其中，在"时间"图标中调用时间显示函数。

（4）视频设计制作。在主流程线上是一个交互图标，包括 14 个分支。背景部分的内容包括声音、显示、数字视频、运动图标及与之配合的擦除图标。其中，声音图标"解说词"作为数字视频图标的配音，因此需要与数字视频图标同步进行。

（5）图片库制作。在主流程线上为一个显示图标和一个框架图标，框架图标下面有 21 个显示图标。

（6）结束部分制作。包括声音图标、数字视频图标、显示图标及与之配套的擦除图标。

9.5 实验 11——Director 的使用

要求与目的

（1）掌握 Director 基本要素的使用。

（2）了解 Director 制作动画的基本原理。

（3）学会利用 Director 制作简单的电影。

实验环境和设备

（1）硬件环境：486 以上计算机一台，64MB 以上内存，1GB 以上硬盘空间。

（2）软件环境：中文 Windows 操作系统，安装有 Director MX 软件。

（3）学时：课内 2 学时，课外 4 学时。

实验内容及步骤

1. 设置影片属性

启动 Director MX 应用程序，选择 "Modify|Movie|Properties" 命令，打开属性观察器，设置舞台画布大小为 640×480，背景颜色为白色。

2. 绘制演员

（1）篮球

选择 "Window|Paint" 命令，打开美工窗口，设置前景色为黑色，背景色为红色。单击绘图工具栏中的图案按钮，打开如图 9.36 所示的图案选择对话框，选择一种图案。

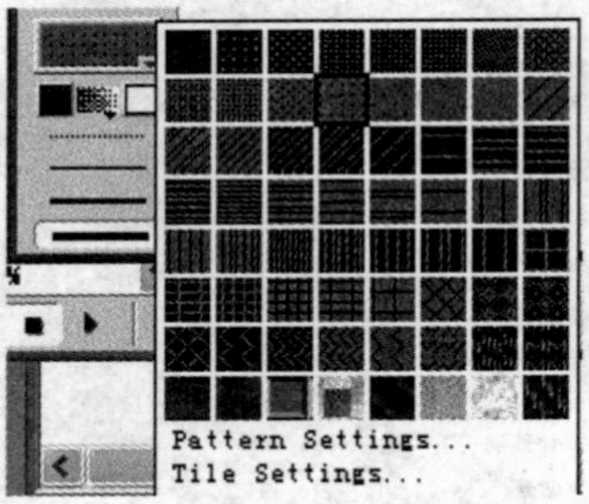

单击绘图工具栏中的实心椭圆形工具，按住 Shift 键，在美工窗口中绘制一个圆。然后单击椭圆形边框工具，绘制一个和已经画的圆大小一致的空心圆，放在左上角。

（2）地板

选择 "Window|Cast" 命令，打开演员表窗口。选择 "Window|Paint" 命令，打开美工窗口，设置背景色为黄色，前景色为黑色，然后选择一种图案███████，选择绘图工具栏中的实心矩形工具，在美工窗口中绘制一个长方形。

图 9.36 图案选择对话框

3. 动画制作

（1）选择 "Window|Stage" 命令，打开舞台窗口。

（2）选择 "Window|Cast" 命令，打开演员表窗口，选择 1 号演员篮球，并将其拖到舞台左上角。通过该精灵四周的 8 个缩放点，可以对精灵进行放大、缩小控制。

（3）选择演员表中的 2 号演员，将其拖到舞台正下方，并调整其大小。

（4）选择"Window｜Score"命令，打开总谱窗口，可以看到精灵通道 1 中放置的是篮球，精灵通道 2 中放置的是地板。

分别右键单击通道 1 的第 15 帧、25 帧，从快捷菜单中选择"Insert KeyFrame"命令，插入关键帧。

（5）单击总谱窗口通道 1 的第 1 帧，然后回到舞台窗口，拖动篮球到左上角的合适位置；同理，在总谱窗口单击第 15 帧，然后在舞台上设置篮球的位置与地板相接触。

（6）单击精灵 1，选择"Window｜Property Inspector"命令，打开属性观察器，设置其旋转角度为 50°。

（7）单击总谱窗口精灵通道 1 的第 25 帧，回到舞台窗口，将精灵 1 拖动到右上角合适位置，并设置其旋转角度为-50°，墨水效果设为 10。

4．保存项目

（1）单击控制面板上的播放按钮 ，观看效果。

（2）选择"File｜Save"命令，保存该文件为"运动的篮球"。

自行设计其他内容的动画。

小结

本章针对多媒体创作工具进行了探讨，主要涉及以下两方面的内容。

（1）Authorware 应用

Authorware 是基于流程和图标进行多媒体产品设计的。这部分主要介绍了该软件中各种图标的基础知识和使用方法，尤其是运动图标和交互图标。运动图标提供了 5 种运动方式，能够完成对象的运动控制。而交互图标提供了 13 种交互响应类型，利用它可以完成人机交互的设计。最后以一个应用实例介绍了如何利用该软件进行流程化的多媒体产品开发。

（2）Director 应用

Director 应用主要介绍了 Director 的基本工作原理、基本要素及常用演员的编辑，最后以一个应用实例来介绍如何利用该软件制作多媒体电影。

通过本章的学习，人们能够利用某一种创作工具将各种媒体素材组合起来，完成多媒体产品的制作。

习题与思考题

1．Authorware 的图标、流程线分别起什么作用？

2．Authorware 提供了哪几种运动方式？

3．利用 Authorware 制作一个演示动画。
   素材：静态图片、PPT 文稿、MP3 音频
   要求：配有中间过渡效果

4．Director 是基于什么原理进行工作的？

5．Director 向舞台创建精灵的 3 种方法分别是什么？

6．Director 的总谱窗口提供了哪几种特殊通道，其作用是什么？

7．如何在 Director 中控制声音的播放？

第 10 章　多媒体应用程序设计

本章知识点

- 掌握 Visual Basic 中图形、图像的设计技术
- 掌握 Visual Basic 中数字音频设计技术
- 掌握 Visual Basic 中数字视频设计技术
- 掌握 Visual Basic 中浏览、编辑 Web 页面的方法
- 了解 Visual Basic 中创建 DHTML 应用程序的方法

前面第 3～7 章，分别介绍了多媒体技术的具体单项开发技术，第 8 章介绍了综合应用这些技术进行多媒体应用系统开发的基本知识和基本原则，第 9 章主要针对教育、媒体发行等领域的多媒体应用系统介绍了创作工具。尽管利用这些开发技术和创作工具能够开发出内容丰富、操作简便、界面美观的多媒体应用系统，但在对各种具体媒体元素的更深层次的控制及其控制手段的多样性，以及与数据库连接和与其他应用系统的连接等方面，它们就显得力不从心。因此，需要引进其他开发工具，这就是本章将介绍的基于传统编程语言的创作工具软件。由于课程学时有限和学生程序设计水平的起点不同，为降低程序设计语言本身的难度，教材仍选用易学易用的 Visual Basic，而不是 VC++、.NET 或 Java 等程序设计语言，目的是培养读者应用计算机语言开发多媒体应用系统的基本意识和能力。

本章的编写假设读者具有一定的编程基础，教师可以视情况补充一些相关知识。本章主要介绍如何利用 Visual Basic 开发平台实现对文字、声音、图形、图像和视频等的控制，以及应用接口技术。对理工科类专业，建议 8 学时（另有实验 4 学时），重点讲述 10.1 节、10.2 节和 10.3 节，对 10.4 节的内容，教师可灵活掌握。对其他专业或专科类学生，整章内容教师都可以灵活掌握。本章需要学生课后花费较多上机时间，才能较好地完成教学目标。

10.1　图形、图像设计技术

10.1.1　Visual Basic 图形、图像技术

在人的视觉、听觉、触觉、嗅觉和味觉等构成的感知系统中，视觉所获得的信息量占整个感觉系统获得信息总量的 40%以上，而图形、图像又是多媒体应用程序设计中最好的视觉表现手法之一，因此，在多媒体应用程序中，它们是使用最多的媒体。本节将介绍图形、图像在多媒体应用程序设计中的具体设计技术。

1. LoadPicture 函数

LoadPicture 函数用于将图形、图像赋给窗体，或 PictureBox、Image 等控件中的 Picture 属性。

语法：LoadPicture([filename1，[size]，[colordepth]，[x,y]]

参数说明：

filename1 为可选的、由字符串表达式指定的文件名，可以包含文件夹名和驱动器名。如果未指定文件名，如 LoadPicture()，则具有清除窗体、图片框或图像控件中图形的功能。

size 是 filename1 为光标或图标文件时，想要显示的大小。

colordepth 是颜色深度，如需要显示 16 色或 256 色等。

x、y 为坐标，必须成对出现。如果使用 y，则必须使用 x，反之亦然。

例如，为了加载在 PictureBox 控件和 Image 控件中显示的图形，或加载作为窗体背景的图形，必须将 LoadPicture 的返回值赋给要显示该图片的对象的 Picture 属性，语句如下：

```
Set Picture=LoadPicture("1.Jpg")
Set Picturel.Picture=LoadPicture("c:\photo\Key.bmp")
Set Form1.Icon=LoodPicture("Mouse.Ico")
Set Command1.DragIcon=LoadPicture("MyIcon.Ico")    '图标赋予控件 DragIco 属性
ClipBoard.SetData LoadPicture("Party.Bmp") '将图形文件载入到系统的剪贴板
```

【例 10-1】 使用 LoadPicture 函数将图片加载到窗体的 PictureBox 控件上，并从控件上清除该图片。

执行如下代码可以实现：单击窗体显示图片，双击窗体清除图片。注意，其中的单击、双击目标必须是窗体的"空白处"，而非其他对象占据的区域。

```
Private Sub Form_Click()
    Image1.Picture = LoadPicture(paths + "2.Jpg")    '加载当前指定文件夹中的图片 2.jpg
End Sub
Private Sub Form_DblClick()
    Image1.Picture = LoadPicture()                    '清除图片
End Sub
```

2. SavePicture 函数

利用 SavePicture 语句可以将窗体或图片框中绘制的绘图形成一个定制的图形文件保存起来，保存的文件格式可以是 BMP、JPG、ICO 或 WMF，默认为 BMP 格式。

将窗体、图像控件或图片框中的图形、图像保存到一个文件中，这些图像可以是使用画图方法（Line、Circle 或 Pset）设计出来的，也可以是那些通过设置窗体或图片框的图片属性或者通过 PaintPicture 方法或 LoadPicture 函数载入的图像，这些载入的作用是从对象或控件（如窗体，或 Picture、Image）的 Picture 属性中将图形保存到文件中。

语法：SavePicture picture，filename1

参数说明：

picture 是产生图形文件的窗体，或 PictureBox、Image 控件。

filename1 是欲保存的图形文件名。注意，无论在设计时还是运行时，如果图形文件是 BMP、ICO、EMF 或 WMF（增强元）格式，则图形将保持与原始文件相同的格式。如果它是 GIF 或 JPG 文件，则将保存为位图格式。但是，Image 控件中的图形总是以位图的格式保存而不管其原始格式如何。

【例 10-2】　使用 SavePicture 函数将窗体中的同心圆保存。

在窗体的单击 Click 事件中编写如下代码，能够实现上述功能：

```
Private Sub Form_Click()
    Dim CX, CY, Limit, Radius As Integer, Msg    As String
    ScaleMode = vbPixels                         '设置比例模型为像素
    AutoRedraw = 0                               '–1 表示 True，0 表示 False
    Width = Height
    CX = ScaleWidth / 2                          '设置 X 位置
    CY = ScaleWidth / 2                          '设置 Y 位置
    Limit = CX                                   '圆的尺寸限制
    For Radius = 0 To Limit                      '设置半径
        Circle (CX, CY), Radius,RGB(Rnd * 255, Rnd * 255, Rnd * 255), , , Rnd    '画圆
        DoEvents                                 '转移到其他操作
    Next Radius
    Msg = "单击'确定'按钮，保存窗体上的图形到文件："
    Msg = Msg & ""
    SavePicture Image, App.Path + "\Test.Bmp"    '保存图片到文件
End Sub
```

此处需要说明两点。

① 在使用 SavePicture 语句之前，必须先将窗体或图片框的 AutoRedraw 属性设为 True，否则保留的将是一张空白。

② 使用 Image 属性保存的采用画图命令（如 Line、Circle、Pset 或 Print）画出来的图形总是以 BMP 文件格式保存的。但在程序设计时，如果使用窗体或图片框的 Picture 属性载入或在程序运行时通过 LoadPicture 函数载入的图像，再使用 SavePicture 语句存储时，其存储的文件格式同其载入的文件格式一样，读者可以自行验证。

3. PaintPicture 方法

PaintPicture 方法的作用：PaintPicture 是自 Visual Basic 4.0 版本以后，新提供的图形、图像处理方法，它的基本功能是图像块传输，同时还具有能快速地将两幅位图进行合并，能将位图的全部或某一部分快速剪切并粘贴到其他地方，能将位图自动延伸或压缩以适应新的环境，能在屏幕上不同位置之间或屏幕与内存之间传递位图等功能。

语法：object.PaintPicture picture, x1, y1, width1, height1, x2, y2, width2, height2, opcode

参数说明：

object 是一个对象表达式，是可选项。其值可以为窗体、PictureBox 控件或 Printer 对象等。如果省略，就将带有焦点的窗体 Form 对象作为其默认值。

picture 是必选项，是要绘制的源图形。例如，可以是 Form 或 PictureBox 的 Picture 属性，文件格式可以是 BMP、DIB、ICO、MMF、EMF 等。

xl、y1 是必选项，用于指定在 object 上绘制 picture 的目标坐标值，由 object 的 ScaleMode 属性决定其使用的度量单位。

width1 是可选项，是 picture 的目标宽度，由 object 的 ScaleMode 属性决定使用的度量单位。如果 width1（目标宽度）比 width2（源宽度）大或小，则适当地拉伸或压缩将显示的目标 picture。如果该参数省略，则使用源宽度。

height1 是可选项，是 picture 的目标高度，由 object 的 ScaleMode 属性决定使用的度量单位。如果 height1（目标高度）比 height2（源高度）大或小，则适当地拉伸或压缩将显示的目标 picture。如果该参数省略，则使用源高度。

x2，y2 是可选项，是指 picture 区域的坐标，默认值为（0，0），由 object 的 ScaleMode 属性决定使用的度量单位。

width2 是可选项，是指 picture 的源宽度，由 object 的 ScaleMode 属性决定使用的度量单位。如果该参数省略，则使用整个源宽度。

height2 是可选项，是指 picture 的源高度，由 object 的 ScaleMode 属性决定使用的度量单位。如果该参数省略，则使用整个源高度。

opcode 是可选项，是仅由位图使用的代码。该参数表示源图与目标位图的组合关系，用来定义在绘制目标图时，如何执行位操作，系统为 opcode 定义了 13 个内部常量，参见 VB 的技术手册。

说明：

① 可以省略任何多个可选的尾部的参数。如果省略了一个或多个可选尾部参数，则不能在指定的最后一个参数后面使用逗号。

② 如果想指定某个可选参数，则必须先指定语法中出现在该参数前面的全部参数。

③ 位操作符常数的详细含义请参见 Visual Basic Help 文件。

巧用 PaintPicture 方法，结合控件属性，可以比较方便地产生许多常见的图像切换效果，如图像旋转引入、翻转、飞入、滑入、弹出、淡入/淡出及隐现等动画效果。还可以通过对目标高度值（Height1）/或目标宽度值（Width1）取不同数值，如正、负、大小等，实现水平或垂直翻转源位图。

【例 10-3】　让图像产生滑入效果，且新图像逐渐展现，就像在墙上展开一幅卷起来的图一样。

在事件中编写如下代码行，即可实现上述功能需求：

```
Picture2.PaintPicture  Picture1.Picture,  0,  h,  Picture2.ScaleWidth,  t,  0,  h,  Picture1.ScaleWidth,  t,
vbSrcCopy
```

10.1.2　Visual Basic 图形、图像处理技巧

1．动画设计技术

在 Visual Basic 中，可通过改变图画坐标来实现简单动画效果。

【例 10-4】　改变球的运动轨迹，实现动画效果。

通过设置计时器，在一定周期内触发 Timer1_Timer()中的代码，从而实现球体的运动：

```
Dim x, y, r, flag, d, WW, HH,a$           '声明变量
Private Sub Form_Load()
    Form10_6.Width = 5000
```

```
            Form10_6.Height = 4000
            WW = Form10_6.Width              '窗体宽度
            HH = Form10_6.Height             '窗体高度
            d = 600                          '反弹的提前量
            flag = 0                         '球的走向，开始时向东南
            x = 360
            y = x
            r = x                            '球的半径
            FillColor = RGB(0, 255, 0)       '用绿色填充
            FillStyle = 0                    '用实线填充
            Circle (x, y), r, RGB(255, 0, 0)
        End Sub
```

在 Timer1_Timer()代码中，对球体按照"碰壁反弹"原则实现球体运动：

```
    Private Sub Timer1_Timer()
        Form10_6.Caption = Time$ & "      " & a$
        Select Case flag
        Case 0                           '向东南
        a$ = "向东南"
            Form10_6.Cls
        x = x + 120
        y = y + 120
        If y > HH −d Then flag = 1       '从南墙反弹
        If x > WW −d Then flag = 3       '从东墙反弹
        Circle (x, y), r, RGB(255, 0, 0)
        Case 1                           '向东北
        a$ = "向东北"
            Form10_6.Cls
            x = x + 120
            y = y −120
            If x > WW −d Then flag = 2   '从东墙反弹
            If y < d Then flag = 0       '从北墙反弹
            Circle (x, y), r, RGB(255, 0, 0)
        Case 2                           '向西北
        a$ = "向西北"
            Form10_6.Cls
            x = x −120
            y = y −120
            If y < d Then flag = 3       '从北墙反弹
            If x < d Then flag = 1       '从西墙反弹
```

```
                Circle (x, y), r, RGB(255, 0, 0)
        Case 3                          '向西南
        a$ = "向西南"
          Form10_6.Cls
            x = x–120
            y = y + 120
            If x < d Then flag = 0          '从西墙反弹
            If y > HH–d Then flag = 2       '从南墙反弹
            Circle (x, y), r, RGB(255, 0, 0)
    End Select
  End Sub
```

也可以通过改变图画中的内容来实现简单动画效果，具体可以采用单击鼠标、循环编程或利用计时器控制。参见下面几个实例的设计。

【例 10-5】　利用 LoadPicture 函数和循环编程技术，实现动画播放效果。

首先对窗体变量 paths（图片所在的路径）、nn（计数器）进行初始化：

```
    Private Sub Form_Load()
        paths = App.Path                '取程序运行路径
        If Right(paths, 1) <> "\" Then
            paths = App.Path + "\"
        End If
        Rem  设置计数器
        nn = 0
    End Sub
```

然后，根据用户单击键盘的次数，选择不同的图片，同时需要注意，由于只准备了 4 张图片，因此当次数大于或等于 4 时，将清零从头再来。代码如下：

```
    Private Sub Command1_Click()
        Select Case nn
            Case 0
                Image1.Picture = LoadPicture(paths + "1.Jpg")
            Case 1
                Image1.Picture = LoadPicture(paths + "2.Jpg")
            Case 2
                Image1.Picture = LoadPicture(paths + "3.Jpg")
            Case 3
                Image1.Picture = LoadPicture(paths + "4.Jpg")
        End Select
        nn = nn + 1
        If nn >= 4 Then nn = 0          '对于大于 4 的单击，就置零。重新开始
    End Sub
```

最后，单击结束命令按钮结束程序执行，代码如下：

```
Private Sub Command2_Click()
    End                         '结束程序
End Sub
```

在前面第 6 章中，对图形、图像的基本知识和处理技术进行了介绍，由此可以知道，图形、图像有许多不同的存储格式，因此，如何在 Visual Basic 中利用这些不同格式的图形、图像文件，是本章需要解决的关键问题。

2. 改变对象颜色的技巧

在第 6 章中，实现对象的颜色渐变是容易的，在 Visual Basic 中，要实现这样的功能也是容易的。例 10-6 利用改变画线函数，实现窗体颜色的渐变过程。

【例 10-6】 实现窗体颜色渐变的效果。

对单击事件编写如下代码，可以实现上述功能：

```
Private Sub Form_Click()
    i = 0: x = 0: y = 0
    Do While i < 255
        Line (ScaleLeft / 2 + x, ScaleTop)–(ScaleWidth / 2 + x, ScaleHeight), RGB(0, 0, 255 –0.9 * i)
        Line (ScaleLeft / 2–y, ScaleTop)–(ScaleWidth / 2–y, _
        ScaleHeight), RGB(0, 0, 255–0.9 * i)        '注意续行的正确书写办法
        i = i + 0.03
        y = y + 1
        x = x + 1
    Loop
End Sub
```

例 10-7 利用画点函数，实现五彩纸屑图案效果。

【例 10-7】 五彩纸屑设计。

对单击事件编写如下代码，可以实现上述功能：

```
Private Sub Form_Click()
    Dim CX, CY, Msg, XPos, YPos      ' Declare variables.
    Dim EndFlag As Boolean, nn As Integer
    nn = 0
    EndFlag = "0"
    ScaleMode = 3                    '设置 ScaleMode 为像素
    DrawWidth = 5                    '设置 DrawWidth
    ForeColor = QBColor(4)           '设置前景为红色
    FontSize = 24                    '设置点的大小
    CX = ScaleWidth / 2              '得到水平中点
    CY = ScaleHeight / 2             '得到垂直中点
    Form10_9.Cls                     '清窗体
```

```
        Msg = "Happy New Year!"
        CurrentX = CX−TextWidth(Msg) / 2              'Print 输出的水平位置 X
        CurrentY = CY−TextHeight(Msg)                 'Print 输出的垂直位置 Y
        ForeColor = RGB(0, 0, 255)
        Print Msg                                     '输出消息
        Response = MsgBox("继续吗？ ", vbYesNo + vbCritical + vbDefaultButton2, "对话框")
        If Response = vbYes Then                       '用户按下"是"
            Form10_9.Cls                               '清窗体
            For nn = 0 To 5000                         '循环开始
                DrawWidth = 2                          '设置 DrawWidth
                XPos = Rnd * ScaleWidth                '得到点的水平位置 X
                YPos = Rnd * ScaleHeight               '得到点的垂直位置 Y
                PSet (XPos, YPos), QBColor(Rnd * 15)   '画五彩碎纸
            Next nn
        End If
        nn = 0
    End Sub
```

图像显示大小也可以改变，只要对 Image 控件的长、宽属性进行放大和缩小即可。如下代码可以实现单击缩小图像，而双击则放大图像：

```
    Private Sub Image1_Click()
        Image1.Height = Image1.Height / 2
        Image1.Width = Image1.Width / 2
    End Sub
    Private Sub Image1_dblClick()
        Image1.Height = Image1.Height * 2
        Image1.Width = Image1.Width * 2
    End Sub
```

10.1.3   图形、图像设计综合实例

按照前面章节的介绍，可以知道，动画就是运动的图画，并且用计算机实现的动画可以有两种实现方式：一种是造型动画，一种是帧动画。帧动画是指由一幅幅连续的画面组成的图像或图形序列，这是产生各种动画的基本方法。例 10-8 中的蝴蝶飞舞属于帧动画。造型动画则是指对每一个活动的对象分别进行设计，赋予每个对象一些特征（如形状、大小、颜色等），然后用这些对象组成完整的画面。这些对象在设计要求下实时变换，最后形成连续的动画过程。例 10-8 中的陀螺旋转就属于造型动画。

【例 10-8】   利用多帧位移图画产生动画效果，实现陀螺旋转和蝴蝶飞舞的动画效果。
主窗体的事件及代码如下：

```
    Private Sub Form_Load()          '使用顺序中的第 3 帧作为启动帧
        Picture1.Picture = PictureClip2.GraphicCell(2)
```

```vb
            y = 2
            '把小一些的图片放在大一些的图片中间位置
            Picture1.Left = (Picture6.ScaleWidth - Picture1.Width) / 2
            Picture1.Top = (Picture6.ScaleHeight - Picture1.Height) / 2
    End Sub
    Private Sub onoff_Click()
        If toggle = 0 Then
            onoff.Caption = "停止"
            toggle = 1
        Else
            onoff.Caption = "运行"
            toggle = 0
        End If
    End Sub
```

使用非标准控件 PictureClip 取不同帧，代码如下：

```vb
    Private Sub runtop()
        y = y + 1                       '递增帧动画
        If   y = 18   Then y = 0
        Picture1.Picture = PictureClip2.GraphicCell(y)
        Form6_10.Icon = Image1(y).Picture
    End Sub
    Private Sub Timer1_Timer()
        If toggle = 1 Then runtop
    End Sub
    Private Sub Command1_Click()
        infoform.Show                   '加载并显示窗体 infoform
    End Sub
```

窗体 infoform 的事件代码如下：

```vb
    Private Sub butterfly()
        If flap = 0 Then                '在两幅位图之间进行替换，产生动画效果
            btrfly.Picture = btrfly1.Picture
            flap = 1
        Else
            btrfly.Picture = btrfly2.Picture
            flap = 0
        End If
    End Sub
    Private Sub Timer2_Timer()          '注意：计时器的 Interval 决定了蝴蝶翅膀扇动频率的快慢
        butterfly
    End Sub
```

10.2 数字音频设计技术

在人的视觉、听觉、触觉、嗅觉和味觉等构成的感知系统中，从听觉所获得的信息量占整个感觉系统获得信息总量的 15%以上，因此，在多媒体应用程序中，使用声音媒体也是一种重要的表现手段。本节将介绍音频在多媒体应用程序设计中的具体设计技术。

10.2.1 Visual Basic 播放音频的方法

在 Visual Basic 中，可以借用多种函数、API 函数等多种方法操纵声音媒体，归结起来，主要有如下几种方法。

1．利用系统函数发声

Beep 语句和 Speak 方法可以发出蜂鸣声和英文发声。具体参见下面两段代码。

当输入的是数字时，就发出一声蜂鸣声，代码如下：

```
Private Sub Text1_KeyPress(KeyAscii As Integer)
    If KeyAscii < 48 Or KeyAscii > 57 Then        '判断是否输入的是数字
        Beep
        KeyAscii = 0
    End If
End Sub
```

假设需要用英文发声来阅读文本框 Text1 中的英文或数字，可以使用如下代码予以实现：

```
Dim vText As New VTxtAuto.VTxtAuto              '定义一个对象
Private Sub Command1_Click()
    Dim astr As String
    Command1.Enabled = False
    vText.Register vbNullString, "Speech"
    'vtext.Register
    astr = "This is a sample of Microsoft Speech Engine?"
    astr = Trim(Text1.Text)
    vText.Speak astr, vtxtsp_NORMAL Or vtxtst_QUESTION
End Sub
```

最后，需要说明一点，Beep 呼叫的频率与时间长短取决于硬件和系统软件，并随计算机的不同而不同。而要使用 Speak 方法，必须先安装好声卡及其驱动程序，否则，将无法发声。

2．利用 OLE 控件

增强 Visual Basic 功能的另一种办法是使用对象链接与嵌入（OLE）技术，在 Visual Basic 中采用控件方式封装为 OLE 控件。OLE 控件使用起来简单，而且风险小，程序员能够以编程方式访问外部应用程序提供的大量对象。音频是 Windows 可以调用的一种具体的对象，因此，可以利用 OLE 控件，在应用程序中插入并播放声音文件。主要步骤包括：加入 OLE 控件、将插入对象类型设置为波形文件及指定文件链接目录位置等。

比如，假设在窗体 Form 中添加了 OLE 控件 OLE1，则在 Load 事件中输入下列代码能实现播放当前文件夹中的声音文件 notify.wav：

```
Private Sub Form_Load()
    OLE1.Class = "soundrec"
    OLE1.SourceDoc = App.Path & "\notify.wav"
    OLE1.Action = 1          '创建链接对象
    OLE1.Action = 7          '打开对象
    OLE1.Action = 9          '关闭对象，终止链接
End Sub
```

当然，利用 OLE 控件播放音频，必须先安装好声卡及其驱动程序，否则，将无法发声。

3．利用 MCI 控件

利用多媒体控件 MCI 也可以在应用程序中播放音频文件。MCI 控件不是标准控件，需要操作系统目录 system 或 system32 下存有文件 mci32.ocx。通常，正常安装 Visual Basic 后，该文件就存在了，然后需要在启动 Visual Basic 后，按照"工程→部件→控件→选择 Microsoft Multimedia Control 控件"操作步骤添加控件 MMControl。添加 MMControl 控件前后的工具箱如图 10.1 所示。

假设在如图 10.2 所示的窗体中绘制了一个 MMControl 控件 MMControl1，那么通过单选按钮 Option1 进行不同的选择，下段程序就可以播放当前文件夹中的不同格式的声音文件：北国之春.mid 和 notify.wav。代码如下：

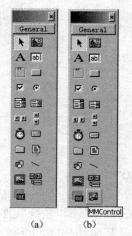

(a)　　(b)

图 10.1　添加 MCI 控件

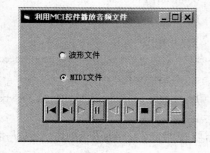

图 10.2　利用 MCI 控件播放音频文件

```
Private Sub Option1_Click(Index As Integer)
    If Index = 1 Then
        MMControl1.Command = "Close"              '开始播放前，最好关闭所有打开的 MCI 设备
        MMControl1.Wait = True                    '等到下个 MCI 命令完成后才将控件返回应用程序
        MMControl1.DeviceType = "Sequencer"       '设置播放 MIDI 文件的属性
```

```
        MMControl1.Notify = False              '下条 MCI 命令完成时不产生一个回调事件
        MMControl1.FileName = App.Path & "\北国之春.mid"
        MMControl1.Command = "Open"            '开启文件，即开始执行播放操作
    Else
        MMControl1.Command = "Close"
        MMControl1.DeviceType = "WaveAudio"
        MMControl1.FileName = App.Path & "\notify.wav"
        MMControl1.Command = "Play"            '执行播放操作
    End If
End Sub
```

实际上，多媒体控件 MCI 的功能非常强大，除可以播放 WAV、MIDI 格式的声音文件外，还可以播放如表 10.1 所示的其他文件。MCI 的常用属性和事件参见相关 VB 技术手册。

表 10.1 MCI 控件播放的文件格式类型

设 备 类 型	文 件 类 型	描 述
Animation		动画设备
Cdaudio		音频 CD 播放器
Dat		数字音频磁带播放器
Sequencer	.mid	MIDI 发生器
Vcr		视频磁带录放器
Video	.avi	视频文件
Videodisc		视盘播放器
Waveaudio	.wav	播放数字波形文件的音频设备

最后，需要注意一点，为了正确管理多媒体资源，使用 MCI 控件之前，必须先安装好声卡及其驱动程序，否则，MCI 将不听指挥。在退出应用程序之前，也应该关闭那些已经打开的 MCI 设备，通常用其中的 Close 命令来完成。例如，下面代码将这个命令放在 Form_Unload 过程，即在退出包含 Multimedia MCI 控件的窗体之前，关闭那些已经打开的 MCI 设备：

```
    Private Sub Form_Unload (Cancel As Integer)
        MMControl1.Command = "Close"
    End Sub
```

另外，MCI 控件的事件是可编程的，也可播放视频文件（参见 10.3 节）。通过开发按钮事件代码，可以增加甚至完全重新定义按钮的功能。同时，MCI 控件能在单个窗体中支持多个 MCI 控件实例，这样就可以同时控制多台 MCI 设备，每台设备需要一个控件（参见 10.2.3 节例 10-12）。

如果多媒体设备或其驱动程序未安装好，强行使用 MCI 控件程序将产生错误，因此在使用之前利用 MCI 控件返回的 ERROR 错误代码可以判断是否安装好，程序代码如下：

```
    If  MMControl1.Error  then
        MsgBox  MMControl1.ErrorMessage,vbCritical,  "未安装好 CD 或 CD 不能正常工作"
    End If
```

如果还需要判断声卡是否存在，就要借助于 API 函数进行判断，可以参考如下代码执行：

```
'检测声卡所需要的 API 函数定义
Private Declare Function auxGetNumDevs Lib "winmm.dll" Alias "auxGetNumDevs" () As Long
Function auxTest() as Boolean          '定义检测声卡的函数
    Dim flag as Integer
    Flag=auxGetNumDevs()
    If   Flag >0 Then
        auxTest=True                    '声卡存在返回真
        Exit Function
    Endif
End Function
```

例如，在播放之前就可以编写如下代码调用 auxTest()函数进行判断：

```
If   auxTest()   Then   PlayCD (1)        '存在声卡就播放 CD 的曲目 1
```

4．利用 API 函数

Windows API 是 Windows 应用程序编程接口（Application Program Interface）的缩写，这是一组供应用程序使用的命令，用以向计算机的操作系统请求或执行更低级的设备访问操作。Microsoft Visual Basic API 包含各种命令，允许 C 或汇编语言例程与 Visual Basic 相互操作。简单来讲，Windows API 就是一个操作系统支持的函数定义、参数定义和消息格式的可供应用程序使用的集合。

如果需要使用 Visual Basic 核心语言和控件未包含的功能，可以直接调用动态链接库 DLL 中的过程。通过动态链接库 DLL，程序员可以访问构成 Windows 操作系统主体的成千上万个过程或使用其他语言编写的各种例程。实际上，Windows 本身就是由若干个 DLL 组成的，其他应用程序可以调用这些库中的过程，完成窗口与图形的显示、内存管理或其他任务。

由于 DLL 过程存在于 Visual Basic 应用程序之外的文件中，在使用时必须指定过程的位置和调用参数。Windows API 包含有 1000 多个函数，主要分为以下几种类型。

（1）用户界面创建与管理

该类型函数提供基本的窗口构造，提供建立管理程序输入显示及检索用户输入的基本函数，支持动态数据交换 DDE 之类的系统功能和剪贴板函数。例如，确定应用程序如何响应鼠标和键盘输入，以及应用程序如何检索和处理送入应用程序窗口中的消息。同时，利用 Visual Basic 语言，编程人员可以访问 C++程序，编程人员能够访问的所有 Windows 消息，扩展了 Visual Basic 应用程序对操作系统中各种资源的控制权。

【例 10-9】   利用 API 函数，改变窗体形状为椭圆形状。

本例将演示如何调用 Windows API 中的过程。调用函数 CreateEllipticRgn 和 SetWindowRgn 来改变一个窗体的形状为圆形。源代码参见本教材配套教学资源包。

（2）图形设备接口

图形设备接口 GDI 提供支持系统中已安装设备的功能，如监视器及打印机等。它允许用户定义不同的绘图对象，如画笔、刷子和字体，以及画线、画圆和其他图形，同时提供对位图操作功能。

在 Visual Basic 中不能绘制圆角形状的矩形，但利用 API 函数 RoundRect 可以实现这个功能。源代码如下：

```vb
Private Declare Function RoundRect Lib "gdi32" (ByVal hdc As Long, ByVal X1 As Long, ByVal Y1 As Long, ByVal X2 As Long, ByVal Y2 As Long, ByVal X3 As Long, ByVal Y3 As Long) As Long
Dim RetVal As Long
Private Sub Form_Click()
i = 10
    For i = 0 To 15
        ForeColor = RGB(255, i * 10, i * 15)
        RetVal = RoundRect(hdc, 70 + i, 30 -i, 240 -i, 120 + i, 50 + i, 50 + i)
    Next i
End Sub
```

（3）系统服务

系统服务为计算机资源和操作系统的基本工具提供了访问途径，包括内存、文件系统及运行处理等。因此 Visual Basic 借用它可以实现内存分配，确定系统的一些资源是否安装到位（如键盘、鼠标、声卡、显示器及其分辨率等）。

例如，利用 API 函数 GetDeviceCaps，获得显示器的屏幕参数：

```vb
Private Declare Function GetDeviceCaps Lib "gdi32" (ByVal hdc As Long, ByVal nIndex As Long) as Long
```

（4）多媒体管理

多媒体管理提供几种不同的层次，便于应用程序使用多媒体功能，例如，MCI Command String 和 Command Message Interface 对运行不同类型的媒体文件提供了不同层次的支持，以及提供用于与 VCR 和 MIDI 的接口。利用 API 可以实现声音文件、MIDI 音乐、AVI 音频与视频、图像及图形等应用，常用的有以下几个函数。

① sndPlaySound 函数

```vb
Public Declare Function sndPlaySound Lib "winmm.dll" Alias "sndPlaySoundA"
                (ByVal lpszSoundName As String, ByVal uFlags As Long) As Long
```

其中，lpszSoundName 为语音文件或系统语音（在 Win.Ini 中确定），uFlags 为设定播放状态的各种选项，如 0×00=同步播放、0×01=异步播放等。

例如，利用 sndPlaySound 函数实现播放声音文件，其主要代码如下：

```vb
Private Const SND_SYNC = &H0           '同步播放
Private Const SND_ASYNC = &H1
thorw = sndPlaySound(App.Path + "\LOGOFF.WAV", SND_SYNC)
```

② mciExecute 函数

```vb
Public Declare Function mciExecute Lib "winmm.dll" Alias "mciExecute" (ByVal lpstrCommand As String) As Long
```

其中，lpstrCommand 为执行的 MCI 指令字符串。

下面是 mciExecute 函数的几种调用格式实例：

```vb
errcode = mciExecute ("Open CDAudio alias CD")      '打开
errcode1 = mciExecute ("Play CD from 10:30 wait")   '从 10 分 30 秒处开始播放
errcode2 = mciExecute ("Stop CD")                   '停止播放 CD
```

errcode3 = mciExecute ("Close CD")   '关闭 CD

③ mciSendString 函数

利用 mciSendString 函数也可以实现播放声音文件，功能同 mciExecute 函数，均为执行一条 MCI 指令字符串，区别在于执行后是否返回文字（前者会，并且在不成功时传回一个非零的错误代码，如将它传给 mciGetErrorString 将知道错误代码的含义）。

```
Public Declare Function mciSendString Lib "winmm.dll" Alias "mciSendStringA" (ByVal lpstrCommand
        As String, ByVal lpstrReturnString As String, ByVal uReturnLength As Long, ByVal
        hwndCallback As Long) As Long
```

其中，lpstrCommand 为执行的 MCI 命令格式，lpstrReturnString 为接收返回值的缓存区，uReturnLength 为缓存区大小，hwndCallback 在 VB 中不支持，所以取值为 0。

【例 10-10】 利用 mciSendString 函数实现播放声音文件。

```
'播放指定声音文件
PathName = File1.Path
PathName = PathName & File1.FileName
s = String(LenB(PathName), Chr(0))
GetShortPathName PathName, s, Len(s)
ShortPathName = Left(s, InStr(s, Chr(0)) −1)
mciSendString "close MyWav", vbNullString, 0, 0
mciSendString "open " & ShortPathName & " alias MyWav",vbNullString,0,0
mciSendString "play MyWav", vbNullString,0,0
mciSendString "close MyWav", vbNullString, 0, 0    '停止播放
```

从上可知，由于 API 函数有 1000 多个，而调用每个函数时，又存在数据类型、结构、常数及消息的变化，这样就使得 API 编程编得非常复杂。与采用 OLE 控件比较，利用 Windows API 编程，过程要复杂些，风险也大些，并且受操作系统环境改变的影响也大许多，这些是它的缺点。但是，它的优点是，能够比较容易实现 C 语言、汇编语言与 Visual Basic 语言的相互操作，直接调用强大的、丰富的操作系统的成千上万个过程或函数。

5. 利用 Shell 函数调用媒体播放应用程序

在 Visual Basic 6.0 中，将可执行的应用程序也作为对象对待，并且提供了一个外壳函数 Shell 来专门管理这些可插入的由执行程序构成的对象。注意，这与对象链接与嵌入（OLE）控件有共同点，也有不同之处，主要不同之处是此处的对象必须是可执行程序。

语法：Shell(pathname[,windowstyle])

参数说明：

pathname 是必选项，是要执行的程序名，可以还包括驱动器和文件夹。

windowstyle 是可选项，表示在程序运行时窗口的样式。如果省略，则程序是以具有焦点的最小化窗口来执行的。

如果 Shell 函数成功地执行了所要执行的文件，则它会返回程序的任务 ID。任务 ID 是一个唯一的数值，用来指明正在运行的程序。如果不成功，则 ID 返回 0。

例如，如下代码可以通过调用操作系统的 CDPLAYER 程序来实现 CD 的播放功能，并

且播放窗口保持 CDPLAYER 程序原来的大小和位置：

```
Shell "C:\WINDOWS\CDPLAYER.EXE", 1
```

利用 Visual Basic 6.0 所具有的这个功能，实际上还可以将其他可执行程序作为可插入对象，实现应用程序的极大扩展。例如，如下代码调用 Winplay3 应用程序，实现了 MP3 播放功能。

```
Shell "c:\Winplay3\Winplay3.exe", 1
```

注意：在默认情况下，Shell 函数是以异步方式来执行其他程序的。也就是说，用 Shell 启动的程序可能还没有完成执行过程，就已经执行到 Shell 函数之后的语句。

10.2.2　MP3 播放方法

MP3 是非常流行的一种音乐文件，由于其压缩比高、还原声音好而受到广泛欢迎。要设计一个能播放 MP3 的程序，通常需要 ActiveX 控件 Mp3Play.Ocx 或动态链接库 Mp3.DLL 的支持，这不是 Visual Basic 提供的控件，因此一般需要从第三方获取这个中间件，或者从网络下载，甚至可能还需要缴纳注册费。

图 10.3　MP3 播放器图

将Mp3Play.Ocx 或Mp3.DLL 文件复制到操作系统的 System32 目录之下，否则不能正常执行。

【例 10-11】　利用第三方控件 Mp3.DLL，实现如图 10.3 所示的 MP3 播放功能。

此实例设计的代码比较复杂，同时使用了 API 函数，在此不介绍其事件及代码，其源程序参见本教材配套教学资源包。

10.2.3　数字音频设计综合实例

本节综合利用前面的知识，设计一个可以阅读不超过 10 位数字电话号码的应用程序。其基本思想是，利用 10 个 MCI 控件，每个控件分别播放一个数字，再通过编程实现阅读功能，其源程序参见本教材配套教学资源包。

【例 10-12】　电话号码播音器的设计。

电话号码播音器设计如图 10.4 所示。为了实现该阅读功能，首先编写了两个函数 Voice（Num）和 Sound（Digit），代码分别如下：

```
Private Sub Sound(Digit)
    Select Case Digit          '按数字播放
        Case 0
            Voice 0            '发声 0
        Case 1
            Voice 1            '发声 1
        ……
    End Select
End Sub
Private Sub Voice(Num)
```

```
Select Case Num                                        '按数字播放
    Case 0
        MM(Digit).FileName = App.Path + "\0.wav"       '发声 0，MM(i)代表某个 MCI
    Case 1
        MM(Digit).FileName = App.Path + "\1.wav"       '发声 1
        ......
End Select
MM(Digit).Command = "Open"
MM(Digit).Command = "Play"
End Sub
```

然后，对某个 MCI 控件的回调事件 Done 编写如下代码，决定下一条 MCI 命令是否使用 MCI 通知服务。如果 Notify 为 True，那么属性在下一条 MCI 命令完成时就执行回调事件 Done。

```
Private Sub MM_Done(Index As Integer, NotifyCode As Integer)
    If MM(Digit).Position = MM(Digit).Length Then
        MM(Digit).Command = "Prev"
        MM(Digit).Command = "Stop"
        Num = Num + 1                                  '取数号加 1
        If Num = C_Len  Or  Num = 10 Then Exit Sub     '允许至多 10 个数字后退出
        Digit = Extract(Num)                           '取下一个多媒体播放目标
        Sound Digit
    End If
End Sub
```

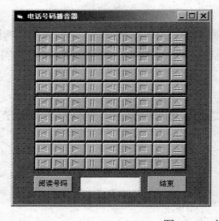

图 10.4　电话号码播音器

当然，为了操作方便，需要对输入的电话号码进行分解，因此需要对图中"阅读号码"按钮的鼠标事件 Click 编写如下代码：

```
Private Sub Command1_Click()
    Word$ = RTrim$(LTrim$(Text1.Text))
    C_Len = Len(Word$)
    Extract(0) = Val(Mid$(Word$, 1, 1))    '从文本中分解 10 个数字到数组中
```

```
        Extract(1) = Val(Mid$(Word$, 2, 1))
        ……
        Num = 0                              '取数号从 0 开始
        Digit = Extract(Num)                 '把数字送入多媒体
        Sound Digit                          '调用播放程序
    End Sub
```

最后，美化应用程序封面，程序运行效果如图 10.4 所示，背景画面的实现代码如下：

```
    Private Sub Form_Paint()
    x = 0: y = 0
    For i = 0 To 255 Step 0.06
        Line (ScaleLeft + x, ScaleTop + y)–(ScaleWidth–x, ScaleHeight), RGB(255 – i, 255, 255 – i)
        x = x + 1
        y = y + 0.1
    Next i
    ForeColor = RGB(255, 0, 0)
    FontSize = 30 : FontName = "宋体"
    CurrentX = 300 : CurrentY = 1900
    Print "电话号码发声器"
    End Sub
```

10.3 数字视频设计技术

强大的视频输出功能是多媒体应用系统的立身之本。实际上，在多媒体应用程序的设计中，如果能加入适当的视频媒体，将大大改善程序界面的友好性，增强界面的活泼性。在 Visual Basic 开发平台中，可以有多种方法添加视频媒体，并且常用的视频格式是 AVI 和 MEPG。本节主要介绍针对这两种格式视频文件的基本操作方法及其设计实例。

AVI 音频、视频交错序列标准尺寸为 160×120 像素（屏幕 1/16），速率为 16fps。AVI 动画类似于电影，由若干帧位图组成。其制作工具有 AnimatorPro、Director。由于 Windows 操作系统，支持本格式，因此播放这类格式的文件就不需其他工具的支持。

当然，需要注意一点，MPEG 是 AVI 格式的替代品，它允许小屏幕播放、构图速度快、压缩率很高，图像质量优于 AVI 格式，是国际公认的视频压缩标准。现在 VCD、DVD 均采用这种格式，一般使用的是 3.0 版本。其文件扩展名有许多，常见的有.mpg、.dat、.mpe、.mpeg、.mpa、.enc、.mlv、.mp3、.mov、.qt、.au、.snd、.aif、.aiff、.aifc 等。

10.3.1 Visual Basic 播放视频方法

在 Visual Basic 中，可以借用多种控件和 API 函数等多种方法操纵视频媒体，主要方法如下。

1. 利用动画 Animation 控件

Animation 控件是 Comct232.ocx 文件中 ActiveX 控件的一部分，而 Comct232.ocx 文件被安装在用户的 Windows 操作系统的 System 或 System 32 目录中。Animation 控件也不是标准控件，需要像添加 MCI 控件一样添加，操作步骤为："工程→部件→控件→选择 Microsoft Windows Common Control-2 控件"。添加后工具箱如图 10.5 所示。

图 10.5　添加 Animation 控件

（1）用途

Animation 控件用于显示无声的音频视频动画文件：

- 可在对话框中动态显示出操作的长短和特征（类似于 Windows 系统中复制文件时，可看到在两个文件夹之间有一张纸"飘动"现象）。
- 播放无声动画文件。

注意，Animation 控件播放时是没有声音的，即使该视频是有声文件也是如此。此外，该控件只能播放未压缩的或使用行程压缩编码格式 AVI 文件，其他格式文件在调用该控件的 Open 方法时，将不支持并返回错误信息。对于需要播放有声音的视频可以采用其他多媒体控件，如电影控件、MCI 控件。

（2）基本操作

Animation 控件的基本操作有：用 Open 方法打开 AVI 文件，用 Play 方法播放文件，用 Stop 方法停止播放文件，用 Close 方法关闭文件。与 MCI 控件不同的是，在打开新文件前不必关闭旧文件。

① Open 方法

功能：打开一个要播放的 AVI 文件。

说明：如果 AutoPlay=True，则只要加载该文件，剪辑就开始播放它。在关闭 AVI 文件或设置 Autoplay=False 之前，它都将不断重复播放，直到发出 Stop 命令或 Close 命令，或关闭窗体时为止。

语法：object.Open file

参数：object 为必选项，是一个对象表达式，其值为 Animation 控件的具体对象名称。

file 必选项，是播放的包括扩展名的 AVI 文件，可以是包括驱动器、文件夹和文件名构成的合法字符串。

② Play 方法

功能：在 Animation 控件中播放 AVI 文件。

语法：object.Play [= repeat, start, end]

参数：object 为必选项，是一个对象表达式，其值为 Animation 控件的具体对象名称。

repeat、start 和 stop 是 Play 的三个可选参数，其数据类型全部为整型。它们决定文件被播放多少遍，从哪一帧开始播放，到哪一帧停止。如果没有提供 repeat 参数，文件将被连续不停地播放。repeat 为指定重复剪辑的次数，它取默认值–1 时，重复剪辑次数将不受限。start 为开始帧，它取默认值 0 时，表示从第一帧开始，最大值是 65 535。end 为结束帧，它取默认值–1 时，表示取上一次剪辑的帧，最大值是 65 535。

```
                                        '根据选择的文件类型，启动不同的播放功能
MMControl1.Shareable = False            '限制或允许其他应用程序或进程使用该设备
MMControl1.Command = "Close"            '开始播放前，最好关闭所有带开的 MCI 设备
Select Case CommonDialog1.FilterIndex
    Case 1
        MMControl1.DeviceType = "Sequencer"        '设置播放 MIDI 格式文件
    Case 2
        MMControl1.DeviceType = " Waveaudio"       '设置播放 WAV 格式文件
    Case 3
        MMControl1.DeviceType = "AviVideo"         '设置播放 AVI 格式文件
End Select
MMControl1.FileName = CommonDialog1.FileName
MMControl1.Wait = True                  '等到下个 MCI 命令完成后才将控件返回应用程序
MMControl1.Command = "Open"             '打开 MCI 设备
MMControl1.Command = "Play"             '执行播放操作
Me.Caption = "正在播放 1：" + MMControl1.FileName
End Sub
```

10.3.2 VCD 播放程序设计

在市面上的播放器都将能播放 VCD 文件作为一个实现目标，特别在计算机硬件性能得到极大提高后，使用软解压实现播放 VCD 文件就变得更容易了。实际上，用所学的知识也可以设计一个简单的 VCD 播放程序。VCD 文件大多数是以 MPEG 压缩格式存在的，因此，可以借用 Visual Basic 的各种多媒体控件来处理 VCD 视频文件，从而实现 VCD 播放功能。除 10.3.1 节中介绍的方法外，还可以采用电影控件实现 VCD 文件的播放功能。

电影控件 ActiveMovie 也不是标准控件，包含在 Amovie.ocx 文件中，需要像添加其他非标准控件一样操作，添加 Microsoft ActiveMovie Control 部件才能使用此控件。

在下面例子中，假设窗体中存在公共对话框的对象 CommonDialog1 及电影控件的对象 ActiveMovie1，那么，在窗体的鼠标单击事件中添加如下代码，可以实现播放 VCD 文件的功能。

```
Private Sub Form_Click()
    CommonDialog1.Filter = "Video File (*.Dat)|*.Dat|AVI File(*.Avi)|*.Avi|MPEG File(*.mpeg)|
                           *. mpg|All File(*.*)|*.*"
    CommonDialog1.ShowOpen
    ActiveMovie1.FileName = CommonDialog1.FileName
    ActiveMovie1.FullScreenMode = True
    ActiveMovie1.PlayCount = 0              '循环播放
```

```
        ActiveMovie1.AutoRewind = True        '自动倒带
    End Sub
```

10.3.3　数字视频设计综合实例

本节综合利用已学过的知识，设计一个五子棋游戏。实际上，由于采用 Visual Basic 作为简单游戏软件的开发平台，其开发效率比较高、开发成本低，从例 10-14 就可见一斑。

【例 10-14】　编写一个程序，实现射击功能，且播放背景音乐和记录成绩。

本例来源于 http://www.castlex.com，源代码参见本教材配套教学资源包。

10.4　利用 Visual Basic 创建 DHTML 应用程序

DHTML 就是动态超文本置标语言，是一样利用网络技术，充分发挥网络能力的开发工具。它是 Microsoft 和 Netscape 共同完成的开发动态网页的开发平台。前面介绍的 HTML 仅仅是静态网页。而实际上，网页表现内容既要是动态的，还要与用户交互。DHTML 可以达到这个功能。

1．DHTML 与 Visual Basic 的对比

DHTML 与 Visual Basic 既有相同的一面，也有不同的一面，说明如下。

① 作为语言，它与 Visual Basic 既有共性又有其特殊性。其中共性是指面向对象、事件驱动的编程开发模式；而特殊性是指它拥有自己特有的 16 个控件——是为 Internet 环境特意设置的控件。

② 可以使用 Visual Basic 的 ActiveX 控件，但不能使用非 ActiveX 控件。

③ 两种存储模式：Visual Basic 工程文件和 HTML 文件。

④ 其他区别：在 DHTML 中，元素就是 Visual Basic 中所说的控件，其余的参见表 10.2。

表 10.2　DHTML 与 Visual Basic 的特性对比

对比特征	Visual Basic 语言	DHTML 语言
启动	标准应用程序图标	DHTML 应用程序图标
窗口	窗体	网页
控制元件	控件	元素
主要元件	工程文件(*.vbp 文件)	网页文件(*.html 等)
代码或脚本	Visual Basic	VBScript，JavaScript
运行环境	Windows98/95/2000/NT 等	Internet

⑤ 优点：比 HTML 能创建出更富于动感的网页，便于维护，更支持数据库链接。

2．创建 DHTML 应用程序

Internet 应用程序就是一种编译好的交互式的基于浏览器的应用程序。DHTML 应用程序

Image 控件组的建立步骤为：添加 Image 控件→命名 Image1→复制 Image1→粘贴 Image17次。其中，Image1 的 Index 属性分别为 0～7。显然，该控件组共有 8 个子 Image 控件。

（3）添加 Image 控件组图片，对每个 Image1(i)执行以下步骤：打开 Image1(i)的 Picture 属性→添加图标文件，如 Moon01.Ico，其中 i=0,1,2,…,7。添加图片框 Picture6 的 Picture 属性为鱼儿水中游的图片 dive062.bmp。

（4）PictureClip 控件能够支持在一个控件上存储多个图像或图标信息，该控件访问方式不是依次切换多幅图，而是将一幅放置在图片框 Picture6 中的鱼儿水中游的图片 dive062.bmp 平均划分成 6 个部分（即等分为 Rows×Cols 个部分，Rows、Cols 为行数、列数），然后，利用编程实现逐次选择 Rows×Cols 个区域上的部分图作为图片框 Picture1 属性 Picture 的图片。

（5）编写代码。

小结

本章介绍了多媒体应用程序设计的基本知识，通过介绍 Visual Basic 开发平台，详细地介绍如何开发设计一个多媒体应用程序。还介绍了 Visual Basic 对图形、图像、声音和视频等单媒体的控制设计技术，通过实际例子，讲解了它们的具体应用方法，最后介绍了利用 Visual Basic 开发平台，如何实现在网络上发布多媒体，以及浏览和编辑 Web 页面。本章内容实际操作性强，需要读者进行实际的上机操作实验。

习题与思考题

1．采用 Visual Basic 开发多媒体应用程序有什么优势？

2．可以采用哪些方法，实现文字移动？

3．可以采用哪些方法，实现图形、图像移动？

4．能够采用哪些方法，实现音频播放功能？

5．编写程序实现如下功能：演示一只蝴蝶在一幅背景图片中自由飞舞。要求根据位置、角度的不同，实现蝴蝶的由远到近、由大到小、可改变飞行速度的播放功能。

6．设计一个播放器，实现音频、视频的播放功能。

7．MCI 控件是 Visual Basic 开发平台中重要的多媒体控件之一，它在控制_____、视频等设备方面，提供了与_____的控制命令，这些命令包括了 4 种类型，即系统命令、需求命令、基本命令和扩展命令，其中_____不需要经过多媒体设备，直接由 MCI 控件解释执行。

可供选择的答案有：音频、图形/图像、文本、设备无关、设备有关、系统命令、需求命令、基本命令及扩展命令。

8．下面是一段用 MCI 指令播放视频的程序代码，请将空格处填上正确的代码。

```
Open school.fla alias animation

Play animation wait

Play animation from 1 to 10

_____

_____
```

9. 多媒体 API 函数中适合在 Visual Basic 中使用的与 MCI 有关的 3 个高级函数为：mcisSend String（传送指令字符串给 MCI）、mciExculte（一种 API 的简化函数，如果无法执行，则会以一个对话框显示错误信息）、_____（解释 MCI 错误代码所表示的意思）。

    A．Function B．met Get Error String   C．error%   D．VB 字符串句柄

10. 在 VB 多媒体软件开发设计技术中，计时器 Timer 是一个非常重要的，能够开辟多个进程的控件，如果在程序运行过程中，要让计时器控件中的 Timer 事件的程序命令发生作用，需要设置 Enabled= _____ 且 Interval > _____。

11. 用程序语言设计多媒体系统，主要有如下几种技术：__A__（在控制音频、视频等设备方面，提供了与设备无关的控制方法），__B__（其函数实际也是指动态链接库）。在 VB 中，可采用__C__，DLL 及制作控制接口。

供选择的答案有：

    ① MIDI   ② MCI   ③ OLE   ④ DDE   ⑤ API   ⑥ VCD

第 11 章　综合性实验

本章设置的综合性实验是在读者掌握了一定基础知识和基本操作技能基础上，综合运用多种多媒体技术，进行综合训练的一种复合式的实验，其训练内容包含多个知识点或涉及多项技术。其目的是，着重培养学生的实验动手能力、数据处理能力、查阅资料能力及对实验结果的分析能力。

本章共设置了 4 个综合性实验，教师可以根据学生实际情况有所选择，建议课内学时为 2 学时，主要通过学生课外学时完成，所以，课外辅导和实验评价是本类实验需要关注的问题。

11.1　实验 13——多媒体课件的设计

要求和目的

（1）学会编写课件脚本。

（2）对采集的多媒体素材进行创造设计。

（3）使用多媒体创作工具软件实现并发布该课件。

（4）按照 3～5 人的小组组织形式，进行团队开发，需要设置 1 名小组长，并给出组员的任务分工说明。

（5）学会团队合作。

实验环境和设备

（1）硬件环境：微型计算机若干，要求配置光盘驱动器、声卡、音箱及录音话筒等。

（2）软件环境：中文 Windows 操作系统、（本书介绍的）多媒体工具软件。

（3）学时：课内 2 学时，建议课外学时 4～8 学时完成。

实验内容及步骤

（1）确定主题，设计格式脚本，见表 11.1。

表 11.1　设计格式脚本

序　号	屏　幕	要　求	说　明
1	主题展示	动画表现形式	① 几何形状的变换、翻转； ② 标题"跟我学"实现由远及近的淡入等特技效果； ③ 配置背景音乐
2	进入主画面	设计主画面，控制画面的控制效果	① 主画面渐入，采用艺术性表现； ② 设计几个按钮：目录、系统、帮助和离开； ③ 要求按钮新颖，如单击按钮能产生声音，满足多媒体界面设计原则和学习者习惯； ④ 各按钮功能："目录"表示按照树状结构显示本课件的教学内容，要求尽量按照超文本"网"状结构设计；"系统"用于控制开/关背景音乐、音量大小、学习进度记忆和课间休息等设置；"帮助"为使用说明指导电子文档，采用超文本结构编写成网页形式；"离开"表示退出本系统

序　号	屏　幕	要　求	说　明
3	知识展开主画面1	设计具有多媒体界面特点的适合于知识学习的主画面，最好对展示的知识内容有播音功能	① 主画面设计要艺术性、知识性，符合多媒体人机界面设计原则； ② 设计几个按钮：上页、下页、暂停/继续、重放、系统、返回和离开，按钮设计要求同上，需要保持设计的前后一致性； ③ 各按钮功能："上页"与"下页"表示前后翻页，注意首尾页不能再前后翻；"暂停/继续"表示停止或继续播放画面；"重放"表示对当前页面从头播放；"系统"同上；"返回"表示返回到主画面；"离开"同上
4	知识展开主画面2	设计一个具有交互功能的界面	实现需要人机交互的界面，并且对能判断出问题正确或错误的，需要明确显示结论和参考答案，同时，有正确或错误的语音提示
5	课间休息屏幕	课间休息屏幕设计要体现轻松、欢快的氛围	实现音乐欣赏、视频欣赏、图片欣赏、网络连接和小游戏等功能，并具有定时返回上次学习界面的功能
6	退出系统画面	动画表现形式	主要内容包括欢迎使用、制作者信息、版本信息和背景音乐等

（2）采集素材。

（3）对素材进行再创造。

（4）利用工具软件实现动画。

（5）利用工具软件实现上述脚本。

（6）编写使用说明手册和测试课件。

（7）发布课件。

（8）撰写实验总结报告。

11.2　实验 14——VCD 制作

实验要求和目的

（1）掌握 VCD 制作流程。

（2）学会对 VCD 各种多媒体素材进行组织。

（3）掌握光盘刻录技术。

（4）熟悉电子出版物的发布流程。

（5）学会团队合作。

实验环境和设备

（1）硬件环境：微型计算机若干，要求配置光盘驱动器、声卡、音箱及录音话筒等，其中有 1 台配置刻录光驱。

（2）软件环境：中文 Windows 操作系统，（本书介绍的）多媒体工具软件，光盘刻录软件（如 Ahead Software Nero），播放软件（如超级解霸）。

（3）学时：课内 2 学时，建议课外学时 4～8 学时完成。

实验内容及步骤

（1）人员组合分组：结合学生实际情况，由 3～5 人组成一个小组，并确定小组长，组员要明确分工，并给出正式的任务分工说明书。

（2）确定 VCD 主题——"大学生活"，可以根据需要展示的主题添加自己的子标题。

（3）编写串联 VCD 光盘的脚本。

（4）确定片头设计：素材、展现方式和展示内容。

（5）按照脚本采集图像、视频、动画、音频和文字等素材。

（6）按照脚本编辑素材，并进行艺术加工处理，即利用多媒体工具软件（如 Adobe Premiere）完成非线性编辑处理过程，以制作符合 MPEG-4 压缩格式的视频文件。

（7）编写光盘使用说明和介绍资料。

（8）启动刻录软件，刻录上述文件。

（9）测试 VCD 光盘，并发布。

（10）撰写实验总结报告。

11.3　实验 15——网络多媒体设计

实验要求和目的

（1）掌握多媒体网页制作技术。

（2）学会通过网页发布各种多媒体信息。

（3）掌握动态网页设计技术。

实验环境和设备

（1）硬件环境：微型计算机，要求配置光盘驱动器、声卡、音箱及录音话筒等，以及数码相机或数字摄像机。

（2）软件环境：中文 Windows 操作系统、文本编辑器、Microsoft FrontPage 及 IE 浏览器。

（3）学时：课内 2 学时，建议课外学时 2～4 学时完成。

实验内容及步骤

（1）确定创作反映"自我简历"主题的网页。

（2）编写串联 VCD 光盘的脚本和每页的脚本。例如，首页的主要内容可包括：基本情况（姓名、出生年月、性别、照片、政治面貌和籍贯等），学习成绩单，取得的认证资格，个人的兴趣和爱好，获奖情况……想了解更多的信息可以根据页面里索引的页码翻到相关页面查看。注意，尽量让各种媒体动起来，加上背景音乐或自己的歌声等。

（3）确定整个系统的框架结构，如：采用层次结构或树状结构。

（4）按照脚本要求采集并进行艺术加工如下内容：能反映自己大学生活片段的个性化的图像、视频和音频等，并制作成压缩格式的视频文件。

（5）编写各个页面的代码，注意多媒体素材的灵活运用。

（6）与自己的网站或 E-mail 建立超链接，实现网络留言。

（7）（如果有此权限）建议建立一个表格，让读者在网络上留言给你。

（8）测试系统，并在网络（可以是校园网或局域网）上发布。

（9）撰写实验总结报告。

11.4 实验 16——多媒体应用系统综合设计

要求和目的

（1）掌握多媒体应用程序设计原则。

（2）掌握利用高级程序设计语言开发多媒体应用程序的方法。

（3）掌握通过高级程序设计语言利用多媒体信息的方法。

（4）学会多媒体应用软件的开发流程。

实验环境和设备

（1）硬件环境：配置完整的多媒体计算机（光驱、声卡、音箱或耳机等）。

（2）软件环境：中文 Windows 操作系统，Visual Basic 6.0，音频、图形、图像和视频等软件。

（3）学时：课内 2 学时，建议课外学时 4～8 学时完成。

实验内容及步骤

（1）人员分组：结合学生实际情况，由 3～5 人组成一个小组，并且对各小组确定一个实验题目（可以是班级学分管理、班级通信管理、班委会管理、超市管理和产品发布管理等，注意，实现内容可以少，但必须体现多媒体特色），并从本课程前期就开始按组学习和制作、收集相关素材。

（2）编写软件系统的软件流程图、软件功能结构图。

（3）收集或制作所需的多媒体素材。

（4）创建数据库逻辑模型和物理模型，并录入多媒体信息。

（5）编写应用程序。

（6）调试并撰写测试报告。

（7）编写软件使用手册，并发布。

（8）撰写实验总结报告。

参 考 文 献

[1] 游泽清，王志军等．多媒体技术及应用．北京：高等教育出版社，2005

[2] IEEE 标准，IEEE 指南：开发系统需求规格，IEEE 标准 1233—1996

[3] KarlE，Wiegers．SoftwareRequirements(Second Edition)．Microsoft Press，2003

[4] 邓良松，刘海岩．软件工程．西安：西安电子科技大学出版社，2004

[5] 钟玉琢．多媒体技术（初、中、高级）．北京：清华大学出版社，1999

[6] 刘甘娜．多媒体应用基础（第 4 版）．北京：高等教育出版社，2008

[7] 赵子江．多媒体技术应用教程（第 6 版）．北京：机械工业出版社，2008

[8] 钟玉琢，蔡莲红等．多媒体计算机技术基础及应用（第 2 版）．北京：高等教育出版社，2005

[9] 文档数据库与关系数据库的比较．http://www.ciu.net.cn/Article_Show.asp?ArticleID=661

[10] 孟小峰，周龙骧，王珊等．数据库技术发展趋势．软件学报．2004，15（12）

[11] 王苏平，刘艳，王青．Director 11 多媒体开发实用教程．北京：清华大学出版社，2009

[12] 宋一兵，蔡立燕，王京．Authorware 多媒体技术教程．北京：人民邮电出版社，2008

[13] 赵毅．多媒体与 Authorware 实用教程．成都：电子科技大学出版社，2007

[14] 吴清，刘建龙．精通 Authorware 7.0．北京：清华大学出版社，2005

[15] 胡晓峰，吴玲达．多媒体技术教程（第 2 版）．北京：人民邮电出版社，2005

[16] 周德兴，王林主．Director MX 与 Lingo 多媒体开发实务．北京：电子工业出版社，2005

[17] 章毓晋．图像工程（上册）图像处理和分析（第 2 版）．北京：清华大学出版社，2005

反侵权盗版声明

电子工业出版社依法对本作品享有专有出版权。任何未经权利人书面许可，复制、销售或通过信息网络传播本作品的行为；歪曲、篡改、剽窃本作品的行为，均违反《中华人民共和国著作权法》，其行为人应承担相应的民事责任和行政责任，构成犯罪的，将被依法追究刑事责任。

为了维护市场秩序，保护权利人的合法权益，我社将依法查处和打击侵权盗版的单位和个人。欢迎社会各界人士积极举报侵权盗版行为，本社将奖励举报有功人员，并保证举报人的信息不被泄露。

举报电话：（010）88254396；（010）88258888

传　　真：（010）88254397

E-mail：　dbqq@phei.com.cn

通信地址：北京市海淀区万寿路 173 信箱
　　　　　电子工业出版社总编办公室

邮　　编：100036